“十四五”时期国家重点出版物出版专项规划项目

面向2035：中国生猪产业高质量发展关键技术系列丛书

总主编 张传师

猪用疫苗生产与应用关键技术

◎主 编 马增军 袁万哲
◎顾 问 田克恭

中国农业大学出版社
·北京·

内容简介

本书主要介绍疫苗及其发展简史，猪用疫苗的研发、生产和使用等关键技术，常见的猪用疫苗种类及其应用，对病毒病疫苗和细菌病疫苗分别做详细介绍，对存在的问题进行分析与展望。本书力求体现行业标准和最新研究成果，普及公众广泛关注的疫苗基本知识，突出生猪养殖行业从业人员以及在校大学生、研究生关注的疫苗研发、生产与使用新技术。部分关键技术引入生产实践案例，并辅以视频、图片等形式，形象直观，深入浅出，实用性强。

本书可作为养猪生产者和疫苗研发者，以及在校大学生和研究生的参考用书。

图书在版编目(CIP)数据

猪用疫苗生产与应用关键技术/马增军，袁万哲主编. --北京：中国农业大学出版社，2021.10(2023.11 重印)

(面向 2035：中国生猪产业高质量发展关键技术系列丛书)

ISBN 978-7-5655-2648-0

Ⅰ.①猪… Ⅱ.①马…②袁… Ⅲ.①猪病-疫苗-免疫学 Ⅳ.①S858.28

中国版本图书馆 CIP 数据核字(2021)第 215956 号

书　　名　猪用疫苗生产与应用关键技术

作　　者　马增军　袁万哲　主编

执行总策划　王笃利　董夫才
责任编辑　王笃利　赵　艳
策划编辑　赵　艳
封面设计　郑　川
出版发行　中国农业大学出版社
社　　址　北京市海淀区圆明园西路 2 号
邮政编码　100193
电　　话　发行部 010-62733489,1190
读者服务部 010-62732336
编辑部 010-62732617,2618
出　版　部 010-62733440
网　　址　http://www.caupress.cn
E-mail　cbsszs@cau.edu.cn
经　　销　新华书店
印　　刷　涿州市星河印刷有限公司
版　　次　2022 年 2 月第 1 版　　2023 年 11 月第 2 次印刷
规　　格　170 mm×240 mm　　16 开本　　17 印张　　320 千字
定　　价　58.00 元

丛书编委会

编写人员

主　编　马增军　河北科技师范学院

　　　　　袁万哲　河北农业大学

副主编　尤永君　天津瑞普生物技术股份有限公司

　　　　　王延辉　普莱柯生物工程股份有限公司

　　　　　李　彬　江苏省农业科学院兽医研究所

　　　　　孙彦婷　河南牧业经济学院

参　编　（按姓氏笔画排序）

王和平　左晓昕　石艳丽　付旭彬　加春生　邢　钊

吕　芳　刘　奇　刘　浩　刘云涛　孙　元　孙华伟

芮　萍　李丽敏　肖　龙　吴同垒　邱贞娜　宋　涛

宋军科　张　倩　张志强　陈珍珍　郑朝朝　赵玉龙

胡东波　厚华艳　侯蕾蕾　姚延丹　顾文源　徐　雷

董　望　韩庆安

顾　问　田克恭　国家兽用药品工程技术研究中心

总　序

党的十九届五中全会提出，到2035年基本实现社会主义现代化远景目标。到本世纪中叶，把我国建成富强民主文明和谐美丽的社会主义现代化强国。要实现现代化，农业发展是关键。农业当中，畜牧业产值占比30%以上，而养猪产业在畜牧业中占比最大，是关系国计民生和食物安全的重要产业。

改革开放40多年来，养猪产业取得了举世瞩目的成就。但是，我们也应清醒地看到，目前中国养猪业面临的环保、效率、疫病等问题与挑战仍十分严峻，与现实需求和国家整体战略发展目标相比还存在着很大的差距。特别是近几年受非洲猪瘟及新冠肺炎疫情的影响，我国生猪产业更是遭受了严重的损失。

近年来，我国政府对养猪业的健康稳定发展高度重视。2019年年底，农业农村部印发《加快生猪生产恢复发展三年行动方案》，提出三年恢复生猪产能目标；受2020年新冠肺炎疫情的影响，生猪产业出现脆弱、生产能力下降等问题，为此，2020年国务院办公厅又提出关于促进畜牧业高质量发展的意见。

2014年5月习近平总书记在河南考察时讲到：一个地方、一个企业，要突破发展瓶颈、解决深层次矛盾和问题，根本出路在于创新，关键要靠科技力量。要加快构建以企业为主体、市场为导向、产学研相结合的技术创新体系，加强创新人才队伍建设，搭建创新服务平台，推动科技和经济紧密结合，努力实现优势领域、共性技术、关键技术的重大突破。

生猪产业要实现高质量发展，科学技术要先行。我国养猪业的高质量发展面临的诸多挑战中，技术的更新以及规范化、标准化是关键的影响因素，一方面是新技术的应用和普及不够，另一方面是一些关键技术使用不够规范和不够到位，从而影响了生猪生产效率和效益的提高。同样的技术，投入同样的人力、资源，不同的企业产出却相差很大。

企业的创新发展离不开人才。职业院校是培养实用技术人才的基地，是培养中国工匠的摇篮。中国生猪产业职业教育产学研联盟由全国80多所职业院校以及多家知名养猪企业和科研院所组成，是全国以猪产业为核心的首个职业教育“产、学、研”联盟，致力于协同推进养猪行业高技能型人才的培养。

为了提升高职院校学生的实践能力和技术技能，同时促进先进养猪技术的推广和规范化，中国生猪产业职业教育产学研联盟与中国种猪信息网&《猪业科学》超级编辑部一起，走访了解了全国众多养猪企业，在总结一些知名企业规范化先进技术流程的基础上，围绕养猪产业链，筛选了影响养猪企业生产效率和效益的12种关键技术，邀请知名科学家、职业院校教师和大型养猪企业技术骨干，以产学研相结合的方式，编写成《面向2035：中国生猪产业高质量发展关键技术系列丛书》。该系列丛书主要内容涵盖母猪营养调控、母猪批次管理、轮回杂交与种猪培育、猪冷冻精液、猪人工授精、猪场生物安全、楼房养猪、智能养猪与智慧猪场、猪主要传染病防控、非洲猪瘟解析与防控、减抗与替抗、猪用疫苗研发生产和使用等12个方面的关键技术。该系列丛书已入选《“十四五”时期国家重点图书、音像、电子出版物出版专项规划》。

本系列图书编写有3个特点：第一，关键技术规范流程来自知名企业先进的实际操作过程，同时配有视频资源，视频资源来自这些企业的一线实际现场，真正实现产教融合、校企合作，零距离，真现场。这里，特别感谢这些知名企业和企业负责人为振兴民族养猪业的无私奉献和博大胸怀。第二，体现校企合作，产、教结合。每分册都是由来自企业的技术专家与职业院校教师共同研讨编写。第三，编写团队体现“产、学、研”结合。本系列图书的每分册邀请一位年轻有为、实践能力强的本领域权威专家学者作为顾问，其目的是从学科和技术发展进步的角度把控图书内容体系、结构，以及实用技术的落地效应，并审定图书大纲。这些专家深厚的学科研究积淀和丰富的实践经验，为本系列图书的科学性、先进性、严谨性以及适用性提供了有利保证。

这是一次养猪行业“产、学、研”结合，纸质图书与视频资源“线上线下”融合的新尝试。希望通过本系列图书通俗易懂的语言和配套的视频资源，将养猪企业先进的关键技术、规范化标准化的流程，以及养猪生产实际所需基本知识和技能，讲清楚、说明白，为行业的从业者以及职业院校的同学，提供一套看得懂、学得会、用得好，有技术、有方法、有理论、有价值的好教材，助力猪业的高质量发展和猪业高素质技能型人才的培养，助力乡村振兴，为全面建设社会主义现代化国家、实现中华民族伟大复兴的中国梦提供有力的人才和技能支撑。

孙德林　张传师

2022年1月

前　言

疫苗在预防动物传染病方面起着非常重要的作用，是保障畜牧业健康发展的有力武器。随着养殖业快速发展，动物疫苗尤其是猪用疫苗领域发展更为迅速，从业队伍不断壮大，技术人员素质显著提高，已形成了从研发、生产到应用的较为完整的产业体系。目前，中国的猪用疫苗生产能力和生产规模已位居世界前列。

中国是养猪大国，猪传染病仍是威胁中国养猪业健康发展最关键的因素。近年来，猪病流行和防控形势发生了较大变化，原有的一些传染病病原发生变异，非洲猪瘟等新的传染病出现。迫切的防控技术需求促使疫苗行业的技术不断进步，研发水平不断提高，研究成果不断涌现，为了及时总结并正确使用现有最新科技成果，我们编写这本专门针对猪用疫苗的著作。

本书的编写特点：一是理论与实践并重，突出技术先进性、可操作性和适用性，充分体现产教融合理念。力求体现行业最新研究成果，所选技术为行业内公认的、现行的先进技术；以生产岗位的实际过程为编写思路，关键技术以视频形式展示，扫描二维码即可查看，形象直观，以期正确指导疫苗的实际研发、生产和使用。二是专业性兼顾科普性。对于常识性的内容尽量使用科普性语言，深入浅出的表述，图文并茂的展示，回应公众关切的内容设计以及专业词汇的必要解读等，以适应不同层次读者阅读。此外，附录列出了我国当前主要猪用疫苗产品名录，以方便查询。为了便于理解和掌握，每章都备有内容提要和思考题。

本书编者均来自国内行业一线从事教学、生产和管理的实战型专家、教授，他们大多拥有博士学位，具有较高的学术水平和生产管理经验，真正实现了产教融合。参编单位及人员分别为：河北科技师范学院马增军、芮萍、张志强、吴同垒、宋涛，河北农业大学袁万哲、李丽敏，江苏省农业科学院兽医研究所李彬、孙华伟、吕芳、左晓昕，河南牧业经济学院孙彦婷、邢钊、董望，天津瑞普生物技术股份有限公司尤永君、赵玉龙、付旭彬、刘浩、刘云涛、郑朝朝、肖龙、王和平、邱贞娜、厚华艳、徐雷，普莱柯生物工程股份有限公司王延辉、姚延丹、胡东波、侯蕾蕾、陈珍珍，北京大北农科技集团股份有限公司石艳丽、刘奇，西北农林科技大学宋军科，中国农业科学院哈尔滨兽医研究所孙元，河北省动物疫病预防控制中心韩庆安、顾文源、张倩，黑龙江农业工程职业学院加春生。

河北农业大学左玉柱教授、北京中科基因技术股份有限公司党占国博士分别承担了部分章节的审校，在此一并感谢！

特别感谢本系列丛书总策划孙德林教授、丛书总主编张传师教授，以及特聘顾问田克恭教授为本书编写提供的指导。

在本书编写过程中，我们遵循科学性、先进性、实用性的原则，着力反映国内猪用疫苗技术的最新成果，但由于该领域发展日新月异，加之编写时间和水平所限，不妥之处在所难免，恳请广大读者批评指正。

编　者

2021 年 9 月

目　录

第1章

疫苗基本知识

【本章提要】疫苗是防控动物疫病的有力武器。根据疫苗创新水平，疫苗分为传统疫苗与新型疫苗，其中传统疫苗包括减毒活疫苗与灭活疫苗；新型疫苗包括亚单位疫苗、重组载体疫苗、合成肽疫苗、标记疫苗等。疫苗的发展史就是人类与疫病的斗争史。

1.1 疫苗概述

1.1.1 概念

疫苗是采用微生物(天然或人工改造的)或微生物的代谢产物(毒素)或微生物的部分基因序列经生物学、生物化学或分子生物学等技术加工制成的，用于预防控制疾病发生的一种生物制品。由于它具有药物的某些特性，又不同于一般的药品，常将其称为一种具有免疫生物活性的特殊药品。此类制品构成了我国现有兽医生物制品的主体。

但是近年来，国内外出现了以人工合成的激素类物质等为模拟抗原制成的去势疫苗，用于改善动物生产性能和产品品质。尽管有不少专家认为，此类疫苗和通常所指的疫苗存在很多不同，但其作用机理符合疫苗的免疫学特征，也属于疫苗范畴。

综上所述，兽用疫苗是指以天然或人工改造的微生物(细菌、病毒、支原体等)、寄生虫及其组分(蛋白质或核酸)或产物(毒素)、模拟抗原等为材料，采用生物学、分子生物学或生物化学、生物工程等相应技术制成的，用于预防动物疫病或有目的地调节动物生理机能的一类兽医生物制品。

兽用疫苗接种动物体后，能刺激动物免疫系统产生特异性免疫应答，继而使动物体主动产生相应免疫力，所以又称为主动免疫制品。

1.1.2 命名

兽用疫苗一般采用“病名＋制品种类”的形式命名，如猪瘟活疫苗、猪圆环病毒2型灭活疫苗、猪瘟-猪丹毒-猪肺疫三联活疫苗。

在某些情况下，采用上述一般命名方法进行命名不足以反映疫苗的特征时，可视具体情况，按照下列有关原则增加描述性内容。

(1)当通用名中涉及微生物的型(血清型、亚型、毒素型、生物型等)时，采用“微生物名＋×型(亚型)＋制品种类”的形式命名，如猪口蹄疫O型灭活疫苗。

(2)由属于相同种的两个或两个以上型(血清型、亚型、毒素型、生物型等)的微生物制成的疫苗，采用“微生物名＋若干型名＋×价＋制品种类”的形式命名，如猪口蹄疫O型、A型二价灭活疫苗。

(3)当疫苗中含有两种或两种以上微生物，其中一种或多种微生物含有两个或两个以上型(血清型或毒素型)时，采用“微生物名1＋微生物名2(型别1＋型别2)＋×联＋制品种类”的形式命名，如猪圆环病毒2型、副猪嗜血杆菌(4型、5型)二联灭活疫苗。

(4)对用转基因微生物制备的疫苗，采用“微生物名(或毒素等抗原名)＋修饰词＋制品种类＋(株名)”的形式命名，如猪伪狂犬病基因缺失活疫苗(C株)。

(5)对类毒素疫苗，采用“微生物名＋类毒素”的形式命名，如破伤风梭菌类毒素。

(6)当一种疫苗应用于两种或两种以上动物时，采用“动物＋病名(微生物名等)＋制品种类”的形式命名，如猪、牛多杀性巴氏杆菌病灭活疫苗。

(7)当按照上述原则获得的通用名不足以与已有同类制品或与将来可能注册的同类制品相区分时，可以按照顺序在通用名中标明动物种名、菌毒株名(一般标注在制品种类后，通用名中含有两个或两个以上株名时，则分别标注在各自的微生物名后，加括号)、剂型(标注在制品种类前)、佐剂(标注在制品种类前)、保护剂(标注在制品种类前)、特殊工艺(标注在制品种类前)、特殊原材料(标注在制品种类后，加括号)、特定使用途径(标注在制品种类前)中的一项或几项，但应尽可能减少此类内容，如猪口蹄疫病毒O型合成肽疫苗、猪瘟耐热保护剂活疫苗(兔源)、猪胸膜肺炎放线杆菌1型、4型、7型三价油佐剂灭活疫苗。

(袁万哲)

1.2 疫苗分类

根据分类依据的差异,可对兽用疫苗进行不同的分类:①根据疫苗中是否含有感染性微生物,疫苗可分为减毒活疫苗、灭活疫苗和基因疫苗。其中基因疫苗又称核酸疫苗,其兼具有减毒活疫苗和灭活疫苗的特性。②根据疫苗中所含微生物的种类,疫苗可分为细菌性疫苗、病毒性疫苗和寄生虫疫苗。③根据疫苗中所含抗原型别的多少,疫苗可分为单价苗和多价苗。④根据疫苗中所含抗原种类或防治疾病种类的多少,疫苗可分为单苗和联苗。⑤根据疫苗抗原制备方法,疫苗可分为动物组织苗、鸡胚苗、细胞苗、合成肽苗等。⑥根据疫苗株构建技术或抗原设计技术,疫苗可分为传统疫苗和新型疫苗。传统疫苗包括弱毒活疫苗、灭活疫苗。新型疫苗包括亚单位疫苗、重组载体疫苗、核酸疫苗、合成肽疫苗、标记疫苗、抗独特型疫苗等。⑦根据疫苗中佐剂类型,疫苗可分为油佐剂疫苗、铝胶佐剂疫苗、蜂胶佐剂疫苗、水佐剂疫苗等。⑧根据疫苗的外观,疫苗可分为冻干疫苗、液体疫苗、干粉疫苗等。未来还可能出现片剂、颗粒剂等疫苗。本节分别从传统疫苗和新型疫苗两个方面介绍。

1.2.1 传统疫苗

传统疫苗是指采用病原微生物及其代谢产物,经过人工减毒、脱毒、灭活等方法制成的疫苗。根据抗原的性质和制备工艺,传统疫苗又分为灭活疫苗和减毒活疫苗。

1.2.1.1 灭活疫苗

1. 概述

灭活疫苗是指用物理或化学方法杀死病原微生物,但仍保持其免疫原性的一种生物制剂。灭活疫苗可由整个病毒或细菌组成,就好比把病原微生物杀死,然后留给机体免疫系统将它记住。即灭活疫苗是不具有感染性但具有刺激免疫能力的“病原微生物类似物”。

从科学角度来看,灭活疫苗是最经典的成熟技术路线,即在体外培养病原微生物,然后将其灭活失去毒性,但这些失去毒性的病原微生物仍能刺激机体产生抗体,并产生免疫细胞记忆。在技术原理方面,灭活疫苗是安全性非常有保障的疫苗技术。在应用规模方面,目前世界上大规模使用和正规上市的疫苗中,灭活疫苗占50%以上,可以说应用非常普遍。

2. 特点

灭活疫苗的主要特点是疫苗的成分和天然的病原结构非常接近,具有良好的安全性。在技术工艺上，灭活疫苗的整个研发、生产、质量控制及安全性、有效性评价标准比较成熟，有丰富的经验，采用先进的纯化技术和质量控制技术，可使抗原纯度达到95%以上，是应对急性传播疾病通常采用的手段。灭活疫苗可在2～8 ℃下运输，冷链运输方便。与无佐剂灭活疫苗相比，有佐剂灭活疫苗往往表现出更高的免疫原性。

灭活疫苗常需多次接种，首次接种仅仅是“初始化免疫系统”，必须接种第二次或者第三次才能产生保护性免疫，通常产生的免疫反应是体液免疫，它很少甚至不产生细胞免疫。灭活疫苗通常不受循环抗体影响，即使血液中有抗体存在也可以接种，它在体内不能复制，可以用于免疫缺陷动物。

3. 制备

灭活疫苗的制备一般要经过培养、灭活、纯化、半成品配制、灌装和包装六大步骤。其具体制备过程见图1-1。

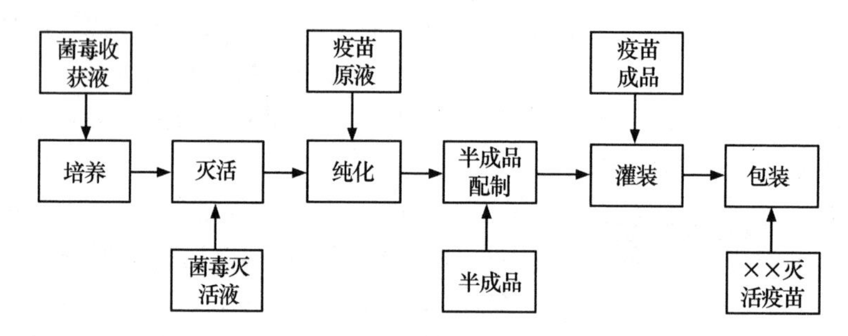

图1-1　灭活疫苗制备过程示意图

首先，由基础毒种制备生产毒种，即选用有质量保证的培养物进行毒种复壮和繁育，确保所制备的生产毒种纯净和高效价。其次，选择最适合的毒种稀释倍数稀释毒种进行接种，准确测定病毒液的效价，从中选择效价高的病毒液留作毒种。再次，制备大批量的半成品病毒液，用合适的稀释倍数稀释毒种进行接种，有效提高毒种的复制效力，并在接种过程严格执行无菌操作程序，避免因细菌污染而不能进行正常的培养。这个环节做得好与差，所制备的半成品有明显的质量差异。最后，是成品灌装和包装。

4. 免疫效果

在了解灭活疫苗的免疫效果之前需要理解两个概念，即发病和感染。所谓发病，指动物感染病原后表现出了临床症状或病理变化；而感染是指动物体或仅仅是动物机体的局部有病原复制，或病原持续存在于特定部位，但被病原感染的动物不一定都会出现临床症状。接种灭活疫苗所起到的免疫效果有能够降低动物对病原的易感性、传染性，诱导动物对特定病原体的特异性抵抗力和缩短动物群体持续感

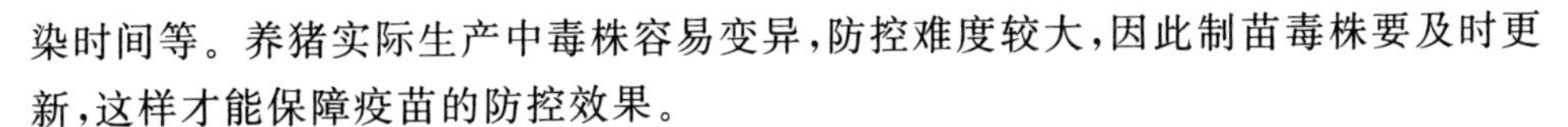

染时间等。养猪实际生产中毒株容易变异,防控难度较大,因此制苗毒株要及时更新,这样才能保障疫苗的防控效果。

5. 面临的问题

灭活疫苗的优点是病原体已经失去活性,即使注入机体也不会让动物感染,而且灭活疫苗研发思路成熟,对母源抗体的中和作用不敏感,容易制成联苗或多价苗,通常是最先研发出来的疫苗。但它的缺点也很明显:一方面,因为要对病原体灭活,要用到较高等级生物安全设施(P2/P3 实验室),所以产能相对较低,疫苗生产起来比较慢。另一方面,因为进入动物机体的已经是灭活的病原体,所以需要的剂量大、免疫途径单一,而且免疫保护期较短。临床试验也表明,灭活疫苗一般接种第二剂后才能形成持续保护。在养猪生产中,灭活疫苗免疫失败的案例屡见不鲜,常见原因如下。

(1)疫苗毒株与流行毒株匹配性:多数病原微生物毒株各型间没有交叉免疫性,同血清型的各亚型之间也仅有部分交叉免疫性,所以在疫苗毒株的选择上,免疫用疫苗的制苗毒株必须与流行毒株尽可能匹配。

(2)疫苗本身效力的影响:灭活疫苗的效力不仅取决于抗原含量,也取决于抗原和佐剂混合物的共同作用。

(3)疫苗贮藏与冷链:运输、存放时温度未达到疫苗保存要求,如保存温度较高、油佐剂疫苗冷冻,易导致疫苗中有效抗原的降解或破乳,造成疫苗效力减小甚至完全失效。

(4)大多数商用细菌灭活疫苗佐剂是矿物油,因为矿物油中灭活的具有毒性的细菌细胞成分乳剂,特别是脂多糖或者内毒素,是较强的免疫剂,所以一般情况下接种油乳剂细菌灭活疫苗的组织反应要比病毒性灭活疫苗严重。

1.2.1.2　减毒活疫苗

1. 概述

减毒活疫苗也称活疫苗,是由自然界筛选或实验室诱导出的毒力降低或者无毒的活的非致病性病原体制成的疫苗,减毒活疫苗可以模拟自然感染过程。减毒活疫苗一般是从野生毒株衍生而来的,这些野生病毒或细菌在实验室经反复传代被减毒后,接种较小剂量即可在体内复制,相当于一次轻微的人工感染过程,从而产生良好的免疫反应,但不会像自然感染野生病原微生物那样致病。减毒活疫苗在体内作用时间长,延长了机体免疫系统对抗原的识别时间,有利于免疫力的产生和记忆细胞的形成。

减毒活疫苗接种方式较多,除注射外,还可以通过口服、鼻内喷雾等方式进行免疫。灭活疫苗虽然可以诱导高水平的 IgG 抗体,但 IgG 抗体主要在血液中提供保护作用,而在上呼吸道如鼻黏膜等部位的保护作用则不如 IgA 抗体。

2. 特点

减毒活疫苗是通过培养免疫原性较强的病原体，通过传代、低温筛选或诱变的方式使其减毒并制成疫苗的。相比于灭活疫苗，其免疫原性可能更强，但减毒过程非常困难，往往需要在特定的条件下将毒株经过长达数十次至上百次的传代，直到无临床致病性才能用于生产，因此研发周期较长。

减毒活疫苗既能诱导机体产生细胞免疫，又能诱导体液免疫反应产生抗体，有利于增强机体免疫功能，起到获得长期或终生保护的作用。通常经过一两次接种即可以实现长期免疫。由于疫苗中含有活的病原体，需要冷藏保存和冷链运输。减毒活疫苗外观性状见图 1-2。

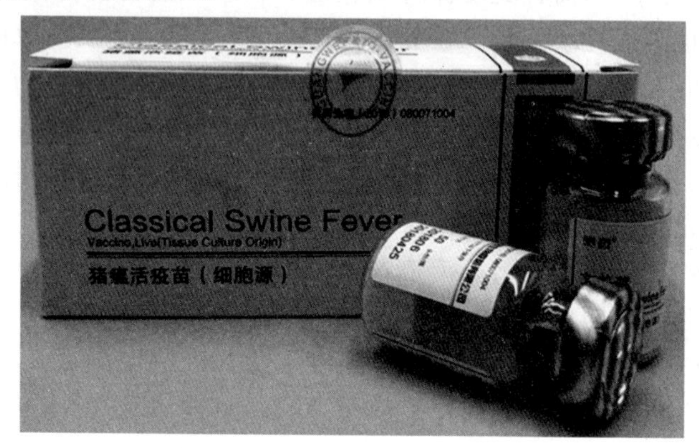

图 1-2　常见减毒活疫苗(多数外观呈疏松圆柱形块状物)

3. 制备

根据减毒活疫苗毒株来源不同，一般可将其分为 3 类：传代致弱毒株、天然致弱毒株和重组致弱毒株。目前主要经过猪白细胞、猪骨髓来源细胞、猪肾细胞(PK)、Vero 和 COS 等细胞中传代致弱。减毒活疫苗的制备流程大致如下。

(1)种毒的繁育：将种子批种毒接种到生产良好的细胞，培养 3～7 d 后收毒，作为生产用种毒，种毒检验按《中华人民共和国兽药典》规定的方法进检验，应符合无菌检验和外源性病毒检验标准规定。

(2)生产用细胞的传代与培养：种子批细胞经消化、分散后，进行细胞培养，用于连续传代或接种病毒。

(3)生产用病毒液的繁殖：将生产中种毒接种生长良好的生产用细胞，进行细胞培养，3～7 d 收获病毒液，－15 ℃以下保存。

(4)半成品检验：按《中华人民共和国兽药典》规定的方法进行相关检验，应符合相关标准规定。

(5)配苗、分装和冻干：将检验合格的病毒液，加入适当稳定剂，混匀，定量分液，冷冻真空干燥即成。

(6)包装：完全达标的疫苗被贴上带有批号和样品名的标签。

减毒活疫苗具体制备过程见图 1-3。

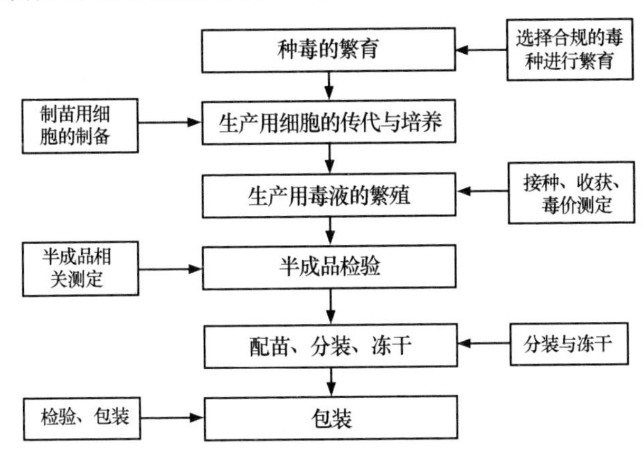

图 1-3 减毒活疫苗制备过程示意图

4.免疫效果

减毒活疫苗接种后可在机体内进行复制繁殖，类似自然感染，产生细胞免疫和体液免疫，免疫效果比灭活疫苗持久牢固。减毒活疫苗和灭活疫苗其实各有利弊，前者免疫效果好但对于部分刚配种、处于怀孕末期的母猪不能使用，后者的安全性更好一些。一种疫苗采用减毒还是灭活工艺生产，更多取决于具体某一种疫苗的免疫效果、安全性和使用方便性的平衡。

我们不能武断地去评价到底是减毒活疫苗好还是灭活疫苗好，这往往要根据传染病的控制阶段、接种猪的健康状况、使用的便捷性和成本等因素进行综合考虑。例如，在猪流行性腹泻未实现有效控制的阶段，减毒活疫苗体现出免疫效果和群体免疫的优势；但在猪流行性腹泻已经得到有效控制的阶段，安全性成为最需要关注的，所以会推荐接种相对安全的灭活疫苗。

5.面临的问题

减毒活疫苗的安全性是一个绕不开的话题，对于减毒活疫苗安全性的种种猜疑，每一位养猪从业人员可能都曾遇到过。国家层面上，预防同种疾病的疫苗到底是选择减毒活疫苗还是灭活疫苗，一般是从动物疫病控制水平和防控目标、疫苗的免疫效果、疫苗可及性和接种实施可操作性、经济负担等方面综合考虑。

在减毒活疫苗、灭活疫苗免疫效果相当的情况下，相应传染病感染流行严重，选择减毒活疫苗，优点是成本低，操作方便，接种 1 剂次或较少剂次就能达到较好的免疫效果，且容易达到较高的猪群接种率，有利于疾病的区域预防和控制。反之，如果相应动物疫病控制较好和传播风险低，可以选择灭活疫苗，尽管免疫效果可能稍逊于减毒活疫苗，但仍可以维持很好的猪群免疫水平，同时可以兼顾到疫苗接种的安全性。

疫苗接种和其他公共卫生、医疗问题一样，需要权衡利弊做出取舍。一方面，我们要让疫苗尽量有效、安全，另一方面，又不能因为疫苗极小概率会导致严重不良反应而放弃免疫接种。

1.2.2 新型疫苗

新型疫苗主要是指使用基因工程技术生产的疫苗，包括亚单位疫苗、合成肽疫苗、基因缺失疫苗、重组载体疫苗、核酸疫苗等。

1.2.2.1 亚单位疫苗

1.概述

亚单位疫苗是通过化学分解或有控制性的蛋白质水解方法，提取细菌、病毒的特殊蛋白质结构，筛选出具有免疫活性的片段制成的疫苗。与全病原体疫苗相比，亚单位疫苗仅包含源自致病性细菌、寄生虫或病毒的某些成分。这些成分，也称为抗原，是高度纯化的蛋白质或合成肽，被认为比全病原体疫苗安全得多。

2.特点

亚单位疫苗特点与灭活疫苗相似，主要区别是病毒亚单位的体积较小，免疫原性差，有些甚至是半抗原，需要与蛋白载体偶联后使用。正是由于仅用病毒的部分成分，可以去除病毒颗粒中一些引起不良反应的成分。

3.研制

此类疫苗在研制过程中，主要是采用基因工程方法，将微生物中所含有的抗原肽段基因与质粒等载体进行重新组合，以此来生成大量的保护性肽段，然后在此基础上加入一定量佐剂，就可完成疫苗的研制工作。但需要注意的是，此阶段的亚单位疫苗内所包含的抗原并不多，不能达到防治疾病的效果。所以，还需在此基础上对其进行免疫反应诱导，此环节需要借助单一蛋白质抗原分子来完成。

4.优缺点与展望

(1)优点：与全病原体疫苗相比，亚单位疫苗仅包含源自致病性细菌、寄生虫或病毒的某些成分。这些成分是高度纯化的蛋白质或合成肽，不含病毒核酸等感染性组分，具有无须灭活、无致病性、安全性高等优点。

(2)缺点：亚单位疫苗包含的抗原非常小，并且缺少宿主免疫系统识别抗原所需的病原体相关分子模式，从而降低了该疫苗方法的免疫原性潜力。亚单位疫苗的另一个弱点是由于可能发生的抗原变性，随后可能导致蛋白质与不同抗体结合，而不是与靶向病原体的特异性抗原结合。

(3)展望:亚单位疫苗具有出色的安全性;但在开发新型亚单位疫苗的过程中鉴定合适的抗原或蛋白质方面面临困难。除了确定可以掺入未来亚单位疫苗中的有效抗原外,研究人员开发有效的免疫刺激佐剂也至关重要。

1.2.2.2　合成肽疫苗

1.概述

合成肽疫苗也称表位疫苗,是利用重组 DNA 技术根据病毒基因组序列推导出的病毒蛋白质的氨基酸序列并人工合成的一类疫苗。是一种仅含免疫决定簇组分的小肽,即用人工方法按天然蛋白质的氨基酸顺序合成保护性短肽,与载体连接后加佐剂所制成。此类疫苗分子由多个 B 细胞抗原表位和 T 细胞抗原表位共同组成,大多需与一个载体骨架分子相偶联。

2021 年农业农村部畜牧兽医局发布公告(中华人民共和国农业农村部公告第 406 号),南京农业大学与中牧实业股份有限公司、江苏南农高科技股份有限公司合作开发的“猪圆环病毒 2 型合成肽疫苗”获得国家一类新兽药注册证书,标志着我国猪圆环病毒 2 型疫苗研发再次实现重要突破。

2.特点

合成肽疫苗具有制备简单、安全性高和稳定性好等特点,具有很好的开发前景。该疫苗通过人工合成得到,但部分合成肽疫苗对猪的保护能力不太理想,还需要进一步的开发优化。

(1)具有良好的免疫原性。研究证明,合成肽具有空间构象时能够提高在实验动物体内的应答水平;另外合成肽的抗原表位以二聚体或者多聚体形式存在时,免疫原性比单一表位的合成肽更强。

(2)具有广泛的免疫交叉性。理想的合成肽疫苗应该是一次免疫能够预防多种血清型。

3.研制

合成肽疫苗的研制主要集中在单独细胞抗原表位或与细胞抗原表位结合而制备的合成肽疫苗研究。抗原表位是合成肽疫苗设计的基础,因此合成多肽疫苗的研制起始于抗原表位的获得、选择和组合优化。研制思路大体为:选择合适的特异性表位,连接载体,构建多抗原肽,模拟表位构象等。合成肽疫苗设计中有许多方式可以改善其免疫效果,但疫苗免疫效果最终是由宿主动物免疫系统与抗原相互作用决定的,受许多因素影响。

4.优缺点与展望

(1)优点:与传统疫苗相比,合成肽疫苗不含核酸,直接锁定抗原表位氨基酸序列,可以用化学方法快速合成并可以模拟表位的空间结构;可以通过综合不同变异株或血清型病毒的表位肽序列以扩展其交叉免疫保护作用,使其更具广谱性;可以随流行毒株的变化调整抗原肽序列，使其更具特异性；可以通过鼻内、口腔和皮肤等途径进行免疫接种，使免疫应答更为有效而且操作更加便捷；可以利用非疫苗用抗原肽建立诊断方法，以区分免疫动物和自然感染动物。

(2)缺点：虽然对合成肽疫苗的研究已经取得了一些令人瞩目的进展，但在实际应用中仍未达到免疫防控的理想状态，合成肽的免疫效果仍需进一步提高。大量研究实验结果证实，合成肽疫苗免疫效果不佳的原因主要有：相对病毒颗粒等，抗原合成肽分子太小，在机体内降解快，缺乏足够的免疫原性，很难像蛋白质大分子抗原那样启动动物体的多种免疫反应；表位连接后，可能会出现新的表位。同时合成肽疫苗免疫效果常受不同种易感动物间和同种易感个体之间免疫机能不同的限制。

(3)展望：随着合成肽诱导机体产生中和抗体的免疫机制以及病原体与宿主相互作用的机制被不断阐明，病原体表位被不断鉴定以及疫苗免疫技术被不断革新，合成肽疫苗的研制必将会克服现有不足而最终取得突破。

1.2.2.3 基因缺失疫苗

1. 概述

基因缺失疫苗是利用基因工程技术将强毒株毒力相关基因切除而构建的活疫苗。基因缺失疫苗不易返祖；其免疫接种与强毒感染相似，机体可对病毒的多种抗原产生免疫应答；免疫力坚强，免疫期长，尤其是适于局部接种，诱导产生黏膜免疫力。在猪的养殖产业中，用基因缺失疫苗预防的疾病主要是猪伪狂犬病，其中最具代表性的疫苗是猪伪狂犬病毒 gE 基因缺失疫苗，近年来还有学者在研发针对非洲猪瘟的基因缺失疫苗。

2. 特点

以伪狂犬病的基因标志疫苗为例，它是在胸苷激酶(TK)基因缺失的基础上，将病毒的非必需糖蛋白基因(gE 和 gG)进行缺失，得到的突变株就不能产生被缺失的糖蛋白，但又不影响病毒在细胞上的增殖与免疫原性。将这种基因缺失疫苗注射动物后，动物不能产生抗缺失蛋白的抗体，因此可以通过血清学方法将自然感染野毒的血清学阳性猪和注射疫苗的猪区分开来。基因缺失疫苗的安全性高，产生的抗体水平高，作用时间快，免疫效果好。

3. 研制

基因缺失疫苗的研制主要有以下几步：首先对病毒进行分离和鉴定，再通过同源重组的方法构建基因缺失株，对基因缺失病毒进行安全性评价和免疫效力评价，然后构建和鉴定重组转移载体，再进行安全性实验和免疫效力评价。

4. 优缺点与展望

(1)优点：缺失目的明确，其毒力返强的可能性很小；缺失后的毒株其毒力都有一定程度的降低，但其免疫原性都较强，这既保护了动物，又大大降低了排毒量；大多数的缺失株都不能侵入神经系统进行增殖或增殖能力大大减弱，使潜伏感染难以建立；缺失基因蛋白还可以作为标志蛋白，建立敏感而特异的血清学检测方法以区别于野毒感染与疫苗免疫。

(2)缺点：动物在接种后，不能排除会出现排毒现象的可能性，也不能完全排除少数质粒 DNA 插入染色体中引起突变的可能性。

(3)展望：基因缺失疫苗是解决如何区分野毒感染和疫苗免疫的重要手段，随着基因缺失疫苗的研究和应用，通过对免疫程序、免疫方式、免疫佐剂等的改变，结合血清学抗体检测技术和野毒鉴别技术，对预防疾病有很好的效果。

1.2.2.4 重组载体疫苗

1. 概述

重组载体疫苗是利用基因工程技术将编码病原体保护性抗原的基因导入活载体中使之表达的疫苗，主要包括重组病毒载体疫苗和重组细菌载体疫苗。与其他基因工程疫苗相比，重组载体疫苗可以插入多个不同抗原并同时表达，在安全性、简便性和生产成本上具有较大优势，现已成为兽用疫苗研制与开发的重要方向。

重组载体疫苗的研制对疫苗研发者提出了更高的要求，在载体和抗原基因的选择、插入基因位置、病毒稳定性与外源基因表达量、佐剂选择等方面做出调整与优化才能最大程度发挥载体疫苗的效果。目前使用杆状病毒、腺病毒、疱疹病毒和痘病毒作为疫苗载体，在人类医学和兽医学领域都得到了广泛的研究，如杆状病毒作为基因转移载体研制猪流行性腹泻新型疫苗、猪繁殖与呼吸综合征病毒 GP5 和 M 蛋白重组结核分枝杆菌疫苗等。

2. 特点

利用病毒或细菌载体可以快速获得针对流行毒株的疫苗候选毒株，大大缩短了疫苗研发时间；构建多联多价疫苗可以减少免疫次数及改变免疫方法，减少了免疫工作量。重组载体疫苗免疫动物向宿主免疫系统提交免疫原性蛋白的方式与自然感染时的真实情况接近，可诱导产生多种免疫应答，包括体液免疫、细胞免疫或者黏膜免疫。

3. 研制

要制造出重组载体疫苗，首先要选定致病病毒表面那些极具特征的蛋白质结构，而这些蛋白质结构会刺激免疫系统产生抗体，下一个任务是找到编码目标抗原的基因。对于 DNA 病毒而言，可以直接找到对应的 DNA 片段；而对于 RNA 病毒而言，则要将对应的 RNA“翻译”成为 DNA 片段。接下来，要把已经编码好的基因“添加”到载体病毒的 DNA 里，并让这些基因搭乘载体病毒进入动物机体细胞中。最后，这些编码基因能在动物体内合成致病病毒的一些特征蛋白质，从而诱导动物机体产生特异性抗体，使动物产生对致病病毒的免疫力。

4.优缺点与展望

(1)优点：重组载体疫苗具有常规活疫苗免疫效力高、成本低以及灭活疫苗安全性好等优点。

(2)缺点：重组载体疫苗仍然面临着诸多问题，如重组病毒在靶向动物体内的传代是否稳定、目的基因经传代是否会丢失以及重组病毒在传代过程中是否产生其他毒副作用等。

(3)展望：利用病毒载体可以快速获得针对流行毒株的疫苗候选毒株，大大缩短了疫苗研发时间；构建多联多价疫苗可以减少免疫次数及改变免疫方法，减少了免疫工作量。同时进一步提高重组载体疫苗的安全性是未来载体疫苗发展的方向。重组载体疫苗等新型疫苗显示出广阔的应用前景，其具备的一系列显著优势将得到更加深入和广泛的研究与应用，并将在动物传染性疾病防治以及保障食品安全方面发挥重要作用。

1.2.2.5　核酸疫苗

1.概述

核酸疫苗简单地说，就是把携带病原体遗传信息的物质——核酸(DNA 或 RNA)直接注射到动物体内，由动物体自主合成相关抗原，来激活自身的免疫系统，引起免疫反应，达到预防病原体感染的目的。核酸疫苗的作用机理通过体外合成病毒的核酸(mRNA 或 DNA)，将核酸(mRNA 或 DNA)送到细胞内，让它在细胞内合成机体所需要的抗原成分。核酸疫苗又分为 DNA 疫苗和 RNA 疫苗 2 种。受新型冠状病毒引发的肺炎疫情的影响，核酸疫苗的研发在近两年备受关注。

2.特点

核酸疫苗可以快速大规模生产，因为它的制备不需要培养细胞，可以在实验室里直接合成。核酸疫苗产生的蛋白质抗原则更像是病毒或细菌等病原体在体内生产的蛋白质抗原，被抗原提呈细胞的 MHC-Ⅰ分子和 MHC-Ⅱ分子提呈，分别激活 $CD4^+$ T 细胞和 $CD8^+$ T 细胞，所以核酸疫苗还能诱导产生较强的 Th1 型细胞免疫反应。这个性质使核酸疫苗更适合作为“治疗性疫苗”，全球有超过一半的核酸疫苗是针对肿瘤开发的，优势在于激活 $CD8^+$ T 细胞的活性，而蛋白质疫苗在这方面比较弱，需要依靠佐剂等手段予以加强。开发核酸疫苗最主要的门槛在于核酸递送系统，即如何让核酸疫苗高效地跨越细胞膜进入细胞内。

从产品开发的角度，核酸疫苗的技术平台一旦确定后，生产工艺和质量控制体系都可以通用和重复运用，不因抗原的基因变化而改变。所以核酸疫苗技术平台化学、生产和控制(chemistry，manufacturing and control，CMC)方面的标准化程度更高，能够减少临床前的大量工作，适合新产品的快速开发。

3. 研制

核酸疫苗的研制过程包括：获取新冠病毒的基因序列；人工合成可以表达抗原蛋白的基因；将这段基因镶嵌到运输基因的工具上。免疫接种后，疫苗会进入机体细胞，并在体内生产抗原，抗原再被免疫系统识别。核酸疫苗的开发过程主要分为靶点抗原的筛选与发现、基因测序、疫苗设计、试生产和验证、GMP 车间生产、产品安全性和有效性分析方法建立等核心环节。其具体研制过程见图 1-4。

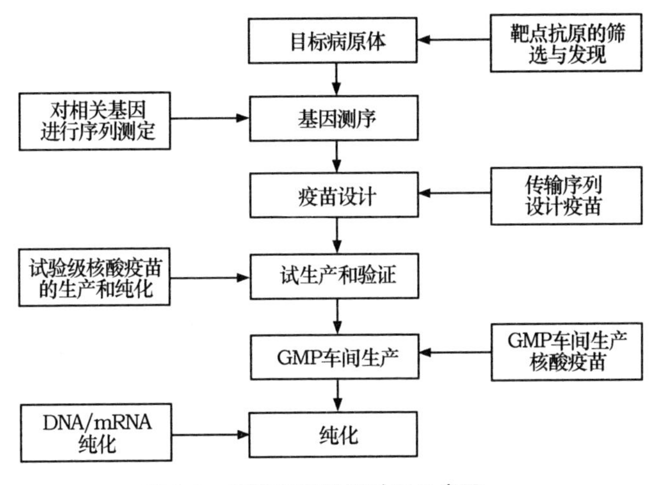

图 1-4　核酸疫苗研制过程示意图

4. 优缺点与展望

(1)优点：相对于传统方法，核酸疫苗的优势主要体现在以下 3 方面。

①安全性：疫苗不是由病原体颗粒或灭活病原体制成的，因此是非传染性的。RNA 不会与宿主基因组结合，一旦蛋白质合成，疫苗中的 RNA 链就会降解。

②高效率：多种修饰使 mRNA 更稳定，更易翻译，使其在细胞质中快速摄取和表达，可以实现高效的体内给药。

③可大规模生产：在实验室中，这类疫苗可以更快地生产出来，生产过程可以标准化，从而提高对新暴发疫情的反应能力。

(2)缺点：目前，制造核酸疫苗的方法可能非常有效，但要确保核酸疫苗发挥作用，还需克服如下的挑战。

①质粒 DNA 可能诱导自身免疫反应。

②质粒长期过高水平地表达外源抗原，可能导致机体对该抗原的免疫耐受。

③外源 DNA 注入体内后，可能整合到宿主基因组上，使宿主细胞抑癌基因失活或癌基因活化，使宿主细胞转化成癌细胞，这也许是核酸疫苗的诸多安全性问题中最值得深入研究的地方。

(3)展望:自 1990 年第一次实验以来,核酸疫苗技术已经用于研发多种人类病原体疫苗,如流感病毒、疟疾、乙型肝炎病毒和单纯疱疹病毒等。由于疫苗研发需要高度的科学性和严谨性,目前只有极少数核酸疫苗可用于兽医领域,如抗西尼罗河病毒疫苗。此次新型冠状病毒肺炎疫情的全球大流行,使人们加快了核酸疫苗的研发速度。当然作为一种全新的技术路线,核酸疫苗仍有很多需要提高的空间,如提高 mRNA 和各种载体材料的生产能力,改进疫苗的组成和结构,安排合理的给药途径等。每种技术手段的发展都有它自己的发展趋势,对于核酸疫苗,一切还需要时间来证明。

1.2.2.6 病毒样颗粒疫苗

1. 概述

病毒样颗粒(VLP)是一种或多种病毒结构蛋白自发组装形成的多蛋白超分子结构,其可模拟病毒真实的组织构象,因此,基于 VLP 开发的疫苗具有大多数传统疫苗的特征,同时由于其不含病毒基因组而无法在细胞中自我复制。VLP 直径大小介于 20～150 nm,保持了病毒抗原蛋白的天然构象,因而具备激发宿主先天性免疫和适应性免疫反应的功能。

2. 特点

首先,VLP 疫苗以正确的构象及高度重复的方式展示其抗原表位,能够有效地活化 B 细胞;其次,VLP 疫苗作为外源性抗原,能够被抗原提呈细胞有效地摄取,通过Ⅰ类或Ⅱ类 MHC 途径加工和提呈,刺激细胞毒性 T 细胞以及辅助性 T 细胞,诱导强烈的体液免疫及细胞免疫反应;最后,由于 VLP 不含病毒核酸,无法自我复制,避免了类似全病毒疫苗生产或使用过程中出现的安全问题。

3. 研制

生产 VLP 疫苗的关键在于能够大规模制备得到高质量的 VLP。VLP 疫苗的制备主要包括病毒结构基因的克隆与表达、选取宿主表达系统、纯化、鉴定等几个环节。具体研制过程见图 1-5。

4. 优缺点与展望

(1)优点:VLP 疫苗不含病毒核酸,不能进行自主复制,具有与病毒颗粒类似的整体结构。VLP 疫苗具有安全性高,在结构上与病毒颗粒相似,可通过与病毒颗粒相同的途径激起免疫系统的有效应答等优点。

(2)缺点:尽管 VLP 疫苗的研究越来越多,水平不断提高,但其生产过程依然面临很多的挑战,包括表达过程中表达量不够,不能形成正确的组装体,纯化工程中难以同时具有高的收率与纯度等。

(3)展望:VLP 疫苗的分析鉴定在整个疫苗的制备过程中,如从设计到纯化以及最后的贮存,都扮演着至关重要的指导作用。因此,在 VLP 疫苗的上游设计和

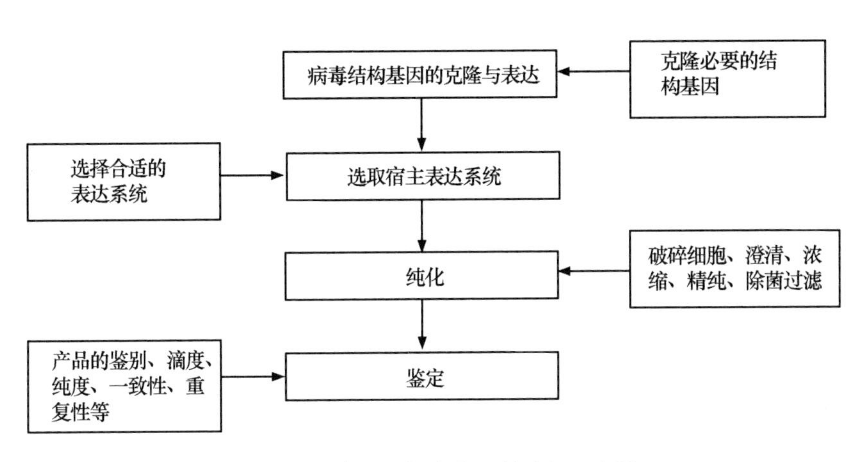

图 1-5　病毒样颗粒疫苗研制过程示意图

下游纯化过程中，必须要有合适的鉴定具有理想结构与生物活性的 VLP 疫苗的方法，才能保证整个 VLP 疫苗的制备过程不盲目浪费时间、人力和物力。此外，为了满足 GMP 生产要求，产品的鉴别、滴度、纯度、一致性、重复性等都需要进行分析鉴定。

1.2.2.7　标记疫苗

1. 概述

标记疫苗也称为鉴别诊断疫苗，是借助基因工程技术在病毒基因组中引入分子标记，即利用反向遗传操作平台，通过在病毒基因水平的插入、缺失或突变原始病毒株的某一位点，对病毒进行标记或区分，给动物免疫后，通过与之相配套的血清学检测方法配合使用，可以将免疫动物和自然感染动物区分开来的新一代重组活疫苗制剂，标记疫苗可分为 2 种，分别是阳性标记疫苗和阴性标记疫苗。

2. 特点

标记疫苗中的阳性标记疫苗主要是指在病毒结构蛋白编码区插入外源基因，如 FLAG 标签等，这导致阳性标记疫苗只可以标记已免疫动物而无法分辨是否感染，因此当前主要是发展阴性标记的直接鉴别诊断；阴性标记疫苗一般是对病毒某一表位基因进行修饰或者缺失，使免疫接种后不产生相应抗体而达到标记目的。

3. 研制

中国农业科学院针对重大动物疫病和人畜共患病，在基础理论创新的基础上，采用最新的基因编辑、合成生物学等技术开展新型标记疫苗的研制。迄今为止，不管是蓝舌病标记疫苗的研制还是伪狂犬病、口蹄疫、猪瘟的净化都采用了区分感染和免疫动物(DIVA)方法。DIVA 疫苗可满足国家重大疫病防控和净化的迫切需要以及保障国家食品安全和公共卫生安全的国家需求。

4. 优缺点与展望

(1)优点:标记疫苗不同于普通活病毒弱毒疫苗,它不但具备稳定、安全和长效等优点,同时在免疫动物后,诱导的抗体能与野毒诱导的抗体分开,也就是它带有可识别的标记,具有精准区别野毒感染动物与疫苗免疫动物的优点。

(2)缺点:个别病毒对外源基因的插入位点和大小有严格限制,且外源基因在传代过程中容易发生丢失,同时外源蛋白的表达也往往会改变病毒衣壳结构,影响免疫原性,且多联标记疫苗耗时长、存在不确定性。

(3)展望:研发安全有效的标记疫苗与相应的鉴别诊断检验技术,对于成功控制或根除动物传染病至关重要,某些技术上的进展对于设计标记疫苗和相应的鉴别诊断检验技术具有巨大的潜力。针对检测的抗体结果,可分析出属于DIVA疫苗产生的还是野毒感染产生的,可以尽早有针对性地采取措施,这样一方面可减少在实施“扑灭计划”时大量错杀导致的经济损失,另一方面又可及早发现感染动物,以便及时采取措施控制疫情。相信在未来,会有更多符合要求的标记疫苗问世,这些标记疫苗也将会对我国重大疫病的净化作出重要贡献。

1.2.2.8 治疗性疫苗

1. 概述

治疗性疫苗是指在已感染病原微生物或已患有某些疾病的机体中,通过诱导特异性的免疫应答,达到治疗或防止疾病恶化的天然、人工合成或用基因重组技术表达的产品或制品。治疗性疫苗作为一种新型制品,国内外已在基础及临床研究、应用基础、临床前及临床研究的理论与技术方面积累了大量经验。

2. 特点

治疗性疫苗能改善及增强机体对疫苗靶抗原的摄入、表达、处理、提呈,激活免疫应答,唤起机体对靶抗原的免疫应答能力,达到清除病原体或异常细胞从而治愈疾病的目的。目前疱疹病毒感染引发的各类动物疾病仍以预防性疫苗接种和抗病毒药物治疗为主,无法防止其复发性感染。

3. 研制

治疗性疫苗的研究策略如下。

(1)采用不同疫苗形式、不同抗原输送系统,以及不同的抗原修饰改造以提高其加工、提呈途径与效率。

(2)引入细胞因子、趋化因子等控制免疫应答偏向性。

(3)采用新型佐剂增强疫苗诱导的抗肿瘤免疫应答。

(4)应用免疫检查点抑制剂阻断并消灭肿瘤微转移。

4. 优缺点与展望

(1)优点:以前疫苗只用作预防疾病。随着免疫学研究的发展,人们发现了疫苗的新用途，即可以治疗一些难治性疾病。从此，疫苗兼有了预防与治疗双重作用，治疗性疫苗属于特异性主动免疫疗法。

(2)缺点：治疗性疫苗在临床前动物模型研究中显示了显著的抑制肿瘤效果，甚至成功清除肿瘤，但是在动物临床研究中并未显现显著的肿瘤抑制能力或不能有效诱导机体产生足够的、特异的抗肿瘤免疫应答，提示我们仅通过治疗性疫苗尝试诱导抗肿瘤效应T细胞应答来控制肿瘤的效果可能有限。成功研发治疗性疫苗的关键在于深入了解肿瘤的免疫抑制以及免疫逃逸机制，充分考虑肿瘤微环境以及抗原提呈策略对于激活抗肿瘤免疫、有效杀伤肿瘤的影响。

(3)展望：治疗性疫苗尚缺乏显著临床疗效以及面临的重大挑战，迫切需要采用新的疫苗策略。而考虑肿瘤免疫抑制微环境对疫苗效果的影响，以及增强疫苗激发的抗肿瘤免疫应答是有希望的重要策略。因此，优化疫苗免疫干预策略设计，建立多方面机制联合作用，对于针对相关动物肿瘤性疾病实现有效治疗具有重要意义。

1.2.2.9 转基因植物疫苗

1.概述

转基因植物疫苗是利用分子生物学与基因工程技术将抗原编码基因通过构建植物表达载体导入受体植物，利用植物的全能性使其在体内表达出具有免疫活性的蛋白质，得到能使机体具有免疫原性的基因重组疫苗，机体通过注射或食用含目标抗原的转基因植物蛋白，激发免疫系统产生免疫应答，从而产生特异性的抗病能力。

植物细胞作为天然生物胶囊可将抗原有效提呈到黏膜下淋巴系统。这是目前为数不多的有效启动黏膜免疫的形式。因此，对于黏膜感染性疾病有很好的发展前景。此类疫苗在猪口蹄疫、猪传染性胃肠炎、猪流行性腹泻和轮状病毒感染等疾病防控中已有相关研究。

2.特点

通过口服后激发消化道的黏膜免疫反应，小肠淋巴组织中的膜细胞识别抗原后，将其传递给巨噬细胞，巨噬细胞和其他抗原提呈细胞将抗原提呈给辅助性T细胞，辅助性T细胞可刺激B细胞产生IgA，IgA随后可以进入血液、消化道和呼吸道中，发挥全面的保护作用。转基因植物疫苗同时也可诱导相应的血清型IgG反应。

3.研制

常规转基因植物疫苗的获取途径有如下2种。

(1)稳定性遗传表达：通过抗原的结构基因构建植物表达载体，再借助一系列方法将外源基因整合至植物基因组，获得能够稳定遗传的目标植株。

(2)瞬时性高效表达:瞬时表达系统中外源DNA与受体植物基因组并不发生整合,而是在导入细胞一定时间后进行表达。以最常用的病毒感染法为例,将目标抗原与作为载体的植物病毒进行融合表达,感染植株或植物细胞后,使之瞬时表达。通常需对表达的目标蛋白进行分离及纯化以确定其表达准确性,最后进行生物检测,获取转基因植物疫苗。

4.优缺点与展望

(1)优点:与传统疫苗相比,转基因植物疫苗具有生产成本低、生产周期短、安全性高、成功率高、易于运输与保存等优点。

①植物种子、块茎、果实等是蛋白质很好的聚积和保存场所,使植物疫苗(重组蛋白)的生产、运输和贮存更为容易,免疫途径更简便、安全。

②植物疫苗(抗原)通过胃内酸性环境时,可受到细胞壁的保护,直接到达肠黏膜部位,诱发黏膜和全身免疫应答,比传统的免疫途径更有效。

③植物疫苗不需严格的分离纯化程序,简便价廉,可望替代传统的发酵生产,有利于在发展中国家推广。

(2)缺点:转基因植物疫苗也存在环境安全性问题(可能通过花粉传播造成基因漂移,影响环境生态平衡)和食用安全性问题(可能对机体产生某些毒理作用或引起过敏反应)。同时转基因植物疫苗抗原表达量低,在使用过程中易失去生物活性;使用口服疫苗时,易被消化系统降解,从而降低抗原性。

(3)展望:转基因植物疫苗既可以提高其他类型疫苗的免疫效果,同时也可以避免其他类型免疫多次接种的烦琐操作,植物疫苗还能提供相对廉价的蛋白质源,故转基因植物疫苗具有广阔的发展前景。目前,数十种转基因植物疫苗已进入动物试验,并检测出良好的免疫原性。

1.2.2.10 T细胞疫苗

1.概述

传统T细胞疫苗是指将引起自身免疫性疾病的自身反应性T细胞或导致同种移植排斥反应的同种反应性T细胞活化并灭活后作为疫苗,可诱导机体产生针对致病性T细胞或同种反应性T细胞的免疫应答,从而消除或减轻这些细胞的致病作用,称为T细胞疫苗(TCV)。其新定义为:将依据MHC-Ⅰ类分子特异的多肽结合基序合成的多肽,在体外诱导产生的抗原特异性细胞毒性T细胞(CTL),用于治疗病毒性疾病,它将T细胞从过去的靶细胞转变成效应细胞,是T细胞疫苗概念的拓展,为T细胞疫苗的概念增添了新的内涵。

2.特点

T细胞疫苗可以诱导机体产生抗病原体的保护性免疫应答。研究人员在对T细胞免疫功能及其所识别的抗原性表位有足够的认识后,发现T细胞疫苗在抗自身免疫紊乱、抗癌以及抗感染等治疗中均起到了较好的作用。

3. 研制

根据抗原肽处理和提呈的理论基础，可以设计出两大类 T 细胞疫苗，即表达与相应的 MHC-Ⅰ及 MHC-Ⅱ类分子相关保护性表位的 $CD4^+$ T 细胞和 $CD8^+$ T 细胞疫苗。一些研究人员提出了一些研制 T 细胞疫苗的新设想，这些设想来自肽与相应 MHC 相互作用及其产物由 T 细胞所识别的情况。制备 T 细胞疫苗的关键是要确定出可被 T 细胞识别的等位基因特异或非特异的多肽。

4. 优缺点与展望

(1)优点：T 细胞疫苗的优点在于其不但诱生了抗外源表位的保护性免疫反应，而且抵抗了病毒本身的毒性。T 细胞表位疫苗因其能在接种动物后，诱导机体发生免疫应答，已用于动物的某些感染性疾病的预防和诊断中。T 细胞表位疫苗由于其研制是在对应于 T 细胞表位基础上进行的，和以往抗感染疫苗相比具有针对性强的特点；同时也具有以往疫苗的安全、有效又可诱导保护性应答的特点。

(2)缺点：T 细胞疫苗的缺点在于诱生了对不相关病毒的强烈的排斥反应，这妨碍了有效的免疫，因为它们被残余抗体快速清除掉，同时几种表位相连后会产生新的抗原决定簇，这一决定簇具有主导性，会使其他表位的免疫原性下降。

(3)展望：现已证实，自身免疫性疾病是自身反应性 T 细胞和 B 细胞克隆从耐受状态中活化而产生自身免疫，导致自身组织器官损伤的一种疾病。研究人员在对它的发病机理有了深入了解的基础上，设计出了多种 T 细胞疫苗，并且部分 T 细胞疫苗已应用于临床，但在应用的过程中，一些问题仍有待于进一步研究。

（李　彬　孙华伟）

1.3　疫苗的发展简史

1.3.1　疫苗的早期发现与发明

疫苗的诞生源于人类对免疫现象的长期观察和经验积累。“疫”即流行性传染病，免疫即免于发生传染病。尽管近代才出现“免疫”这个词，但是人们在远古时代就已认识了免疫现象。人们对疫苗的认识，实际上是从天花(variola)开始的。

1.3.1.1　免疫预防的经验时期

公元前 5 世纪希腊半岛的战史中，描述了在传染病流行时，由患过该病的人来护理病人和埋葬尸体的事例。公元 4 世纪左右，我国东晋葛洪在《肘后备急方》中已有关于防治狂犬病的记载：“疗狂犬咬人方，乃杀所咬犬，取脑敷之，后不复发。”

我国是世界上最早发明人痘预防天花的国家。宋真宗时代(公元11世纪)利用种痘法预防天花,是人类最早的免疫接种。利用天花病人的痂皮接种儿童鼻内或皮肤划痕(栽花)来预防天花。这是我国古代医生在“以毒攻毒”的医术思想指导下创造出来的,是我国对世界医学的一大贡献。我国清代张璐在《张氏医通》中记述了种痘法。这种人痘苗,有时苗(生苗)与种苗(熟苗)之分。取其痂为苗是名时苗,专用种痘痘痂为苗是名熟苗,“其苗传种愈久,则苗力提拔愈精,人工之选练愈熟,火毒汰尽,精气犹存,所万全而无患也。若时苗能连种7次,精加选练,即为熟苗”。这种反复地选痘苗的方法,基本符合现代疫苗选育的科学原理。

16～17世纪人痘苗接种预防天花已在全国普遍展开。清康熙二十七年(1688年),俄国派人到中国学习种痘技术,以后人痘法传入俄罗斯,并经丝绸之路向东传至朝鲜、日本与东南亚国家,向西传至欧亚、北非及北美。1721年人痘法开始在英国使用。1743年德国推行人痘接种,欧洲其他国家也相继使用。1744年人痘法传入日本,1763年传入朝鲜,并传入亚洲其他国家。虽然这种“强毒接种”方法带有一定的危险性,但该方法却开创了利用疫苗的手段预防高危恶性传染病的先河。种痘图见图1-6。

图1-6　种痘图

1.3.1.2　“疫苗”的由来与科学验证

英国乡村医生爱德华·詹纳(Edward Jenner)(1749—1823年)发现当时在英国,男人生天花的多,女人生天花的少,后来经过观察,女人在挤奶时感染过牛痘(cow-pox),于是不再得天花。从这一事实中得到启发,并以当时在英国推行的由中国传入人痘接种法的实践作为借鉴,1796年5月,他做了一次具有历史意义的试验。他从一位患牛痘的挤奶女工的脓疱中取少量脓汁接种于8岁男孩的左臂,6周后症状消失,2个月后在男孩的右臂接种人的天花脓疱浆,不见发病,证明其对天花确实有免疫力。这是人类通过有意识预防接种来控制传染病的首次科学实验。以后他又继续试验，证实了牛痘苗接种预防天花的作用，发明了牛痘疫苗预防天花，于1798年发表了相关研究论文。詹纳把这种接种法称为vaccination，即“疫苗接种”；接种物称为vaccine，即“疫苗”，泛指所有主动免疫的生物制品，来源于当时最大规模应用的牛痘苗(vaccine)，其中“vacca”在拉丁文是牛的意思。

接种牛痘预防天花的技术1804年传入中国。这种方法比人痘接种更安全可靠，后来一直使用，最终在全世界范围内有效控制并消灭了天花(1979年)。因此，牛痘疫苗是第一个被科学验证的用于人工免疫的异源疫苗。

此后，被誉为疫苗之父的法国科学家、微生物与免疫学奠基人巴斯德(Pasteur)为了纪念100年前詹纳的贡献，也称此技术为vaccination。

1.3.2　传统疫苗的发展

传统疫苗时代，利用病变组织、鸡胚或细胞增殖病毒来制备灭活疫苗和弱毒疫苗；用培养基培养完整的细菌制备灭活疫苗和弱毒疫苗。

1676年，荷兰人列文虎克(1632—1723年)首先用显微镜观察到微生物，传染病的生物病因学说才得到公认。19世纪中叶以来，随着显微镜技术的发明与进步，以及Koch发明的在固体培养基上分离细菌纯培养物的方法，开启了微生物学的黄金时代，为巴斯德等研制疫苗铺平了道路。Koch证明了乳酸和酒精是微生物生命活动的结果。1878年，他提出了传染病的细菌学说。通过一系列的试验，不仅证明了微生物的存在，而且史无前例地用物理、化学和微生物传代等方法有目的地处理病原微生物，使其失去毒力或减低毒力，并用此作为疫苗给人和动物接种而达到预防烈性传染病的目的。他认为，微生物减毒或灭活后若能保持原有的某些特性，动物接种后可能偶染微恙而不致死，由此可获得抵御这一微生物的能力，从而得到制备减毒活疫苗的方法。从此以后，各种疫苗应运而生，先后发明了禽霍乱疫苗(1879年)、猪丹毒、炭疽高温减毒疫苗(1881年)、狂犬病疫苗(1885年)等减毒活疫苗，使疫苗研究进入一个崭新阶段，实现了第一次疫苗技术革命。

从詹纳发明天花疫苗到巴斯德发明狂犬病疫苗的90年里，疫苗学发展得较慢。20世纪以来，疫苗技术随着人类和动物许多疫苗的研制成功，以更快的发展不断取得成果。1930年前建立了使用鸡胚的病毒培养技术，1949年获得病毒的细胞培养技术，1925年法国兽医免疫学家加斯顿·拉蒙(Gaston Ramon)首先观察到一些物质的佐剂作用。在猪的疫苗方面，巴斯德1883年制造了用于预防猪丹毒的疫苗，虽然结果基本上都是好的，但在免疫过程中发现有的猪出现死亡。在此基础上，后来其他人制造了毒力更弱的活疫苗和灭活疫苗成功地用于预防猪丹毒。当前，传统疫苗在动物传染病防治中仍起着主要作用，但在疫苗的安全性、免疫性能、疫苗的制造和保存、疫苗的研制等诸多方面存在缺陷。

1.3.3 现代生物技术疫苗的发展

由于已有动物传染病病原的变异和新发传染病不断出现,用传统方法制备的常规疫苗在安全和免疫效力呈现出一定的局限性,特别是一些难以人工培养、免疫原性差、不易传代致弱和抗原容易发生变异的微生物,用常规方法制作疫苗难以达到预期效果,而使用现代分子生物技术制备基因工程疫苗具有一定优势,而且安全性好。另外,利用分子生物学技术研究标记疫苗,在临床上可以鉴别野毒感染和疫苗免疫,对疫病净化具有积极意义。由此可见,利用现代生物技术研究开发新型疫苗是必然趋势。同时,利用现代生物技术改造传统疫苗也是疫苗发展的方向。

以重组 DNA 技术为代表的基因工程疫苗被认为是第二次疫苗革命。第一次疫苗革命基本上是在细胞水平上研究和开发疫苗的。从 20 世纪 70 年代中期开始,分子生物学技术迅速发展,可以在分子水平上对病原微生物的基因进行克隆和表达。与此同时,化学、生物化学、遗传学和免疫学的飞速发展在很大程度上为新疫苗的研制和常规疫苗的改进提供了新技术和新方法。

近几年来,中国在动物疫病基因工程疫苗研究与开发方面涉及猪的包括猪伪狂犬病病毒、猪瘟病毒、口蹄疫病毒、猪繁殖与呼吸综合征病毒、猪圆环病毒 2 型、猪传染性胸膜肺炎放线杆菌、大肠杆菌、猪囊虫等。研究与开发的基因工程疫苗种类包括基因工程亚单位疫苗、基因工程重组活载体疫苗、基因缺失疫苗、DNA 疫苗等。其中 DNA 疫苗又称基因疫苗或者核酸疫苗,被称为第三次疫苗革命。

第一个商品化的基因工程疫苗是仔猪腹泻大肠杆菌 K88/K99 二价基因工程疫苗,它的研发成功和推广使用,拉开了中国动物基因工程疫苗研究的序幕。目前,已获得新兽药证书、进入商业化生产和应用的基因工程疫苗还有伪狂犬病基因缺失疫苗、猪繁殖与呼吸综合征嵌合病毒活疫苗、猪瘟 E2 蛋白重组杆状病毒灭活疫苗、O 型口蹄疫病毒基因工程亚单位疫苗和多肽疫苗等。同时,还有一批基因工程疫苗研究取得了明显的进展,如猪传染性胸膜肺炎亚单位疫苗、猪生长抑素基因工程疫苗、幼畜腹泻双价基因工程苗、猪伪狂犬重组猪瘟活载体疫苗和布鲁氏菌病基因标记疫苗等。

此外,饲料用转基因微生物的研究在中国也取得成功,如转植酸酶酵母已被批准在中国商业化生产和应用。近年来以转基因植物为表达系统的可食性疫苗也已成为新的研究热点。

1.3.4 我国猪用疫苗发展现状

中国兽用生物制品的研究与生产走过了一条漫长而曲折的道路,与世界发达国家相比，中国兽用疫苗的研究晚了近半个世纪，虽然起步于20世纪20年代，但真正的发展是1949年后才开始的，它贯穿几代人的不懈努力，凝聚着中国科技工作者的智慧和心血，也为其今后的快速发展提供了宝贵的知识和经验。

新中国成立前，我国兽用疫苗及诊断制剂的品种很少，产量也非常小，没有统一的产品质量标准，在疫苗生产工艺上，主要以发病动物脏器为抗原制成灭活疫苗，生产条件很简陋，生产技术也很原始。中国兽用生物制品研究和生产始于1918年的青岛商品检验局血清所和1919年的北平中央防疫处。到1936年，能够生产的产品主要有猪肺疫疫苗、猪瘟疫苗、抗猪瘟血清、抗猪丹毒血清、抗猪肺疫血清等。

1.3.4.1 改革开放前我国猪用疫苗发展

中华人民共和国成立后，党和政府十分重视动物疫病的防控工作。1952年，国家批准成立了农林部兽医生物药品监察所，在苏联专家的帮助下，制定了中国第一部《兽医生物制品制造及检验规程》和生物药品监察制度。1956年，农业部兽医生物药品监察所的技术专家又在世界范围内首先研究成功了猪瘟兔化弱毒疫苗，并在生物药品厂成批生产和推广使用，在全国范围内大力推广春、秋两季全面疫苗注射免疫，有效地控制了猪瘟的流行。

在通过异种不敏感动物获得毒力弱、免疫原性良好的病毒疫苗株的同时，微生物诱变技术在细菌疫苗研制领域也取得重大进展，先后培育成功了一批免疫原性良好的制苗用弱毒株。如中国农业科学院哈尔滨兽医研究所和江苏省农业科学院兽医研究所通过在培养基中加入锥黄素培养诱导，结合动物生物诱变的方法选育出了猪丹毒GC42和G4T10弱毒株；中国兽医药品监察所(农业农村部兽药评审中心)用加化学诱变剂(如醋酸铵等)或以逐步提高培养温度等方法，成功选育了仔猪副伤寒C500弱毒菌株和羊、猪链球菌弱毒株；将猪肺炎支原体强毒株经乳兔传代减毒，培育成功了猪喘气病弱毒疫苗株；国内一些单位还先后研究获得了猪肺疫E0630弱毒株和猪、羊布鲁氏菌弱毒株等。并用这些人工培养的弱毒疫苗株研究出了一大批弱毒活疫苗，为动物疫病的预防控制发挥了重要作用。

在疫苗制造工艺方面，随着活疫苗种类的逐渐增多和产量的不断增加，为提高疫苗质量和延长疫苗保藏时间，冷冻真空干燥技术在全国得到了广泛的应用。由于冻干技术和疫苗冻干保护剂的成功应用，生产出了多种质量良好的冻干疫苗，比如猪丹毒、猪肺疫二联冻干疫苗，猪瘟、猪丹毒、猪肺疫三联冻干疫苗等。此外，明矾、氢氧化铝胶佐剂的使用，提高了疫苗质量和免疫期，把生产技术提高到一个新的阶段。

20世纪50年代初，弱毒菌(毒)株的选育成为当时兽医生物制品的研究热点。进入60～70年代，猪瘟兔化弱毒疫苗被改进为乳兔化弱毒疫苗。巴氏杆菌、猪丹毒和布鲁氏菌疫苗均为由培育成的弱毒菌种制造的多种新剂型。猪瘟、猪丹毒、猪肺疫三联活疫苗成为我国第一个病毒加细菌的猪用联合活疫苗。在疫苗生产工艺方面，在大瓶通气培养生产细菌疫苗的基础上，改用发酵罐培养，菌苗产品的品种和数量成倍增长，质量也明显提高，基本满足了动物疫病防疫的需要。

1.3.4.2 改革开放后我国猪用疫苗发展

20 世纪 80 年代以来，我国畜牧业发展很快，兽医生物制品研究特别活跃。猪瘟疫苗生产技术进一步得到改进，用犊牛、羔羊睾丸细胞或羊肾细胞转瓶培养技术代替了猪肾原代细胞培养技术，ST 传代细胞疫苗得到广泛应用。研制了猪圆环病毒 2 型、伪狂犬病、副猪嗜血杆菌、猪传染性胃肠炎、猪流行性腹泻、细小病毒感染、猪流行性乙型脑炎及兔出血症等疫病灭活疫苗，以基因工程技术研制成功的猪大肠埃希菌病 K88 和 LTB 双价基因工程疫苗、猪伪狂犬病基因缺失疫苗代表着第三代疫苗研究方向。

2006 年起，我国全面实施兽药 GMP 管理，我国兽医生物制品尤其是疫苗生产工艺研究和产业化方面取得长足进展。例如国产大型冷冻干燥机，较好地解决了活疫苗的冻干问题。耐热冻干保护剂的发明，有效地解决了冷链保藏系统的问题，如猪瘟耐热保护剂活疫苗。BHK-21 细胞悬浮培养技术替代了口蹄疫疫苗细胞转瓶培养制造工艺。一些企业采用生化合成手段，研制生产合成肽疫苗，取得较好效果，如猪口蹄疫合成肽疫苗、猪圆环病毒 2 型合成肽疫苗。

1.3.5 疫苗的发展前景

当前，中国兽用疫苗的发展进入了一个新的快速发展时期，随着现代生物技术在疫苗领域的广泛应用，兽用疫苗将面临前所未有的发展机遇和挑战。纵观中国养猪业的发展前景，猪用疫苗的开发与应用潜力巨大。

1.3.5.1 传统疫苗的升级改造以及现有品种结构的改进

当前，用传统的经典技术生产的疫苗仍在发挥着积极作用，而且在新技术疫苗尚未普及之前，传统疫苗仍占据主导地位。今后疫苗的研制将朝着安全有效，成本低廉，易于接种，一针多防（多联多价苗），不受母源抗体干扰，免疫期长，易于保存、运输和使用等方向发展。

优良的免疫佐剂、免疫增强剂和耐热保护剂是提高疫苗安全性和免疫效力的重要措施。目前，国外动物用活疫苗均可在 2～10 ℃下保存运输，而我国虽然对一些猪禽活疫苗进行了研究和开发，但实际保存时间与国外产品有一定差距。猪用灭活疫苗主要使用传统的矿物油佐剂，而且疫苗剂型大部分仍为油包水型，副作用较大，一些疫苗，如口蹄疫和猪圆环病毒病灭活疫苗，虽然为水包油或水包油包水等剂型，但采用的佐剂仍依赖进口。所以，应进一步加强新型免疫佐剂、活疫苗热稳定剂及高分子微球疫苗缓释系统研究和开发。

针对流行毒株可能发生毒力和抗原性变异，以及临床上同一系统疾病存在多病原的实际情况，要求我们在流行病学调查基础上，针对病原特性研制相应疫苗。此外，多联高效疫苗因可以减少疫苗接种次数、节约劳动成本和降低接种动物的应激反应，将越来越受到欢迎。为了提高细胞类疫苗生产效率，减少细菌污染，提高疫苗抗原含量，应推广使用并完善细胞悬浮培养工艺。

1.3.5.2 以分子生物学技术为基础，研制开发新型疫苗

选育疫苗用弱毒菌(毒)株，过去基本是依靠在组织细胞培养或在一种非天然宿主体内连续传代，如今用单克隆抗体和DNA重组技术有可能获得非常有效的疫苗毒株。用DNA重组技术可直接除去(缺失)病毒或细菌的毒力相关基因，或除去在病原体复制中起重要作用的酶基因，从而获得基因缺失疫苗。而且，当基因缺失疫苗再缺失一个糖蛋白基因(该基因不是功能基因，但与病原的毒力有关)时，缺失的糖蛋白不再表达，因而可研制出标记疫苗，从而使区别疫苗免疫动物和野毒感染动物成为可能，因为野毒株可表达糖蛋白，感染动物可产生针对糖蛋白的抗体。该类疫苗配以适当的诊断试剂盒，可有效地用于相应疫病的扑灭和根除计划。如丹麦、英国和瑞典等国家应用猪伪狂犬病基因缺失疫苗免疫接种，通过血清学普查、剔除被感染种猪及扑杀等措施，已成功消灭了猪伪狂犬病。

一些严重危害养猪业的新发传染病，如非洲猪瘟，将有赖于利用基因改造技术研究新型疫苗。为了预防控制已有的疾病和更多的新发传染病，根据各种疾病的流行特点和免疫机制研制出安全、有效、经济实用的疫苗，将成为当前和今后一段时间疫苗研究的方向。

(马增军　张　倩)

思考题

1. 灭活疫苗有何特点？免疫效果如何？需要免疫接种几次？灭活疫苗具有繁殖能力和致病能力吗？怀孕母猪可以接种灭活疫苗吗？

2. 减毒活疫苗有何特点？滴鼻接种效果如何？两种减毒活疫苗如未同时接种，为什么要间隔28 d以上再接种？

3. 减毒活疫苗和灭活疫苗哪个更好？为什么口蹄疫只有灭活疫苗，而没有减毒活疫苗？

4. 什么样的疫苗是亚单位疫苗？亚单位疫苗的特点有哪些？亚单位疫苗一般需要免疫几次？

5. 合成肽疫苗的特点有哪些？优缺点有哪些？接种合成肽疫苗，在进行抗体检测分析时，有哪些注意事项？

6. 基因缺失疫苗的特点有哪些？优缺点有哪些？猪伪狂犬病为何可以净化？
7. 重组载体疫苗的特点有哪些？优缺点有哪些？
8. 应如何理解体液免疫和细胞免疫？
9. 核酸疫苗的特点有哪些？优缺点有哪些？
10. 病毒样颗粒疫苗的特点有哪些？优缺点有哪些？
11. mRNA 疫苗研发的难点是什么？
12. 标记疫苗的优缺点有哪些？目前获批的猪用标记疫苗主要有哪些？
13. 治疗性疫苗的优缺点有哪些？
14. 简述转基因植物疫苗未来的发展方向。

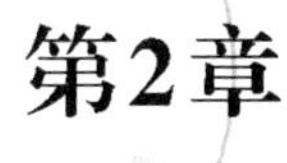

第2章 疫苗的免疫学基础

【本章提要】免疫系统是动物机体长期进化形成的多功能发育系统，是疫苗抗原诱导免疫应答发生的场所以及具体免疫功能的执行者。疫苗抗原进入动物机体后主要诱导机体产生适应性免疫应答，即 T 细胞介导的细胞免疫应答和 B 细胞、抗体介导的体液免疫应答，发挥长效保护作用。疫苗接种的基础就是疫苗抗原诱导机体产生免疫记忆。

2.1 免疫系统

猪的免疫系统经过长期进化而形成防御性体系，包括免疫器官、免疫细胞及免疫分子。免疫系统的这些因素相互作用，通过接种疫苗后产生免疫应答的方式为机体提供有效的保护屏障。

2.1.1 免疫器官

接种疫苗后，猪体内执行免疫功能的组织结构称为免疫器官(图 2-1)，它们是淋巴细胞和其他的免疫细胞发生、分化和成熟的场所，包括中枢免疫器官、外周免疫器官和黏膜相关淋巴组织。

2.1.1.1 中枢免疫器官

1. 骨髓

骨髓是猪体内最重要的免疫器官。仔猪出生后所有的血细胞来自骨髓。骨髓中存在的多能干细胞可最终分化成红细胞、血小板、巨噬细胞、单核细胞、粒细胞、自然杀伤(NK)细胞、树突状细胞、T 细胞、B 细胞和肥大细胞。骨髓的功能包括：

产生机体的所有免疫细胞;哺乳动物 B 细胞产生的场所;再次免疫应答抗体形成的主要场所。抗原再次刺激猪体后,可形成长寿命的浆细胞,其可迁移至骨髓,在没有明显的抗原刺激时,可以持续性地分泌高水平的抗体。

2. 胸腺

胸腺是胚胎期发生最早的淋巴组织,各种哺乳动物胸腺结构相似。猪的胸腺位于胸腔前纵隔内并延伸至颈部直达甲状腺。胸腺的相对大小以新生仔猪最大,成年后萎缩,功能衰退。胸腺的功能包括:T 细胞成熟的场所,可以产生胸腺激素。

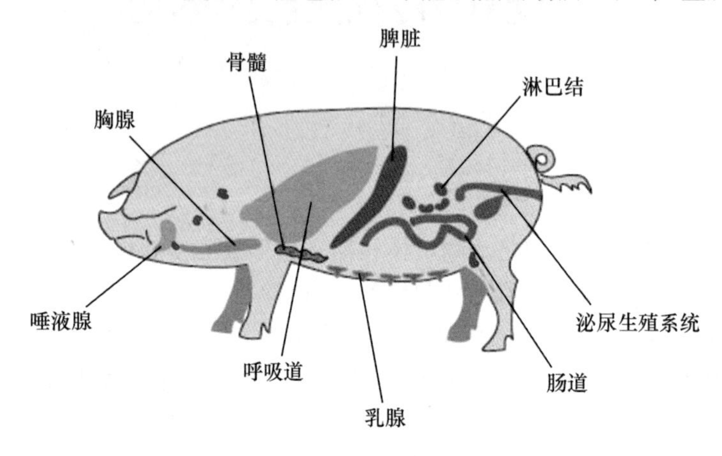

图 2-1　猪淋巴器官示意图

(引自姜平,2015)

2.1.1.2　外周免疫器官

1. 淋巴结

淋巴结是圆形或豆状的过滤器,位于淋巴管汇集处,以便捕获淋巴中的抗原。疫苗抗原经非血液途径进入机体后发生免疫应答的主要场所是淋巴结。淋巴结外包裹着由结缔组织构成的被膜,内部则由网状组织构成支架,其内充满淋巴细胞、巨噬细胞和树突状细胞等。输入淋巴管通过被膜与被膜下的淋巴窦相通。淋巴内部实质可分为皮质和髓质两部分,绝大多数动物的淋巴结皮质位于浅层,髓质位于深层。猪淋巴结的结构与其他哺乳动物不同,其皮质朝向淋巴结中心而髓质位于周边,每个淋巴结都有一条输入淋巴管进入中央皮质形成淋巴窦。

淋巴结的功能包括:①过滤和清除进入淋巴循环的异物。②淋巴结是疫苗免疫后免疫应答发生的场所。疫苗抗原进入淋巴系统后,被抗原提呈细胞提呈给 T 细胞和 B 细胞,使其活化增殖,形成致敏 T 细胞和浆细胞,生发中心增大。故疫苗免疫后局部淋巴结肿大与淋巴细胞大量增殖有关,是发生免疫应答的表现。③淋巴结是淋巴细胞再循环的重要环节。因为猪特殊的淋巴结结构,所以淋巴细胞从淋巴结副皮质区直接进入血液而非淋巴液。

2. 脾脏

脾脏主要对进入血液的病原微生物进行应答。脾脏由两部分组成:用于血液过滤与储存红细胞的红髓和富有淋巴细胞并产生免疫应答的白髓。白髓和红髓之间有边缘区。进入脾脏的血管经小梁进入白髓,被淋巴细胞围成动脉周围淋巴鞘。猪的动脉周围淋巴鞘相当大而且突出。T 细胞沿中央动脉呈鞘状分布,B 细胞位于脾脏的淋巴小结,可形成生发中心。红髓位于白髓周围由脾索和脾窦组成。脾索为彼此吻合的呈网状的淋巴组织索,网眼中含有 B 细胞、浆细胞、巨噬细胞和树突状细胞。白髓和红髓被边缘区隔开。大部分进入脾脏的血液都要流进边缘区,从而保证抗原提呈细胞能够捕获到循环中的任何抗原。脾脏的功能包括:过滤血液;滞留淋巴细胞的作用;免疫应答的重要场所。静脉注射抗原引起的初次免疫应答在淋巴结和脾脏中进行,但再次免疫应答的抗体形成主要在骨髓。

2.1.1.3 黏膜相关淋巴组织

黏膜相关淋巴组织也称黏膜免疫系统,主要指胃肠道、呼吸道及泌尿生殖黏膜固有层和上皮细胞下散在的淋巴组织,以及带有生发中心的淋巴组织,如扁桃体、小肠派尔集合淋巴结等,是发生黏膜免疫应答的主要部位。黏膜相关淋巴组织包括肠相关淋巴组织、鼻相关淋巴组织和支气管相关淋巴组织等。其主要功能包括:行使黏膜局部免疫应答;产生分泌型 IgA。

2.1.2 免疫细胞

免疫细胞指参与免疫应答的所有细胞。参与固有免疫应答的细胞包括粒细胞、单核/巨噬细胞、自然杀伤细胞、树突状细胞和肥大细胞等;参与适应性免疫应答的细胞主要包括 T 细胞和 B 细胞。免疫细胞是疫苗免疫应答的具体执行者。

1. 粒细胞

粒细胞包括中性粒细胞、嗜碱性粒细胞和嗜酸性粒细胞,是参与炎症或过敏性炎症的重要效应细胞。中性粒细胞可被招募至炎症部位发挥作用,主要抵抗细菌感染,其细胞质中含有溶菌酶、髓过氧化物酶、碱性磷酸酶等杀菌物质,可以杀伤病原体;其表面表达多种模式识别受体从而识别病原产生吞噬作用,也可通过抗体依赖细胞介导的细胞毒作用(ADCC)和补体介导的细胞毒作用杀菌。嗜酸性粒细胞主要参与抗寄生虫感染,并且参与促进局部炎症和过敏反应。嗜碱性粒细胞主要参与介导Ⅰ型超敏反应。

2. 单核/巨噬细胞

单核/巨噬细胞包括血液中的单核细胞和组织中的巨噬细胞。单核细胞在血液中停留 12～24 h 后迁移至全身组织中,进一步发育成巨噬细胞。巨噬细胞在不同的组织中有不同的命名，如肝脏中的库普弗细胞、中枢神经系统中的小胶质细胞、骨组织中的破骨细胞、肺脏中的肺泡巨噬细胞等。巨噬细胞表面可以表达多种模式识别受体，以识别病原体。巨噬细胞的生物学作用包括：吞噬杀伤病原体；杀伤胞内寄生菌和肿瘤；参与炎症反应（比中性粒细胞发挥作用慢，但是其半衰期长，吞噬作用更强，并且参与组织修复）；加工和提呈抗原；分泌多种细胞因子，发挥免疫调节作用。

3. 自然杀伤细胞

自然杀伤（NK）细胞广泛分布于血液、外周淋巴组织、肝、脾等中。NK 细胞不依赖抗体，不需要 MHC-Ⅰ或 MHC-Ⅱ类分子的参与即可杀伤靶细胞。NK 细胞也可以通过 ADCC 作用杀伤病毒感染或肿瘤等靶细胞，其也可以通过分泌细胞因子，招募巨噬细胞发挥抗感染免疫的作用；分泌 IFN-γ 发挥抗感染和免疫调节作用。

4. 树突状细胞

树突状细胞（DC）来源于骨髓和脾脏的红髓，有未成熟和成熟的树突状细胞之分。未成熟的 DC 主要是朗格汉斯细胞，分布于表皮和胃肠上皮内，可以表达多种模式识别受体，识别并捕获抗原。未成熟 DC 在组织中捕获抗原后，经淋巴管进入淋巴结，同时发育成成熟 DC。成熟 DC 高表达 MHC-Ⅰ和 MHC-Ⅱ类分子，共刺激分子和黏附分子，可以广谱提呈病毒抗原给初始 $CD4^+$ T 细胞和初始 $CD8^+$ T 细胞，从而启动适应性免疫应答。了解 DC 的分布及功能有助于更好地设计疫苗的免疫途径，以激发更有效的疫苗免疫应答。

5. 肥大细胞

肥大细胞来源于血液中的肥大细胞前体，主要存在于结缔组织和黏膜中，与巨噬细胞、树突状细胞、自然杀伤细胞等共同构成机体的第一道防线。肥大细胞表面可以表达多种模式识别受体用于识别病原，在调控固有免疫和适应性免疫应答方面发挥重要作用。肥大细胞参与局部炎症反应和介导Ⅰ型超敏反应。

6. B 细胞和 T 细胞

B 细胞是 B 淋巴细胞的简称，其与抗体共同介导体液免疫应答。B 细胞在骨髓发育成熟后，主要定居在淋巴结的皮质区和脾脏的淋巴小结内，具有抗原应答的免疫功能，可以通过其表面的抗原识别受体，特异性地识别天然的疫苗抗原。B 细胞识别抗原活化后可增殖并分化成浆细胞和记忆 B 细胞，分泌抗体，介导体液免疫应答。B 细胞识别蛋白质类抗原的活化需要 Th 细胞的辅助，故疫苗抗原最好能同时诱导细胞免疫和体液免疫，单纯的诱导体液免疫是很难达到预期效果的。

T 细胞是 T 淋巴细胞的简称，主要介导细胞免疫应答。T 细胞在胸腺发育成熟后，主要定居在淋巴结的副皮质区和脾脏的动脉周围淋巴鞘。T 细胞不能直接识别天然抗原，必须识别由 MHC-Ⅰ或 MHC-Ⅱ类分子提呈的抗原肽，才能活化，进而增殖分化，介导细胞免疫应答。凡是初次进入体内的疫苗抗原几乎都要经树突状细胞提呈给初始 T 细胞。根据 T 细胞的分化状态、表达的细胞表面分子及功能不同，T 细胞可以分为初始 T 细胞、效应 T 细胞和记忆 T 细胞；根据 T 细胞表面 T 细胞受体（TCR）分子组成不同，T 细胞可分为 αβT 细胞和 γδT 细胞；根据成熟 T 细胞是否表达 CD4 或 CD8 分子，T 细胞可分为 $CD4^+$ T 细胞和 $CD8^+$ T 细胞；根据 T 细胞在免疫应答中的功能不同，可以将 T 细胞分成辅助性 T 细胞（Th）、细胞毒性 T 细胞（CTL）和调节性 T 细胞（Treg）。

7. 抗原提呈细胞

抗原提呈细胞就是具有加工和提呈抗原能力的细胞。由于所有的有核细胞都具有加工内源性抗原的能力，而且都表达 MHC-Ⅰ类分子，所以，所有有核细胞都是抗原提呈细胞。但通常情况下把加工、提呈内源性抗原的细胞称为靶细胞，把加工外源性抗原的细胞称为抗原提呈细胞，有专职与非专职之分。专职的抗原提呈细胞包括树突状细胞、B 细胞和巨噬细胞，可以加工和提呈抗原，启动适应性免疫应答。需要注意的是，只有树突状细胞可以提呈抗原给初始 T 细胞，从而启动细胞免疫应答，而 B 细胞和巨噬细胞则只能提呈抗原给效应 T 细胞而启动细胞免疫。非专职的抗原提呈细胞在特殊情况下暂时表达 MHC-Ⅱ类分子，如上皮细胞、内皮细胞和激活的 T 细胞。

2.1.3　免疫分子

大量的免疫分子参与了免疫应答，包括抗体、细胞因子、免疫细胞表面的抗原识别受体、补体、黏附分子、细胞分化抗原等。免疫分子是介导免疫应答发生与发展的重要基础。

2.1.3.1　补体

补体系统由一组 30 余种蛋白质所组成，其整体功能为介导和促进炎症反应。补体的活化是一个级联反应，其最主要的结果是形成攻膜复合体，在靶细胞膜上或细菌的细胞壁上形成的攻膜复合体能够直接导致靶细胞或细菌裂解死亡，这是补体最主要的功能。除此之外，补体在活化过程中可以产生一些裂解产物，可以介导其他生物学效应。例如，C3d 可以介导调理作用，促进吞噬细胞对病原的捕获；C3a 和 C5a 作为过敏毒素，可以介导Ⅰ型超敏反应，也可作为炎性介质，介导急性炎症的发生。对于猪而言，抗原抗体形成复合物后的清除工作主要依赖补体系统。新生仔猪体内补体水平很低，但是仅在出生 1 周后，补体的活性便可以达到成年动物水平。对于保育猪和人工喂养的仔猪而言，血清中补体的含量在保育猪中增加得非常快。

2.1.3.2 抗体

1. 抗体的结构与功能

当猪受到适当抗原刺激后，B淋巴细胞分化为浆细胞，并产生能与该抗原特异结合的免疫球蛋白，即抗体。抗体主要存在于动物的血液（血清）、淋巴液、组织液及其他外分泌液中，因此，将B细胞介导的免疫应答称为体液免疫应答。哺乳动物的抗体的基本结构包括两条重链和两条轻链，肽链之间借二硫键结合形成Y字形的单体。

重链由450～550个氨基酸组成，分子质量为50～75 ku，两条重链之间由一对或一对以上的二硫键（—S—S—）互相连接。从氨基端（N端）开始最初的110个氨基酸的排列顺序以及结构随抗体分子的特异性不同而有所变化，这一区域称为重链的可变区，其余的氨基酸比较稳定，称为重链的恒定区。在重链的可变区内，有3个区域的氨基酸变异度最大，称为高变区，因为抗原结合位点是与抗原表位结构互补的，所以高变区又称为互补决定区，其余的氨基酸变化较小，称为骨架区。根据免疫球蛋白重链恒定区的理化特性及抗原表位不同，将重链分为μ、δ、γ、α和ε 5类，相对应的免疫球蛋白可分为IgM、IgD、IgG、IgA和IgE。

轻链由213～214个氨基酸组成，分子质量为22.5～25 ku。两条相同的轻链其羧基端（C端）靠二硫键分别与两条重链连接。轻链从氨基端开始最初的109个氨基酸（约占轻链的1/2）的排列顺序及结构随抗体分子的特异性变化而有差异，称为轻链的可变区（V_L），其余的氨基酸比较稳定，称为轻链的恒定区（C_L）。在轻链的可变区内部有3个高变区，分别位于28～35，49～59，92～103，这3个部位的氨基酸变化特别大。其余氨基酸变化较小的为骨架区。免疫球蛋白根据轻链结构和抗原性的不同可分为κ和λ两型。

免疫球蛋白的多肽链分子可折叠形成几个由链内二硫键连接成的环状球形结构，这些球形结构称为免疫球蛋白的功能区。IgG、IgA、IgD的重链有4个功能区，其中有一个功能区在可变区，其余的在恒定区，分别称为V_H、C_H1、C_H2、C_H3；IgM和IgE有5个功能区，即多了一个C_H4。轻链有两个功能区，即V_L和C_L，分别位于可变区和恒定区。抗体的V_H和V_L共同组成抗原结合部位，而恒定区各部分主要作用如下：C_H1至C_H3和C_L与免疫球蛋白遗传标志有关；C_H2（IgG）、C_H3（IgM）是补体C1结合部位；C_H2至C_H3具有结合并通过胎盘的作用；C_H3是细胞FcγR结合部位；C_H4是粒细胞和肥大细胞FcεR结合部位。抗体分子V区和C区结构如图2-2所示。

作为体液免疫应答的最主要的效应分子，抗体的生物学作用包括：中和作用；ADCC作用；调理作用；激活补体；穿越胎盘和黏膜。

2. 各类抗体的特性

IgG是动物血清中含量最高的抗体分子，占血清免疫球蛋白总量的75%～

80%。IgG是体液免疫的主要效应分子，多以单体形式存在。IgG是动物自然感染和人工主动免疫后机体所产生的主要抗体。因此，IgG是机体抗感染免疫的主要效应分子，同时也是血清学诊断和疫苗免疫后监测的主要抗体。IgG在动物体内不仅含量高，而且持续时间长，可发挥抗菌、抗病毒和中和毒素等免疫学作用。

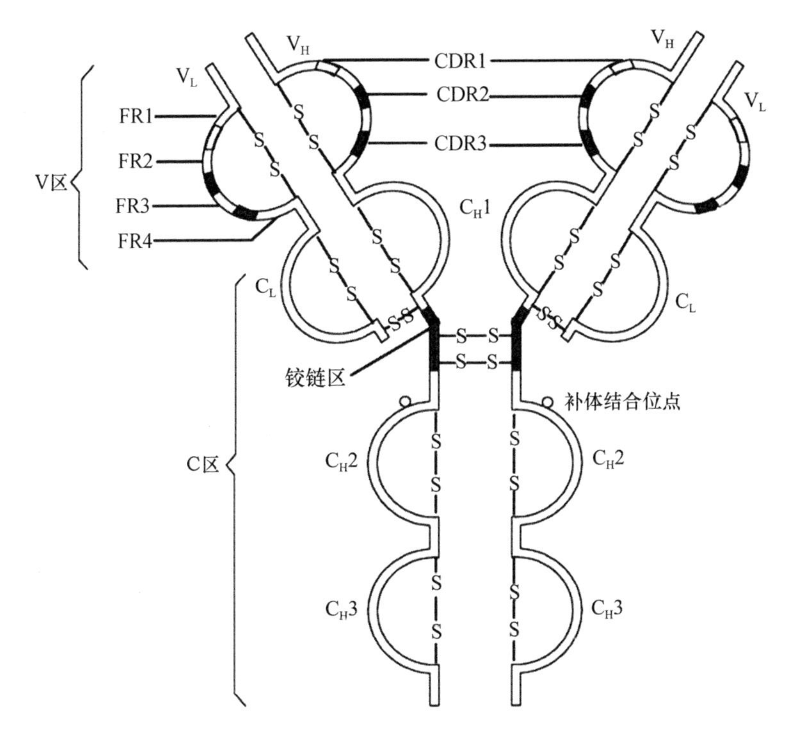

图 2-2　抗体分子 V 区和 C 区结构示意图

（引自曹雪涛，2018）

IgM是动物机体初次体液免疫应答最早产生的抗体，其含量仅占血清Ig的10%左右，IgM有单体和五聚体两种形式，前者以膜结合型(mIgM)表达于B细胞表面，构成B细胞抗原受体；后者分布于血液中。IgM在体内产生最早，但持续时间短，因此不是机体抗感染免疫的主力，但它是机体初次接触抗原物质（接种疫苗）时体内最早产生的抗体，因此在抗感染免疫的早期起着十分重要的作用，也可通过检测IgM抗体进行疫病的血清学早期诊断。IgM具有抗菌、抗病毒、中和毒素等免疫活性。

IgA以单体和二聚体两种分子形式存在，单体存在于血清中，称为血清型IgA，占血清Ig的10%～20%；二聚体为分泌型IgA，主要存在于呼吸道、消化道、泌尿生殖道的外分泌液中，以及初乳、唾液、泪液中。因此，分泌型IgA是机体黏膜免疫的一道“屏障”。在疫苗接种时，经滴鼻、点眼、饮水及喷雾途径免疫，均可产生分泌型 IgA 而建立起有效的黏膜免疫。

IgE 以单体分子形式存在，是由呼吸道和消化道黏膜中的浆细胞产生的，血清中含量甚微。IgE 是一种亲细胞性抗体，其 Fc 片段易与肥大细胞、嗜碱性粒细胞结合引起这些细胞脱粒，释放组胺等活性介质，从而引起Ⅰ型超敏反应。IgE 在抗寄生虫感染中具有重要的作用。

IgD 很少分泌，在血清中的含量极低，而且极不稳定，容易被蛋白酶降解。IgD 分子质量为 170～200 ku，IgD 主要作为成熟 B 细胞膜上的抗原特异性受体，是 B 细胞重要的表面标志。

3. 母源抗体

母源抗体到达胎儿的路径是由胎盘的结构决定的。猪的胎盘是上皮绒毛膜胎盘，胎儿的绒毛膜上皮与完好无损的子宫上皮相接触，母源抗体不能通过胎盘转移给新生仔猪，所以，新生仔猪只有通过吮吸初乳获得母源抗体。初乳中有妊娠最后几周累积的乳腺分泌物，以及在雌激素和孕酮影响下从血液中主动转运来的蛋白质，因此它富含 IgG 和 IgA。猪的初乳中 IgG 占优势，随着哺乳的进行而很快下降，以至于 IgA 在乳液中占据优势。新生仔猪小肠对蛋白质的吸收是有选择性的，IgG 和 IgM 优先被吸收，而 IgA 则主要停留在小肠中。一般情况下，仔猪出生后小肠通透性及小肠对免疫球蛋白的吸收能力，立即达到最高，6 h 后下降，这是因为随着时间延长，表达 FcRn(利于免疫球蛋白吸收的受体)的小肠上皮细胞被不表达该种受体的细胞所代替。通常新生仔猪对各类免疫球蛋白的吸收约 24 h 后就会下降到很低的水平。所以，仔猪刚出生后最好在 24 h 内吮吸初乳。母源抗体通过初乳转移给仔猪后，对仔猪有一定的保护作用。需要注意的是，自主吮吸初乳会使仔猪自身产生抗体的时间延迟。临床上疫苗接种需要考虑母源抗体的影响。

2.1.3.3 细胞因子

机体免疫细胞之间存在高度有序的分工合作与协调，这一过程依赖于有效的细胞间的信息交换，细胞因子是免疫细胞之间传递信息的重要介质之一。细胞因子是由免疫细胞及组织细胞分泌的、在细胞间发挥相互调控作用的一类小分子可溶性蛋白质，通过结合受体调节细胞生长分化和效应，调控免疫应答，在一定条件下也可以参与炎症等多种疾病的发生。

猪的 IL-2 序列具有很高的保守性，是由活性的淋巴细胞分泌的，能促进淋巴细胞生长，增强动物免疫细胞的天然杀伤力，但对幼龄动物无效。病毒感染如非洲猪瘟病毒、痘病毒以及副黏病毒能诱导猪外周血单核细胞产生 IL-2 和杀伤细胞。猪 IL-4 能够调节和活化巨噬细胞和 NK 细胞，IL-10 能够抑制巨噬细胞的功能。猪的干扰素分为Ⅰ型和Ⅱ型，研究最多的是 IFN-α、IFN-β 和 IFN-γ，其中 IFN-α、

IFN-β 属于Ⅰ型，主要功能是抗病毒，对猪瘟病毒和猪繁殖与呼吸综合征病毒等多种病毒具有较强的抑制能力；IFN-γ 属于Ⅱ型干扰素，主要参与免疫调节作用。

2.2 抗原

抗原是指所有能激活和诱导免疫应答的物质，通常指被淋巴细胞抗原受体(TCR/BCR)特异性识别及结合，激活 T 细胞和 B 细胞增殖、分化、产生免疫应答效应产物(抗体或致敏淋巴细胞)，并与效应产物特异性结合，进而发挥适应性免疫应答效应的物质。理论上抗原可以是自然界所有的外源和自身物质，但机体免疫细胞通常识别的抗原是蛋白质，也包括多糖、脂类和核酸等。大部分的预防性疫苗都是抗原。

2.2.1 抗原的特性

抗原具备两个重要的特性：免疫原性和免疫反应性。免疫原性指该物质在免疫动物后能够刺激动物机体产生免疫应答的特性；免疫反应性，又称抗原性，指该物质能与抗体或效应淋巴细胞结合的特性。根据这两种特性抗原可以分为完全抗原和半抗原，完全抗原同时具备免疫原性和抗原性，而半抗原只具备抗原性而无免疫原性。半抗原可以与蛋白质载体偶联以诱导机体产生抗半抗原的抗体。

抗原表位是决定抗原特异性的分子结构基础。抗原表位是抗原分子存在的能与 T 细胞抗原识别受体/B 细胞抗原识别受体或抗体特异性结合的最小结构与功能单位，是引起免疫应答的物质基础。表位通常由 5～15 个氨基酸残基组成，也可以由多糖残基或核苷酸组成。根据表位中氨基酸的空间结构特点，可以将表位分为线性表位和构象表位；根据 T 细胞和 B 细胞所识别的抗原表位的不同，表位可以分为 T 细胞表位和 B 细胞表位。

2.2.2 影响抗原免疫原性的因素

抗原诱导机体产生特异性免疫应答的类型及强度受多种因素影响，但主要取决于抗原物质本身的异物性、理化特性、结构与构象性质以及进入机体的方式与频率，也受遗传因素的影响。

1. 抗原分子的理化特性与结构

(1)异物性：抗原与机体的亲缘关系越远，组织结构差异越大，异物性越强，免疫原性越强。

(2)化学属性：天然抗原多为大分子有机物和蛋白质，免疫源性较强。多糖、脂多糖也有免疫原性，脂类和哺乳动物的细胞核成分通常无免疫原性。

(3)分子质量:一般而言,抗原分子质量越大,抗原表位越多,结构越复杂,免疫原性越强。

(4)分子结构:分子质量大小不是影响免疫原性的绝对因素,分子的结构同样重要,如含芳香族氨基酸的蛋白质免疫原性较强。

(5)分子构象:抗原表位的空间构象很大程度上影响抗原的免疫原性。有些抗原分子在天然状态下可以诱生特异性抗体,但是一旦变性,由于所含构象表位发生变化,可能失去免疫原性。抗原大分子中所含抗原表位的性质、数目、位置和空间构象可以影响抗原的免疫原性。

(6)易接近性:抗原表位氨基酸残基所处侧链位置的不同可以影响抗原与B细胞受体(BCR)的空间结合,从而影响抗原的免疫原性与免疫反应性。

(7)物理性状:通常聚合状态的蛋白质较单体有更强的免疫原性;颗粒性抗原的免疫原性较强,可溶性抗原的免疫原性较弱。所以,将免疫原性弱的物质吸附于颗粒物质表面或组装成颗粒性物质,可以显著提高免疫原性。

2. 宿主的特性

主要组织相容性复合体(MHC)基因的多态性及其他免疫调控基因的差异,从遗传上决定了个体对同一抗原的免疫应答的能力。另外,青壮年个体通常比幼年和老年个体对抗原的免疫应答强,雌性动物比雄性动物诱导抗体产生的能力强。

3. 抗原进入机体的方式

适中剂量的抗原可以诱导免疫应答,而过高剂量和过低剂量均可以诱导机体产生免疫耐受。皮内注射和皮下注射容易诱导免疫应答,肌内注射次之,而静脉注射效果较差,口服容易引起免疫耐受。适当间隔免疫可以诱导较好的免疫应答,而频繁注射抗原则有可能诱导免疫耐受。不同类别的佐剂可以显著改变免疫应答的强度和类型。

2.2.3 抗原的种类

根据产生抗体时是否需要Th细胞参与,可以将抗原分为胸腺依赖性抗原和非胸腺依赖性抗原。前者为绝大多数的蛋白质抗原,需要Th细胞参与,产生类别转换及免疫记忆;后者多为荚膜多糖、脂多糖、鞭毛素等,不需要Th细胞参与,主要产生IgM,不形成免疫记忆。根据抗原与机体的亲缘关系,可以将抗原分为嗜异性抗原、异种抗原、自身抗原和独特型抗原。根据抗原提呈细胞内抗原的来源,可将抗原分为内源性抗原和外源性抗原。前者指在抗原提呈细胞内新合成的抗原,如病毒感染细胞新合成的病毒蛋白;后者指细菌蛋白等外来抗原。

2.2.4 佐剂

佐剂指预先或与抗原同时注射入体内,可以增强或改变机体免疫应答类型的非特异性免疫增强性物质。佐剂的作用机制包括:①改变物理性状,延缓抗原降解;②刺激抗原提呈细胞,增强其对抗原的加工和提呈;③刺激淋巴细胞的增殖分化,增强和扩大免疫应答。

2.3 适应性免疫应答

适应性免疫应答是免疫系统在抗原(疫苗)的刺激下,产生的一系列免疫反应,包括抗原识别,抗原加工与提呈,T 细胞和 B 细胞活化,细胞因子与抗体以及效应淋巴细胞的产生,以及抗原清除,产生免疫记忆的过程。机体的适应性免疫应答包括细胞免疫应答和体液免疫应答。动物机体通过免疫应答建立对某种病原微生物感染的抵抗力,疫苗接种就是使动物产生免疫应答以建立免疫力和抵抗病原微生物感染,达到免疫防治的目的。

2.3.1 免疫应答的基本过程

免疫应答的基本过程包括淋巴细胞对抗原的识别(识别阶段)、淋巴细胞的活化增殖(激活阶段)以及形成的效应淋巴细胞及分子的具体应答(效应阶段)。适应性免疫应答过程如图 2-3 所示。

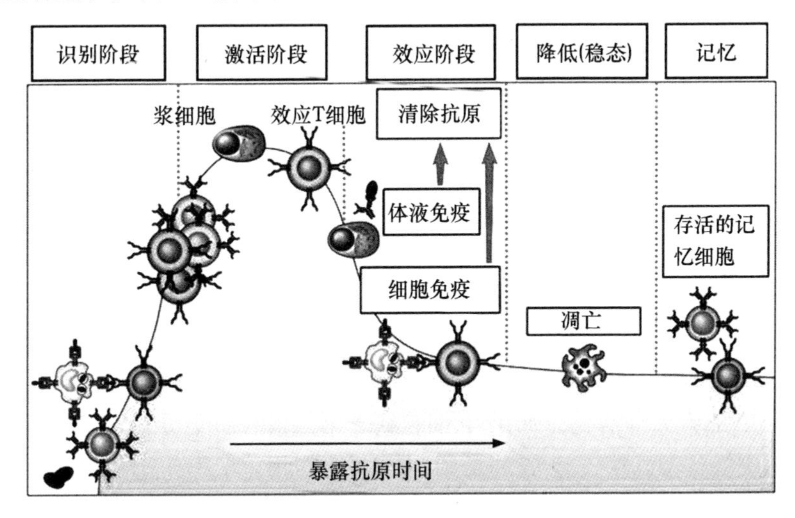

图 2-3 适应性免疫应答过程

(引自龚非力,2012)

1. 抗原提呈

T 细胞不能识别天然的抗原分子,而只能识别与 MHC-Ⅱ类分子结合在一起的抗原肽，所以，抗原必须在细胞内被降解成多肽，并被 MHC 分子提呈到细胞表面，才能被相应的 T 细胞识别。蛋白质抗原在细胞内被降解为能与 MHC 结合形成复合物的过程，称为抗原加工。将抗原肽-MHC 复合物展示到细胞表面供 T 细胞识别的过程，称为抗原提呈。

外源性抗原经抗原提呈细胞吞噬、受体介导的胞吞或胞饮作用摄入细胞质内，形成吞噬体，吞噬体与溶酶体融合形成吞噬溶酶体，抗原在其中被降解成 13～18 个氨基酸大小的短肽，与 MHC-Ⅱ类分子结合，形成 MHC-Ⅱ-抗原肽复合物，被 $CD4^+$ T 细胞识别。灭活疫苗免疫机体后经此途径被提呈，活化 $CD4^+$ T 细胞，主要引起体液免疫应答。

内源性抗原在胞质内形成后，通过蛋白酶体加工处理，形成 8～11 个氨基酸大小的多肽，通过转运蛋白进入内质网，与 MHC-Ⅰ类分子结合组成 MHC-Ⅰ-抗原肽复合物，展示在细胞表面供 $CD8^+$ T 细胞识别。活疫苗、基因工程疫苗、核酸疫苗等在细胞内可以合成新的蛋白质的疫苗在体内大都经此途径进行抗原提呈，活化 $CD8^+$ T 细胞。IFN-γ 可以增强蛋白酶体处理抗原的能力。

2.细胞免疫应答

T 细胞对抗原的识别是 T 细胞对抗原应答的起始阶段。初始 T 细胞或记忆 T 细胞利用其表面的 T 细胞抗原识别受体，特异性识别抗原提呈细胞表面的 MHC-抗原肽复合物。$CD4^+$ T 细胞识别 MHC-Ⅱ类分子提呈的外源性的抗原肽，而 $CD8^+$ T 细胞识别由 MHC-Ⅰ类分子提呈的内源性的抗原肽。在此过程中 CD4 分子和 CD8 分子形成共受体，辅助抗原识别受体对抗原肽的识别。该识别过程具有高度的特异性和 MHC 限制性。

T 细胞识别抗原后，继而进行 T 细胞的活化。T 细胞的活化需要 3 个信号。第一个信号是抗原刺激信号，即 T 细胞的抗原识别受体特异性识别抗原提呈细胞表面 MHC-抗原肽复合物，导致 CD3 与 CD4 或 CD8 的相互作用，通过激活转录因子引起多种膜分子和细胞活化相关分子基因的转录，使得 T 细胞初步活化。第二个信号是 T 细胞与抗原提呈细胞表面多对共刺激分子，如 CD28 与 B7 分子，相互作用导致 T 细胞完全活化。如果 T 细胞缺乏第二信号将会导致 T 细胞失能，即 T 细胞的不应答状态。第三个信号是细胞因子的作用，如 IL-1、IL-2、IL-4、IL-6、IL-10、IL-12 等可以使 T 细胞进一步增殖与分化。特别是 IL-2 和 IL-1 对 T 细胞的增殖至关重要。如果没有细胞因子，活化的 T 细胞不能增殖和分化，将导致 T 细胞活化后凋亡。

初始 T 细胞经上述 3 个信号的作用后，开始增殖、分化成为效应 T 细胞，发挥相应的功能。初始 $CD4^+$ T 细胞经活化后发生增殖，在不同的细胞因子的作用下分化成不同的 Th 细胞亚群，介导不同的免疫应答。IL-12 和 IFN-γ 可以诱导初始

$CD4^+$ T 细胞分化成 Th1 细胞，其主要介导细胞免疫应答。IL-4 可以诱导初始 $CD4^+$ T 细胞分化成 Th2 细胞，其主要介导细胞体液应答。初始 $CD8^+$ T 细胞在 IL-2 的作用下增殖分化成 CTL，即细胞毒性 T 细胞。细胞毒性 T 细胞可以通过穿孔素/颗粒酶途径、死亡受体途径，高效地、特异性地杀伤胞内寄生病原体（病毒和某些胞内寄生菌）的细胞，而不损害正常细胞。

动物机体对特定抗原的应答不会持久进行，一旦抗原被清除，免疫系统必须恢复平衡，所以，效应 T 细胞也需要被抑制或清除，仅有少数记忆细胞维持免疫记忆，以便机体再次接触相同病原时能迅速做出应答。

3. 体液免疫应答

B 细胞通过其表面的抗原识别受体识别天然抗原。B 细胞不仅识别蛋白质抗原，还能识别多肽、核酸、多糖、脂类抗原；B 细胞对抗原的识别不需要抗原提呈细胞提呈也没有 MHC 限制性。这里我们主要介绍 B 细胞对蛋白质抗原的应答，因为该应答可以产生长寿命的浆细胞和记忆 B 细胞。

B 细胞的第一信号是抗原刺激信号。B 细胞抗原识别受体与抗原特异性结合即启动 B 细胞活化的第一信号，补体裂解片段 C3d 与 CD19/CD21/CD81 作为 BCR 识别抗原的共受体。研究表明，共受体可以增强 B 细胞活化信号 1 000 倍以上。B 细胞活化的第二个信号是共刺激信号，由 Th 细胞与 B 细胞表面共刺激分子相互作用产生，其中最重要的是 CD40/CD40L。前者表达于 B 细胞表面，后者表达于活化的 Th 表面。如果第二信号缺失，B 细胞不能活化，会进入失能状态。活化的 B 细胞表达多种细胞因子受体，在 Th 分泌的 IL-4、IL-5、IL-21 的作用下大量增殖，B 细胞的大量增殖是 B 细胞形成生发中心和继续分化的基础。从以上内容可以看出，B 细胞对蛋白质抗原的应答需要 T 细胞辅助：一方面 T 细胞表面的共刺激分子作用；另一方面 T 细胞分泌的细胞因子可以促进 B 细胞的活化、增殖和分化（B 细胞与 Th 细胞的相互作用如图 2-4 所示）。所以，设计疫苗时，要考虑疫苗抗原既要有 T 细胞表位也要有 B 细胞表位。

在上述信号的刺激下，B 细胞具备了增殖和分化的能力。B 细胞活化 2～3 d 后，B 细胞迁移至滤泡间区、边缘窦（淋巴结）或 T 细胞区与红髓交界处（脾脏），在这些区域内 B 细胞分化成浆细胞，分泌 IgM 和 IgG。浆细胞寿命短，不具备向骨髓迁移的能力。抗原刺激后 7 d 左右，B 细胞迁移至淋巴滤泡形成生发中心。在生发中心，活化 B 细胞经历快速增殖，在滤泡树突状细胞（FDC）和滤泡 Th 细胞协同作用下继续分化，经过体细胞高频突变、免疫球蛋白亲和力成熟和类别转换，分化成浆细胞或记忆 B 细胞，发挥体液免疫功能。浆细胞能分泌大量特异性抗体。在生发中心形成的浆细胞大部分是长寿命的，会迁移至骨髓，在较长时间内持续产生抗体。据估计，动物感染或接种疫苗后外周血中的抗体约有 50%来自骨髓中的浆细胞。B 细胞的识别受体与抗原的亲和力较弱或抗原浓度较低的情况下，B 细胞的应答主要在生发中心进行，在临床上疫苗强化免疫时适当减少剂量。

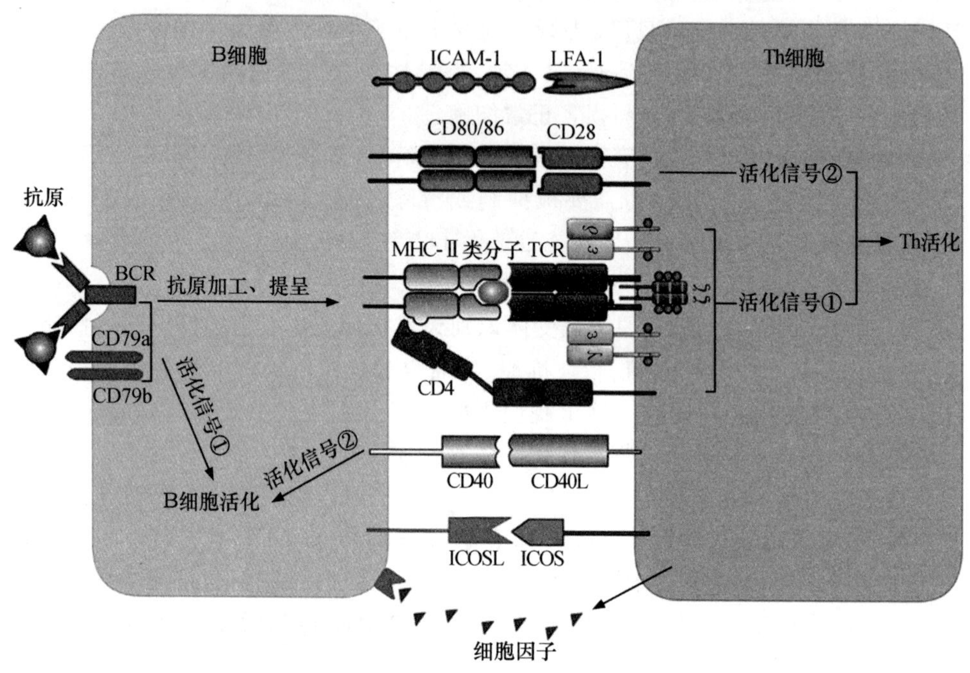

图 2-4　B 细胞与 Th 细胞的相互作用

（引自曹雪涛，2018）

2.3.2　免疫记忆

免疫记忆是疫苗接种的基础。B 细胞被抗原致敏后开始增殖分化，产生浆细胞和记忆 B 细胞。长寿命的浆细胞迁移至骨髓，可持续地分泌高水平抗体，是机体再次免疫应答抗体的主要来源。记忆 B 细胞可以快速识别再次进入机体的相同抗原，活化后分化成产生抗体能力更强的浆细胞和生存时间更久的记忆 B 细胞。在初次免疫应答中，B 细胞产生的抗体主要是 IgM，数量少，亲和力低。抗体产生的过程分为潜伏期、对数期、平台期和下降期，适应性免疫应答抗体产生的一般规律如图 2-5 所示。

同一抗原再次侵入机体，由于记忆细胞的存在，机体可以迅速产生高效、特异的再次免疫应答。与初次免疫应答相比，再次免疫应答产生抗体的过程有以下特征：①潜伏期短，大约为初次免疫应答的一半；②血清抗体浓度增加快，快速到达平台期，抗体滴度高；③抗体维持时间长；④诱发再次免疫应答所需抗原剂量小；⑤再次免疫应答主要产生高亲和力的抗体 IgG，而初次免疫应答主要产生低亲和力的

IgM。再次应答的强弱主要取决于两次抗原刺激的间隔长短：间隔时间短则应答弱，因为初次应答后存留的抗体可与再次刺激的抗原结合，形成抗原-抗体复合物而迅速被清除；间隔的时间太久，反应也比较弱，这是因为记忆细胞有一定的寿命。再次应答的效应可持续存在数月或数年，所以通常情况下机体一旦接种疫苗产生再次免疫应答，可在相当长的时间内具有防御该病原的免疫力。

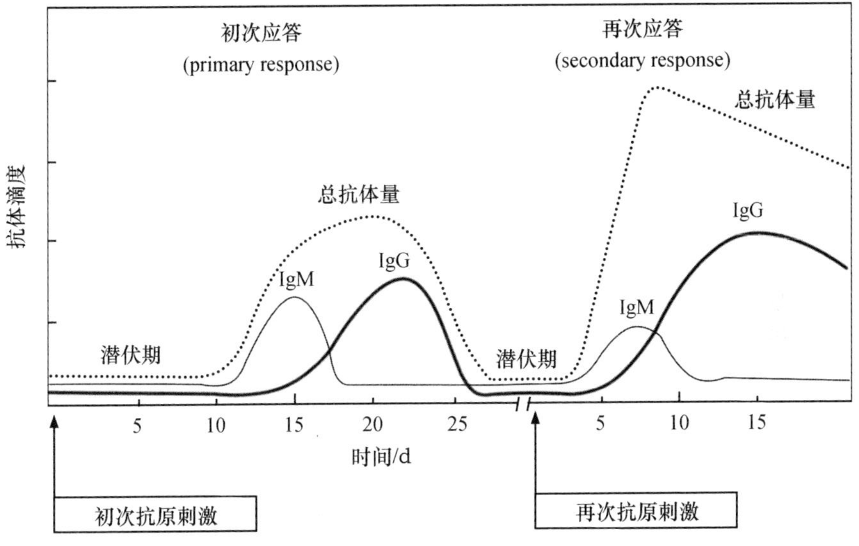

图 2-5　初次及再次免疫应答抗体产生的一般规律

(引自曹雪涛，2018)

2.3.3　黏膜免疫

动物机体黏膜免疫系统的体液免疫和细胞免疫在抵抗外来病原微生物入侵方面发挥十分重要的作用。黏膜免疫系统与全身免疫的不同之处包括：免疫球蛋白以 IgA 和 IgM 为主；黏膜部位有特异的具有调节或效应功能的 T 细胞、微皱褶细胞（M 细胞）和肠黏膜上皮细胞；局部黏膜淋巴滤泡中受抗原刺激的淋巴细胞可以经循环系统分布到广泛弥散淋巴组织中发挥作用。

1. 黏膜免疫系统的组成

黏膜免疫系统主要分布在呼吸道、消化道及生殖道，以及外分泌腺的黏膜组织，由集合黏膜相关淋巴组织和弥散黏膜相关淋巴组织组成。集合黏膜相关淋巴组织是捕获抗原和产生免疫效应细胞与免疫记忆细胞的主要场所。集合黏膜相关淋巴组织包括派尔集合淋巴结、鼻咽中的腺体等。猪的派尔集合淋巴结主要位于小肠，有 2 种类型，一种位于空肠，呈弥散性分布；另一种位于回肠，形成单个连续的结构。每个小结包含多个 B 细胞滤泡，T 细胞分布在滤泡间区。黏膜的淋巴小结没有输入淋巴管，故不能通过淋巴液接受抗原，而是通过上皮，尤其是 M 细胞直接接受抗原的刺激。弥散黏膜淋巴组织分布于整个黏膜组织，包括分散在固有膜、黏膜和腺体间的淋巴细胞、浆细胞以及上皮内淋巴细胞，40％的淋巴细胞可以产生 IgA。

黏膜免疫在抵御外界病原微生物的侵袭中发挥重要作用，分泌型 IgA 是黏膜免疫系统的主要效应分子，主要存在于泪液、唾液、乳汁和呼吸道、消化道及泌尿生殖道等黏膜表面分泌液中。IgA 在黏膜中的浆细胞合成并分泌以后，必须经过一定的转运过程，才能将其释放入黏膜腔发挥作用。IgA 的生物学作用包括：阻止病原微生物黏附于黏膜上皮细胞；中和病原体；免疫排斥；促进天然抗菌因子作用；调节黏膜免疫应答。

2. 黏膜免疫系统的功能

黏膜免疫系统的主要功能是为动物机体提供黏膜表面的防御作用，包括 IgA 的免疫保护作用和屏障作用。后者包括：正常菌群的作用；消化道蠕动和气管、支气管纤毛定向摆动；胃酸、胃胆盐的作用；黏膜上皮细胞分泌的糖萼的屏障作用；溶菌酶、乳铁蛋白等的杀菌或抑菌作用。

3. 增强黏膜免疫的方法

黏膜疫苗不但要经受黏膜免疫系统的物理清除作用和化学酶的消化作用，还要将抗原定位到 M 细胞等黏膜诱导组织中，并且基于黏膜免疫的疫苗诱导机体产生的免疫应答较弱，持续时间短。所以，在黏膜疫苗研制过程中，需要应用免疫佐剂和抗原提呈系统增强其免疫原性。

将疫苗抗原直接接种到黏膜表面是诱导黏膜免疫的最佳途径，利用共同黏膜免疫系统，是预防动物机体发生病毒感染的重要手段，仅在动物机体黏膜的某一点接种便可诱导全身性的黏膜免疫应答。因此，在动物黏膜免疫的应用中，口腔、鼻腔、直肠及生殖道均可以作为黏膜免疫的接种途径。经粪口传播的病原，黏膜疫苗可制作成口服型经口免疫；经呼吸道传播的病原，黏膜疫苗可制作成喷鼻型经呼吸道接种。

目前，黏膜佐剂的作用机制还不完全清楚。黏膜佐剂大概可以分为 2 类：作为免疫刺激分子的一类，包括以毒素为基础的佐剂、细胞因子佐剂和其他细菌或病毒成分黏膜佐剂；作为疫苗运输载体的一类，包括生物大分子或高聚化合物类（如脂质体、壳聚糖等）的运输载体以及植物和微生物等活载体。

（李丽敏）

思考题

1. 刚出生的仔猪为什么要在 24 h 以内吮吸初乳？初乳的主要成分是什么？
2. 抗体有哪些生物学作用？
3. 简述影响抗原免疫原性的主要因素。
4. 什么是佐剂？佐剂如何发挥其作用？
5. 临床上疫苗的免疫效果评价通常检测哪类抗体，为什么？
6. 黏膜疫苗经喷鼻免疫后，可以将 IgA 通过乳汁传给仔猪吗？为什么？

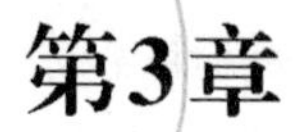

第3章

疫苗生产和检验技术

【本章提要】兽用疫苗的生产技术在不断地更新迭代，评价的标准和方法也在逐步完善和标准化。本章重点介绍菌(毒)种的标准、选育与纯化技术；常规细菌、病毒、寄生虫抗原是如何生产出来的，同时也介绍近些年来新兴的细菌高密度发酵技术、细胞悬浮培养技术、抗原纯化技术等抗原生产新技术。为了让读者有更清晰的认识，从疫苗制造全链条覆盖的角度出发，简要地介绍灭活剂种类及灭活技术、免疫佐剂及乳化技术、冻干保护剂及冻干干燥技术及不同种类疫苗制造的简要流程，可以让读者对疫苗生产的一些核心技术和基本流程有全面的了解。本章针对疫苗的检验技术，参照疫苗规程中的核心检验项目进行归类整理，以便读者对不同种类的疫苗评价方法有更具体的理解。

3.1 菌(毒)种的选育和纯化技术

菌(毒)种是动物疫苗研制和生产的基础，要研制出安全有效的疫苗，必须进行疫苗用菌(毒)种的选育和纯化。疫苗使用的菌(毒)种可以来源于自然界的天然微生物，也可以通过人工培育获得。本节重点介绍作为疫苗候选菌(毒)种要具备的基本标准要求及其选育和纯化方法。

3.1.1 菌(毒)种的基本标准要求

用于疫苗生产的菌(毒)种是重要的国家生物资源，世界各国对这项资源都极为重视，设置了各种专业的保藏机构。我国用于疫苗生产和检验的菌(毒)种须经国务院兽医行政部门批准，其基础种子均由国务院主管部门指定的保藏机构和受委托保藏单位负责制备、检定和供应。这些菌(毒)种一般须符合以下标准。

1. 历史清楚

疫苗生产用的菌(毒)种应由专业机构保管,其分离时的疫病流行地区、发病动物种类、病原鉴定材料应清晰完整,病原传代、保藏和检查方法应明确,并具有相关审批单位的鉴定、结论及审核批示材料。

2. 生物学特性明显

生产疫苗的菌(毒)种须是标准的强毒株或弱毒株,菌(毒)种应具有典型的形态、培养特性、生化特性、血清学特性、免疫学特性以及人工感染动物后的临床表现、病理变化特征。

3. 遗传学相对稳定与纯一

菌(毒)种在保存、传代和使用过程中,会受各种因素影响而产生变异,因此保证其遗传性状稳定均一是决定生物制品质量的重要因素之一。为此,用于疫苗生产的菌(毒)种必须经过纯化,并严格规定使用条件(如传代、保存条件等),并定期筛选、检定。疫苗生产和检验所需的菌(毒)种应只包含本菌(毒),不含其他菌(毒)种,以保证生产的稳定以及动物的使用安全。一般的纯净性检查包括无菌(纯粹)、支原体、外源病毒检验等。

4. 抗原性优良

菌(毒)种的抗原性包括抗原与抗体结合发生特异性反应的反应原性和刺激机体产生抗体及致敏淋巴细胞的免疫原性。优良的反应原性可为疫苗的效力检验和临床评价提供方便;优良的免疫原性能使免疫动物发生尽可能完善的免疫应答,并持续较长时间,从而获得坚强的免疫力,对疫苗的生产至关重要。一般来说,动物接种用该菌(毒)种制备的疫苗后产生80%以上的保护率即可认为该菌(毒)种具有良好的免疫原性。

5. 毒力应在规定范围内

生产疫苗的菌(毒)种毒力应在规定范围内,过高存在生物安全风险;过低则不易产生较好的免疫原性,达不到疫苗的免疫效果。故在筛选菌(毒)株时,应进行毒力测试实验,使其毒力符合安全和效力双重标准。

3.1.2 菌(毒)种的选育技术

理想的菌(毒)种需要符合很多标准要求,故应对其进行选育,筛选出符合生产要求的菌(毒)种。目前常见的选育技术有自然选育法和人工选育法。

3.1.2.1 自然选育法

自然界中拥有数量丰富的微生物,将某些特定微生物(多见于自然发病动物)从动物体内分离、经人工繁殖、纯化和全面鉴定后,即可获得适合疫苗生产的菌

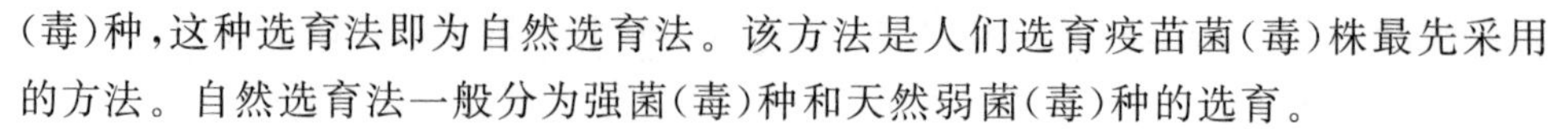

(毒)种，这种选育法即为自然选育法。该方法是人们选育疫苗菌(毒)株最先采用的方法。自然选育法一般分为强菌(毒)种和天然弱菌(毒)种的选育。

1. 强菌(毒)种的选育

强菌(毒)种广泛用于灭活疫苗、抗病血清、诊断制品和疫苗制品的效力检验。强菌(毒)株一般在疾病流行初中期，临床症状和病理变化典型而又未经过任何治疗的患病动物体内分离得到，具有良好的免疫原性。一般用于制备抗血清、生产灭活疫苗以及疫苗的效力检验。在野外分离到自然强菌(毒)株，需要进行必要的选育，再决定是否用于疫苗生产。常规的选育程序如下。

(1)毒力的测定：毒力测定是为了确定分离到的菌(毒)株致病性如何。通常是将菌(毒)种接种到易感动物、胚胎或细胞，计算 LD_{50}、EID_{50}、ELD_{50}、$TCID_{50}$ 等指标，判定其毒力。测定时，需要根据其菌(毒)种的感染特性，选择最适宜的接种载体，如猪伪狂犬病毒采用细胞、猪丹毒杆菌采用鸽子或小鼠；同时因不清楚毒力范围，在确定接种载体后，通常需要重复测定，直至得出准确的毒力范围。

(2)抗原性的测定：抗原性包括免疫原性与反应原性。反应原性通常用血清学试验测定，动物接种免疫用该菌(毒)种制备的疫苗，分不同时间段采血分离血清，检测血清中的抗体水平。常见的检测方法有血凝抑制试验、琼脂扩散试验、ELISA等；免疫原性测定多采用攻毒保护试验，根据实验动物的保护情况，来确定菌(毒)种的免疫原性。一般而言，保护率越高则该菌(毒)种的免疫原性越好。

(3)遗传稳定性的确认：对于可以在培养基、动物胚胎或细胞上增殖的菌(毒)种，还需要确定传代菌(毒)种的毒力、免疫原性等遗传稳定性，不产生变异。只有具有稳定遗传性的菌(毒)种才有使用价值。遗传稳定性的确认一般需要进行连续传代，测定每一代菌(毒)种的毒力和免疫原性，并根据测试结果确定传代的次数。

2. 弱菌(毒)种的选育

弱菌(毒)种主要用于弱毒疫苗、部分诊断制品和抗血清的制造。弱菌(毒)株的重要特征是致病力极微弱或无致病力，免疫原性优良。自然弱菌(毒)株一般从发病不典型的靶动物体内分离，如猪繁殖与呼吸综合征病毒(VR-2332 株)，或从非易感动物体内分离。

自然突变形成的低毒力且免疫原性良好的弱菌(毒)株不易获得，一旦获得，其选育的方法同强菌(毒)株。值得注意的是，弱菌(毒)株的毒力存在易返强的缺点，因此在遗传稳定性上需反复确认，以避免产生生物安全隐患。

3.1.2.2 人工选育法

人工选育法是指将从自然界分离到的强菌(毒)种用人工手段处理后获得的具有遗产稳定性的菌(毒)株。目前，活疫苗生产所用的菌(毒)种大部分都以这种方式选育。虽然通过人工手段可以使菌(毒)株毒力变强，也可以变弱，但是用于疫苗生产的人工选育菌(毒)种通常以致弱技术为主,因此,此处以弱菌(毒)株的选育为主要介绍内容。目前,人工选育的方法主要包括化学选育法、物理选育法和生物学方法。这些途径既可单独使用,也可交叉联合使用。

1.化学选育法

某些化学药物可使微生物基因核苷酸碱基产生突变,在体外培养中加入不利于菌(毒)种生长但有利于产生突变的化学诱变剂,促使菌(毒)种的遗传物质发生改变而获得突变菌(毒)株的方法,称为化学选育法。例如,猪多杀性巴氏杆菌弱毒株 EO630 株,就是通过将强菌株在含有洗衣粉的培养基中传代 630 代获得的;猪丹毒致弱株(G4T10)是强毒株经豚鼠 370 代和在含有 0.01%～0.04%吖啶黄血液培养基中传 10 代获得的。常见的化学诱变剂有很多,除上述几种外还包括许多碱基类似物、烷基化合物等。

2.物理选育法

通过改变体外培养的温度、光照(阳光、紫外光、射线)、湿度等条件诱导产生突变株的方法,称为物理选育法。例如,炭疽强毒株置于 42.5 ℃条件下长期传代培养,导致了遗传性状变异,从而育成了炭疽弱毒株;流行性乙型脑炎病毒强毒株经紫外线照射后引起突变,再进行噬斑挑选,育成了弱毒株;猪肺疫内蒙古系弱毒株也是经过高温培养选育的;仔猪副伤寒 C500 号菌株选育过程中就是用了 γ 射线处理。

3.生物学方法

生物学方法即通过生物学传代进行选育的方法,经过该途径选育的弱菌(毒)株,选育成功后的生物稳定性极佳,但是选育过程较长。常见的选育方法如下。

(1)连续传代致弱法:将菌(毒)株经非易感动物、禽胚或细胞连续传代后获得致弱株的方法。该选育方法是人工获得菌(毒)致弱株的主要方法,以此方法获得的菌(毒)株大多用来制作活疫苗。如我国的猪瘟兔化弱毒株就是其中最成功的例子,它是将猪瘟病毒石门系强毒株通过兔体传代 400 余代而获得的弱毒株。此外,还有猪丹毒弱毒株(GC42)是强毒株经豚鼠 370 代和鸡 42 代传代而获得的。

(2)杂交减毒法:利用两种性状不同的菌(毒)种,在传代培育时进行自然杂交,导致不同菌(毒)种间基因发生交换而育成有使用价值的弱毒株的方法。如流感病毒温度敏感弱毒株(抗原性低)与流行强毒株进行混合培养传代,使二者毒力基因发生交换,其后代即成为毒力低和抗原性强的弱毒株。

(3)基因工程选育法:通过基因工程技术将强菌(毒)株中决定毒力的基因进行修饰、突变或缺失来选育弱菌(毒)株的方法。不同于传统选育造成的基因点突变,基因工程选育技术可以靶向特定的基因,使其遗传性状发生改变,故其毒力更加稳定,返祖概率更小;同时选育的菌(毒)株目标基因明确,可利用基因标记技术使免疫动物后产生的抗体与自然感染的抗体有明显区分,有利于动物群体疾病的控制;

由于该选育时间相对于传统选育方法较短，所以该方法得到了广泛的关注和研究，也已取得了较大的成果。最成功的例子是伪狂犬疫苗 TK 基因缺失株，这是第一个批准上市的兽用基因工程疫苗，由于 TK 基因是伪狂犬病病毒主要的毒力基因，缺失后使得病毒对小鼠和兔的毒力大大降低，但免疫原性不变，能诱导小鼠、猪、兔产生坚强的保护力。值得注意的是，由于基因工程选育的菌(毒)种属于农业转基因生物，在选育时必须按照《农业转基因生物安全管理条例》和《农业转基因生物安全评价管理办法》的有关规定进行安全评价。

3.1.3 菌(毒)种的纯化技术

由于菌(毒)种在选育过程中个体变化不尽相同，不断将符合或近乎符合疫苗要求的个体筛选出来，加以繁殖、选育，能加速其选育的成功。这个筛选过程即菌(毒)种的纯化过程，即便是已经选育成功的菌(毒)种，经过筛选也常能选择出更为纯化的克隆株。

3.1.3.1 菌种的纯化

细菌的纯化是为了使一个菌落中所有细胞均来自一个亲代细胞，以避免在培养或保藏过程中，个别细胞或孢子发生基因突变而引起性状改变，造成菌种退化。常见的纯化方法包括以下几种。

1. 固体培养法

该方法是将待纯化的菌种接种到用琼脂或其他凝胶物质固化的培养基上，经过一定条件的培养，使其生长为菌落，通过在连续传代过程中不断挑选单菌落来达到分离纯化的目的。这种技术适用于大多数菌种，方法简单易行，是各种菌种分离纯化的最常用手段。

(1)稀释倒平板法：将菌种制备成细菌悬液，并根据需求进行系列的稀释(如 10 倍、100 倍、1 000 倍等)，然后分别取不同稀释度的稀释液少许，与已经熔化并冷却至 50 ℃左右的固体培养基混合，摇匀后倒入无菌的培养皿中，待培养基凝固后，在一定温度下培养即可。如果稀释得当，在平板表面或琼脂培养基中就可出现分散的单个菌落，随后挑取该单个菌落，或重复以上操作数次，便可得到纯培养。

(2)涂布平板法：稀释倒平板法因为需要将菌种接种到温度较高的培养基中，易造成某些热敏感菌的死亡，且也会使一些严格好氧菌因被固定在琼脂中间缺乏氧气而影响其生长。涂布平板法可避免以上缺陷，其做法是先将已熔化的培养基倒入无菌平皿，制成无菌平板，琼脂冷却凝固后，将定量的菌种悬液滴加在平板表面，再用无菌玻璃涂棒将菌液均匀分散至整个平板表面，经培养后挑取单个菌落或重复以上操作数次，便可得到纯培养。

(3)平板划线法：平板划线法是将菌液在固体培养基表面多次划线稀释而达到

分离细菌数量的目的。其具体操作为用接种环蘸取少许待分离菌液，在无菌平板表面进行连续划线，菌液的细胞数量将随着划线次数的增加而减少，并逐步分散开来，如果划线适宜的话，细菌能一一分散。经培养后，可在平板表面得到单菌落。有时这种单菌落并非都由单个细胞繁殖而来，故必须反复分离多次才可得到纯种。划线的方法很多，常见的比较容易出现单个菌落的划线方法有斜线法、曲线法、方格法、放射法、四格法等。

2. 液体培养法

由于并不是所有的细菌都能在固体培养基上生长，所以该类细菌需要用液体培养基分离来获得纯培养。稀释法是液体培养基分离纯化常用的方法，具体操作为将细菌进行适当稀释，接种至液体培养基中进行培养，当出现大多数试管不长菌、少数试管长菌的情况，则长菌的试管可能就是纯培养物，经过重复稀释培养，即可得到纯培养物。

3. 单细胞(孢子)分离

固体培养法和液体培养法均是通过将菌种稀释后进行接种培养纯化的，这种方法只能分离出混杂群体中数量占优势的种类，在实际情况中，很多细菌在混杂群体中都是少数。这时，可以采取显微分离法从混杂群体中直接分离单个细胞或单个个体进行培养以获得纯培养，称为单细胞(孢子)分离法。单细胞分离法的难度与细胞或个体的大小成反比，较大的细菌较容易，个体很小的细菌则较难。较大的细菌，可采用毛细管提取单个个体，这项操作可在低倍显微镜下进行。对于个体相对较小的细菌，需在显微镜下用毛细管或显微针、钩、环等挑取单个微生物细胞或孢子以获得纯培养。单细胞分离法对操作技术有比较高的要求，多限于高度专业化的科学研究中采用。

值得指出的是，从微生物群体中经分离的单个菌落并不一定保证是纯培养。因此，纯培养的确定除观察其菌落特征外，还要结合显微镜检测个体形态特征后才能确定，有些微生物的纯培养要经过一系列分离与纯化过程和多种特征鉴定才能得到。

3.1.3.2　病毒的纯化

病毒的纯化与细菌的纯化一样，都是为了防止病毒在使用过程中发生新的变异，尤其是RNA病毒，故通过纯化获得一个或几个病毒颗粒的子代群体，以保证群体的稳定性。常见的病毒纯化方法如下。

1. 噬斑法

将病毒进行极限稀释后，其数量会成为可数的单个，将稀释的病毒液接种单层细胞，并加入琼脂等固体介质进行培养。病毒感染细胞后，由于固体介质的限制，释放的病毒只能由最初感染的细胞向周边扩展，形成一个局限性病变细胞区，此即病毒蚀斑。为便于肉眼观察，常用中性红等染料染色，因病变细胞不吸收中性红，病变细胞区便呈现无色噬斑。从理论上讲，一个噬斑是由最初感染细胞的一个病毒颗粒形成的，因此可以根据噬斑的大小、形状和色泽等性状，选择不同的噬斑进行移植传代，就有可能获得若干不同的纯系毒株。但在实际操作中，常出现不止一个病毒颗粒同时感染一个细胞的情况，影响纯化的准确性，为此，需要反复多次的噬斑分离，才有可能获得来源自一个病毒颗粒的“纯系”病毒。

2. 病斑分离法

病斑分离法适用于在细胞上繁殖的病毒，对于某些可在胚绒毛尿囊膜上增殖的病毒，如痘病毒和某些疱疹病毒等，可以根据其在绒毛尿囊膜上形成的病斑特征进行纯系分离，其基本原理和方法与噬斑分离法相同。

3. 终点稀释法

终点稀释法是在研究甲型流感病毒 O-D 相变异时最早创立的，已广泛用于毒株纯化和变异株选育等工作，特别是在那些不能进行噬斑或病斑分离的病毒，如许多禽流感病毒、新城疫病毒变异株的纯化等。该方法通过对原病毒液进行稀释接种后，使接种最高稀释度样品的培养物有部分或全部无感染，而接种低稀释度的则全部发生感染时，待纯化的病毒有可能就在高稀释的培养物中，经过反复稀释接种即可获得“纯系”病毒。该方法在使用时，通常最初具有优势病毒数量或在该培养基中繁殖时具有优势繁殖能力的毒株往往更容易被纯化出来，在实际纯化操作时易增加结果的不可预见性，对于这种现象，可采用终点稀释法＋特异性抗血清中和法的方式进行，即在接种前加入相应的特异性血清中和掉不需要的病毒，以提升纯化结果的准确性。

（姚延丹）

3.2 常规细菌抗原生产技术

近年来，随着对人类及畜牧业健康发展关注度的提高，抗生素的使用受到了很大的限制，随之细菌疫苗的研究与应用迅猛发展，但是细菌种类繁多，代谢方式各异，生长特性不尽相同，细菌的高密度培养是细菌抗原规模化生产的基础。本节介绍常规细菌的分类及生长规律、规模化细菌培养技术、常规细菌抗原的生产流程。

3.2.1 常规细菌的分类及生长规律

在兽医临床中，病原菌种类繁多，代谢方式各异，营养和氧气需求也各不相同，但是依据各自的代谢规律，可以找到各自最佳的培养方法。在了解细菌生长繁殖规律的基础上研究细菌培养方法是细菌抗原生产的基础。

3.2.1.1 常见病原菌的分类及生长规律

细菌是原核生物界中的一大类单细胞微生物，它们的个体微小、形态与结构简单。广义的细菌概念还包括立克次体、衣原体、支原体、螺旋体等。细菌分类的主要依据包括形态、染色、对氧气的需求、生活方式、种属性等，如按形态可分为球菌、杆菌、螺旋菌；按染色可分为革兰阳性菌和革兰阴性菌；按细菌对氧气的需求可分为需氧菌、厌氧菌和兼性厌氧菌；按生活方式可分为自养菌和异养菌。细菌分类层次可分为界、门、纲、目、科、属、种，常用的是“属”和“种”，权威专著可参照《伯杰氏系统细菌学手册》和《伯杰鉴定细菌学手册》。细菌的结构分为基本结构和特殊结构，基本结构包括各细菌都具有的细胞壁、细胞膜、细胞质、细胞核；某些细菌特有的结构包括荚膜、鞭毛、菌毛、芽孢。兽医领域中常见的病原菌主要包括葡萄球菌属、链球菌属、埃希菌属、沙门菌属、巴氏杆菌属、里氏杆菌属、放线杆菌属、嗜血杆菌属、布鲁氏菌属、假单胞菌属、波氏菌属、丹毒丝菌属、芽孢杆菌属、梭菌属、分枝杆菌属、螺旋体、支原体、立克次体和衣原体。

细菌的生长繁殖是一个复杂过程，除需提供充分的营养物质外，还需有合适的酸碱度、适宜的温度及必要的气体环境，涉及物质摄取、生物合成、聚合作用、组装等生物学过程，菌体以二等分分裂法进行无性繁殖。细菌生长的营养物质主要包括水、碳、氮、无机盐、生长因子等，不同细菌间有差异。细菌生长的环境条件包括气体、温度、pH、渗透压。多数病原菌由于长期寄生在动物体内，其最适生长温度为 37 ℃左右，多数细菌的最适生长 pH 为 6～8，多数病原菌只能在等渗环境下生长繁殖。

细菌接入人工培养基后分裂繁殖有一定规律性，整个过程包括 4 个时期：①迟缓期，细菌处于静止适应状态，此时菌体缓慢增大，合成并积累酶系统，其时间长短随细菌的适应能力而异。②对数期，此时细菌生长迅速，以恒定速度进行分裂繁殖，活菌数以几何级数增长，表现出培养时间与活菌数对数呈线性关系，细菌生长速度决定于细菌的倍增时间（繁殖 1 代所需的时间），一般细菌倍增时间为 15～20 min。③稳定期，随着营养物质的消耗、代谢产物的蓄积，细菌繁殖速度下降，进入相对稳定期，即新繁殖的活菌数与死菌数大致平衡，活菌数相对恒定。④衰亡期，细菌开始大量死亡，新增菌数减少，死亡菌数增加，菌体变形或自溶，活菌数逐渐下降。

在细菌研究中，常通过固体培养基上形成的菌落进行细菌的分离、纯化、计数及鉴定等。某个细菌在适宜固体培养基的表面或内部，经过适宜条件的培养，多数 18～24 h 可形成一个肉眼可见的、有一定形态的细胞群体，称为菌落（也称菌落形成单位，CFU）。

3.2.1.2 需氧型细菌的分离培养技术

该类细菌在有氧环境中才能生长繁殖，常用的分离培养方法包括平板稀释法、平板划线法、选择培养基富集法。

(1)平板稀释法：将待测样品在灭菌生理盐水中进行倍比稀释，使样品中细菌充分稀释分散，然后进行培养。在操作上有倾注平板法和涂布平板法。

倾注平板法是将适宜固体培养基灭菌后降温至45～50 ℃，加入不同稀释度的菌液充分混合，倒入无菌培养皿中制成平板，37 ℃培养一定时间，在适宜的稀释度平板上会出现分散的单个菌落，挑取单个菌落至液体培养基，重复上述步骤数次，便可得纯培养物。

涂布平板法是先将适宜固体培养基灭菌后降温至45～50 ℃，倒入无菌培养皿中制成平板，加入定量(≤0.1 mL)稀释的菌液于表层，然后用无菌L型玻璃棒均匀涂布整个平面，37 ℃培养一定时间，在适宜的稀释度平板上会出现分散的单个菌落，挑取单个菌落至液体培养基做纯培养。

(2)平板划线法：用接种环以无菌操作法蘸取少量样品，在无菌平板培养基表面进行平行划线、扇形划线或以其他形式的连续划线，在不同划线区域活菌数会递减，经37 ℃培养后可形成分散的单个菌落，挑取单个菌落至液体培养基进行纯培养。

(3)选择培养基富集法：不同细菌对营养物质和各种环境因素要求不同，对不同化学试剂、抗生素等有不同程度的抵抗力，根据分离菌的特点，选择适宜培养基在特定条件下培养，富集本菌，抑制杂菌，然后用平板稀释法或平板划线法分离单菌落，最后进行纯培养。

3.2.1.3 厌氧型细菌的分离培养技术

该类细菌需将培养环境或培养基中的氧气去除才能生长。厌氧菌的分离培养，多数在含CO_2环境下进行。厌氧培养法主要包括生物学排除氧气法、化学吸氧法和物理学方法。生物学方法包括利用特定培养基、需氧厌氧菌共同培养法；化学方法包括低亚硫酸钠与碳酸法、碱性焦性没食子酸法、硫代乙醇酸钠法；物理学方法利用加热、密封、抽气等驱除或隔绝环境和培养基中的氧气，形成无氧环境，包括厌氧罐法、真空干燥器法、高层琼脂柱法、加热密封法。

3.2.2 规模化细菌培养技术

在兽医临床中，常见病原菌大多为需氧菌，因此在细菌疫苗生产中，规模化培养技术主要围绕需氧的代谢方式展开研究和应用。细菌培养分为固体培养和液体培养，对于需氧菌而言，液体培养包括振荡培养和深层通气培养。随着细菌代谢的深入研究、培养基的改进、发酵设备的应用，细菌的高密度培养技术越来越成熟，逐渐成为细菌抗原生产的主流。

3.2.2.1 传统培养技术

细菌培养的目标就是对纯培养物进行逐级放大，以满足生产需求。对于需氧菌而言，基本流程包括：菌种平板划线纯培养→试管振荡培养→小三角瓶振荡培养→大三角瓶振荡培养→大立瓶振荡或中、小容积发酵罐培养→大容积发酵罐培养。其菌液的OD值一般在2.0左右，活菌培养密度低，生产效率不高。

3.2.2.2 高密度培养技术

高密度培养又称高密度发酵，一般指微生物在液体培养中细胞群体密度超过常规培养10倍以上时的生长状态。以每升液体中干细胞质量(g/L)为描述单位，一般认为上限值为150～200 g/L，下限值为20～30 g/L，不同菌种高密度培养上、下限存在差异。通过细菌的高密度培养，实现了菌体抗原或重组蛋白抗原的批量生产，大大提升了疫苗的生产效率和质量，推动了疫苗生产技术的快速发展。

1. 种子

细菌种子是生物制品用语，是指菌体增殖培养物，简称菌种。菌种是疫苗生产的关键，也是疫苗质量的直接保证。菌种可以是临床分离的、经全面微生物学和遗传学鉴定的菌株，也可以是经遗传诱变的突变株或基因改造的工程菌，经过高密度培养，完成菌体的增殖或抗原表达，为疫苗生产提供良好的抗原。疫苗生产对菌种的基本要求是：生物学特性明显、历史背景清楚，遗传学上相对纯一和稳定，高抗原性或高抗原表达能力，生长繁殖能力强，有较强的耐受性，易于培养控制。

种子制备也称种子扩大培养或扩繁，是指先将保存在低温环境的冻干菌种或甘油菌种，接种固体培养基斜面或平板进行活化，再经过试管、三角瓶、种子罐逐级扩大培养，从而得到一定数量和质量的种子液的过程，为大容积发酵培养奠定基础。种子液的基本标准为：生长活性强，生理性状及生产能力稳定，菌体总量及浓度能满足大容量发酵罐培养要求，纯粹无杂菌。种子液接种发酵罐的过程称为移种，需要控制2个要素：①种子液种龄，即种子的培养时间，应以达到菌种的对数生长期为宜，种龄过嫩或过老，不但会延长发酵周期，而且会降低发酵产量。②接种量，即种子液占发酵液总体积的百分比。一般来说，接种量和菌种生长的延缓期长短成反比，即接种量大，菌种的延缓期短；接种量小，延缓期长，但接种量过大会将过多的代谢物带入培养基，抑制菌体的生长，导致菌体衰亡快、死菌多，抗原表达效果差等，影响发酵的质量。综上所述，种子的来源、性质、种子制备过程至关重要，是高密度发酵培养成功的前提和基础。

2. 培养基

培养基是人工配制的供细菌繁殖和生物合成各种代谢产物所需的多种营养物质的总称。培养基对菌体的生长繁殖、产物的生物合成、产品的分离精制都有显著影响。针对不同菌种生理生化特性、发酵设备、工艺条件、培养目的、发酵阶段，所采用的培养基是各不相同的，应用合适的培养基才能充分提升发酵的质量和产量。

细菌培养基成分主要包括碳源、氮源、磷源、无机盐、生长因子、水分。碳源用于构成菌体细胞和代谢产物的碳素来源，为细菌的生长繁殖和代谢提供能量，常用的碳源包括糖类、脂肪、有机酸、醇类、碳氢化合物等。氮源用于构成菌体细胞物质和合成含氮的化合物，包括有机氮源和无机氮源，如蛋白胨、酵母粉、尿素、氨水等。磷源主要以磷酸盐的形式加入培养基，对细菌的生长和代谢均有生理作用，磷是核酸、磷脂、辅酶、ATP 的组成成分，磷酸盐也能促进糖代谢。无机盐常作为酶的组分或维持酶的活性以及调节渗透压、pH、氧化还原电位，主要包括常量元素镁、钙、钠、钾、铁及微量元素铜、锌、钴、锰、钼等，在细菌发酵中具备各自的生理作用。生长因子是细菌生物合成的一类特殊营养物质，主要包括维生素、氨基酸、碱基及其衍生物。水分为菌体生长提供了必需的生理环境和生理功能。

培养基按照原料来源可分为天然培养基和人工合成培养基。天然培养基是由化学成分不清楚或不恒定的天然有机物组成的，优点是营养丰富、价格低廉，缺点是原料批次间差异大，影响发酵稳定性。人工合成培养基所用物质的化学成分明确、稳定，优点是稳定性好，缺点是成本较高。按照发酵过程的用途，可分为种子培养基、发酵培养基和补料培养基。种子培养基一般是指用于摇瓶和种子罐的培养基，其作用是进行种子扩大培养，使菌体长成年轻、代谢旺盛、活力高的种子。发酵培养基是供种子液发酵生长为高密度、高抗原表达的培养基。补料培养基是指在发酵过程中，间歇或连续补加的、含有一种或多种培养基成分的新鲜料液，用以维持高密度菌体繁殖和合成代谢。

培养基大多采用高压蒸汽法灭菌，或在容器中使用灭菌设备，或在发酵罐中进行实罐灭菌，一般灭菌条件为 121 ℃ 20～30 min，如果灭菌控制操作不当，会降低培养基中的有效营养成分，产生有害物质，影响培养基质量。常见的原因有：①不耐热的营养成分可能产生降解；②某些营养成分之间可能发生化学反应；③产生对细菌生长有害的物质。如某些维生素在高温会失活；糖类物质高温灭菌时会形成氨基糖、焦糖，导致营养成分损失；葡萄糖在高温下易与氨基酸等物质发生反应，形成棕色的类黑精，导致营养损失和生成毒性物质，因此葡萄糖应单独灭菌，并控制好温度。磷酸盐、碳酸盐与钙盐、铁盐、铵盐之间在高温下会反应生成难溶性复合物，从而使培养基中离子浓度大大降低，影响发酵质量。

3. 发酵培养

发酵“fermentation”一词来源于拉丁文“fevere”，是指酵母菌作用于麦芽浸汁或果汁后产生碳酸气泡并引起翻动的现象。现在发酵的定义为：通过微生物的生长和代谢活动，产生和积累人们所需的细胞体或代谢产物的一切微生物培养过程。

细菌的高密度发酵按投料方式不同可分为分批发酵、补料分批发酵和连续发酵。分批发酵指的是一次性投入料液，发酵过程中不补料，一直到放罐；补料分批发酵是在发酵过程中一次或多次补入含一种或多种营养成分的新鲜料液，以延长发酵周期，提高产量；连续发酵是在特定的发酵设备中，一边连续补入新鲜料液，一边连续不断放出发酵液。细菌发酵生产一般采用补料分批发酵。

发酵培养的控制点主要包括温度、压力、pH、溶解氧、代谢产物浓度、泡沫。

温度对发酵的影响表现在：①影响酶的活性，继而影响菌体生长和代谢产物的生物合成；②影响氧的溶解度；③影响发酵液的物理性质。温度的变化会导致发酵液的黏度、表面张力等发生变化，从而影响溶解氧的传递速率。多数细菌的最适发酵温度范围为 37 ℃左右，温度过高，酶系统被破坏导致菌体死亡，温度过低，细菌代谢会降低而处于潜生状态。细菌发酵控制一般在 37 ℃，应根据菌体生长速率、抗原表达效果、代谢副产物积累等因素综合考虑。

压力是指发酵过程中罐体内维持的压力，主要作用有 2 个方面：①可以防止外界空气中杂菌进入罐体，降低污染风险；②维持一定压力能够增加料液中的溶解氧，有利于细菌生长。同时，压力也不宜过高，一般细菌发酵控制压力在 0.01～0.04 MPa。

发酵液的 pH 是发酵过程中各种产酸产碱生化反应的综合结果，可反应细菌在一定环境条件下的代谢状态。pH 对细菌生长代谢的作用表现在：①改变细胞膜的通透性，影响营养物质的吸收代谢；②影响酶的活性；③影响营养物质和中间代谢产物的解离；④影响菌体代谢方向。多数细菌的最适 pH 为 6.5～7.5，细菌的生长代谢也会改变培养物的 pH，如某些细菌可分解糖类产酸使 pH 下降，某些细菌可分解氨基酸使 pH 上升，培养物中 pH 的变化可以反映出菌体生长代谢情况，为发酵控制提供参考。为了维持细菌稳定生长代谢，需控制最适 pH 范围，既可以调节培养基中代谢产酸（如葡萄糖）和产碱（如尿素）的物质，也可以通过在线控制补加葡萄糖、盐酸、氨水、氢氧化钠等酸性或碱性溶液。

发酵液中的溶解氧（dissolved oxygen，DO）浓度控制是细菌高密度培养的核心，直接影响菌体的酶活性、代谢途径和产物产量。首先，溶解氧影响与呼吸链有关的能量代谢，从而影响菌体生长；其次，溶解氧直接参与并影响产物的合成。在正常条件下，细菌发酵过程溶解氧的变化有一定规律性。发酵初期，菌体的呼吸强度虽大，但菌体量少，总体上需氧量不大，此时发酵液中的营养较高，随着菌体大量繁殖，发酵液的菌体浓度不断上升，需氧量也不断增加，使溶解氧浓度不断下降，此时菌体处于对数生长期。对数生长期后，菌体的呼吸强度有所下降，需氧量减少，溶解氧经过一段时间的平稳后开始有所回升。在生产后期，由于菌体衰老，呼吸强度减弱，溶解氧会逐步上升，一旦菌体自溶，溶解氧上升更明显。因此，根据溶解氧的变化，可判断细菌生长代谢状态和异常情况，进行合理的工艺控制。如细菌发酵过程中，通过逐步增加溶解氧来逐步提升菌体生长速率，防止供氧过量抑制菌体生长。培养基营养耗尽时，溶解氧也会明显回升，此时可进行补料，延长菌体的对数生长期，提高发酵密度。若溶解氧异常下降，提示污染杂菌、菌体代谢异常、发酵设备或控制系统发生故障等情况；若溶解氧异常上升，提示污染噬菌体等情况。发酵液的溶解氧浓度受通气方式、搅拌形式、温度、压力等影响，一般与通气量、搅拌转速、压力成正相关。针对不同发酵罐结构、通气盘形式和搅拌桨型，需找到合适的通气量和搅拌转速来控制溶解氧，一般来说，多数细菌的临界溶解氧浓度为 30% 左右，要控制溶解氧不低于这个水平。

细菌发酵中会产生一些代谢产物（如醇类和有机酸），会抑制菌体生长和产物合成。如乙酸是大肠杆菌发酵过程中的副产物，5～10 g/L 的乙酸含量就会抑制生长速率、菌体浓度、蛋白质表达量，当乙酸含量＞10 g/L，细菌会停止生长。一般可以通过控制葡萄糖浓度、降低温度、调节 pH、控制补料等方法降低生长速率，实现对乙酸浓度的控制。

在发酵罐培养中，为了增加溶解氧，需通入大量无菌空气并加以剧烈搅拌，会不可避免地产生泡沫，起泡会带来诸多不利影响：①影响发酵罐的装量系数，降低发酵产量；②会导致溢液，发酵液从排气管路或轴封处溢出，增加染菌风险；③影响气体交换和溶解氧；④部分发酵液黏到管壁，造成产量损失；⑤泡沫严重时，会被迫终止搅拌或通气，造成发酵异常。一般通过机械消沫（在发酵罐内安装消泡桨，靠其高速转动将泡沫打碎）或添加消泡剂来消除泡沫。

4. 发酵设备

细菌发酵常用机械搅拌通风发酵罐，它利用机械搅拌器和通气装置，使空气和发酵液充分混合，促使氧气在发酵液中溶解，以满足细菌生长代谢需要，同时搅拌能使培养基保持均一并促进发酵热的散失，其实用性好、适用性强、放大相对容易，称为通用型发酵罐。

发酵罐的基本要求包括以下 6 个方面：①具有适宜的高径比，一般高度与直径之比为 1.7～4，罐身越高，氧的利用率越高；②发酵罐工作时罐内有一定压力（气压、液压）和温度，需能承受一定的压力；③搅拌通风装置能使气液充分混合，保证发酵液必需的溶解氧；④具有足够的冷却面积，细菌发酵过程会产生大量的热，需通过冷却来调节不同发酵阶段的温度；⑤应尽量减少死角，避免藏垢积污，使灭菌能彻底；⑥搅拌器轴封应严密，减少泄漏。

通用性发酵罐主要组成部分包括罐体、灭菌装置、搅拌装置、换热装置、通气装置、消泡装置、进出料口、测量控制系统、附属系统。罐体由圆柱体及椭圆形封头焊接而成，一般具有 3 层结构：内胆、夹套、保温层。内胆采用 316L 不锈钢材质，用于装载物料，夹套、保温层采用304不锈钢材质，夹套用于罐温控制，保温层用于隔热。灭菌装置包括纯蒸汽进出管路、工业蒸汽进出管路、疏水阀、温度压力传感器等，通过高压蒸汽流通实现罐体的空消、实消和附属管路的灭菌。搅拌装置包括搅拌轴、搅拌叶轮和轴封。搅拌轴与电机相连，控制转速；搅拌叶轮包括轴向式（桨叶式、螺旋桨式）和径向式（涡轮式）两种，一般多采用径向式，如平直叶涡轮桨，用于分散气泡，提供溶解氧；搅拌轴与罐体间的密封至关重要，常采用端面机械轴封，保证发酵罐的密封性。换热装置一般有夹套、盘管和蛇管，常采用夹套，通过冷水或热水在夹套中循环进行控温，满足发酵需求。通气装置包括进气管路和排气管路，进气管路分为浅层和深层，深层进气经通气环进入发酵液下方，从通气环上密布的小孔中喷出气泡，经搅拌叶轮进一步剪切分散气泡，达到提升溶解氧的效果。消泡装置有耙式消泡器、离心式消泡器、碟片式离心消泡器，常用的是耙式消泡器，用于消除发酵产生的气泡。在罐顶有进料口、补料口，罐底有出料口。进料口用于发酵过程中移种、补酸、补碱、补料、补消泡剂等，出料口用于发酵液的收集。测量控制主要采用传感器系统，用于检测温度、压力、pH、溶解氧、液位等，加以PLC控制系统和人机界面，实现发酵参数的自控。附属系统包括视镜、取样口、罐体内胆爆破片、夹套安全阀等，视镜用于观察发酵液状态，取样口用于发酵液取样检测，爆破片和安全阀用于保证压力容器的安全。

发酵罐一般的使用流程是：清洗→空罐灭菌→加培养基→实罐灭菌→接种→培养（各参数调节）→取样→放液→清洗。

3.2.3 常规细菌抗原的生产流程

出于安全性考虑，目前多数细菌疫苗为灭活疫苗，因此，菌液一般需要纯化和灭活的过程，下面简单介绍一下灭活抗原的生产流程。

3.2.3.1 种子液的制备

一般流程为：菌种复苏→扩繁→种子罐培养。将冻干菌种用适量培养基复溶后，接种固体培养基斜面或划线于平板培养基，在37 ℃恒温培养箱培养一定时间，挑取单菌落接种试管培养基，在37 ℃恒温摇床培养一定时间，按一定比例转接小三角瓶培养基，培养后再转接大三角瓶培养基，培养结束后合瓶，由大瓶接入种子罐培养，结束后移种至发酵罐。各级种子液取样检测纯粹性。

二维码3-1 种子液的制备

3.2.3.2 菌液的发酵

按发酵罐容积装入适量发酵培养基和消泡剂，灭菌后，将溶解氧（DO）值校正为100%，种子液按照一定比例从种子罐移种至发酵罐，调整温度为37 ℃，罐压小于 0.04 MPa，发酵过程中逐渐增大通气量和转速，控制 DO≥30％，通过补酸补碱控制 pH，并采用间歇或连续方式进行补料。发酵过程取样检测菌液的纯净性、OD 值，发酵结束后检测菌液的纯净性、活菌数。活菌计数是将待测样品精确地进行系列稀释，然后吸取一定量某稀释度菌液样品，用倾注平板培养法或平板表面散布法进行培养，经培养后平板长出的菌落数及其稀释倍数可换算出样品的活菌数，通常用菌落形成单位（CFU）表示。

二维码 3-2　菌液的发酵

3.2.3.3　菌液的纯化

将发酵菌液通过膜处理或离心方式除去上清液，收集菌体，用生理盐水或磷酸盐缓冲液（PBS）进行重悬。

3.2.3.4　菌液的灭活

用重悬菌液加入一定浓度的灭活剂，在适宜温度下作用一定时间。

3.2.3.5　抗原的检测

灭活结束后取样，按照《中华人民共和国兽药典》附录进行灭活检验和无菌检验，保证抗原的纯净性，检验合格后按照活菌数进行配苗组批。

（胡东波）

3.3　常规病毒抗原生产技术

常规病毒抗原生产技术即使用适宜的细胞培养基，以适宜的细胞培养模式（转瓶、微载体和全悬浮）培养原代细胞、二倍体细胞或者传代细胞，接入目的生产用种子毒，从而获得病毒抗原的生产技术。

3.3.1　病毒抗原生产用种子毒

3.3.1.1　种子毒标准

用于生产的种子毒历史清楚、生物学特性明显、遗传稳定、免疫原性与反应原性、毒力在规定的范围内。

3.3.1.2　种子毒分类

1. 原始种子

必须按病毒原始种子自身特性进行全面系统鉴定，如培养特性、生化特性、血清学特性、毒力、免疫原性鉴定和纯净/纯粹检查等，均应符合规定。分装容器上应标明名称、代号、代次和冻存日期等；同时应详细记录其背景，如名称、时间、地点、来源、代次、毒株代号和历史等。

2. 基础种子

必须按毒种检定标准进行全面系统检定，如培养特性、生化特性、血清学特性、毒力、免疫原性和纯净/纯粹检查等，应符合规定。分装容器上应标明名称、批号（代次）识别标志、冻存日期等；并应规定限制使用代次、保存期限；同时应详细记录名称、代次、来源、库存量和存放位置等。

3. 生产种子

必须根据特定生产种子批的检定标准逐项（一般应包括纯净检验、特异性检验和病毒含量测定等）进行检定，合格后方可用于生产。生产种子批应达到一定规模，并确保菌（毒）种的活性，以确保生产种子复苏传代增殖后的培养物数量能满足生产。

生产种子批由生产企业用基础种子繁殖、制备并检定，应符合其标准规定；同时应详细记录代次、识别标志、冻存日期、库存量和存放位置等。用生产种子增殖获得的病毒、细菌培养物，不得再作为种子使用。

3.3.2 病毒抗原细胞培养技术

病毒是严格的细胞内寄生物，由于病毒缺乏自主复制的酶系统，不能独自进行物质代谢，必须依赖宿主细胞合成核酸和蛋白质，所以只能在易感细胞内复制，而不能在任何无细胞的培养液内生长。

3.3.2.1 细胞培养类型

1. 原代细胞

原代细胞是用动物新鲜组织如胚胎或幼畜的组织或受精卵，经胰蛋白酶消化分散后制备而成的，其优势为病毒对原代细胞易感、繁殖滴度高且无致瘤性等，但原代细胞不能在体外多次传代，组织原材料的来源不固定，易混入外源病原，造成外源病毒污染，不易控制其质量，影响产品的纯净性和安全性。

2. 二倍体细胞株

原代细胞经过多次传代获得的二倍体细胞，细胞形态学可能发生变化，但细胞染色体数与原代细胞一样。不能在体外无限制传代，从几代至几十代，兼有原代细胞和传代细胞的优点，病毒对其易感，质量可控，适用于繁殖病毒。

3. 传代细胞系

来源于肿瘤细胞或细胞株传代过程中变异的细胞系，称为传代细胞系，能在体外无限制传代，其染色体数不正常，为异倍体。适宜许多动物病毒的生长，易培养，可以建立种子库，质量易控制。

目前常用的传代细胞系有 BHK-21、MDCK、Sf9、ST、CHO、PK-15 和 Vero 等

细胞。在此将上述细胞的特性和适合培养的病毒介绍如下。

BHK-21细胞(仓鼠肾细胞),成纤维细胞型,主要用于猪口蹄疫疫苗的生产;MDCK细胞(犬肾细胞),在MEM、M199、DMEM培养基均能生长良好,主要用于流感病毒的分离,可用于猪流感(H1N1)疫苗的生产;ST细胞(猪睾丸细胞),可连续传代,主要用于猪瘟病毒的培养和疫苗生产;PK-15细胞(猪肾细胞),上皮样细胞,用于猪圆环病毒2型、猪传染性胃肠炎病毒、猪细小病毒等病原的分离和疫苗的生产;Vero细胞(非洲绿猴胚胎肾细胞),上皮样细胞,可用于流感病毒和猪流行性腹泻病毒等病原的分离和疫苗生产;Marc-145细胞(非洲绿猴胚胎肾细胞),上皮样细胞,从母细胞(MA104细胞)克隆而得到,对猪繁殖与呼吸综合征病毒较敏感,常用于经典蓝耳病和高致病性蓝耳病疫苗的生产。

3.3.2.2 病毒抗原培养方法

1.组织培养法(动物接种法)

选择合适的动物对实验结果的准确性具有重要意义,选择实验动物应考虑动物的种系特征、动物对某类病毒的敏感性以及动物的年龄、体重、性别和数量等。所有实验动物必须符合《中华人民共和国兽药典》或《中华人民共和国兽用生物制品规程》中《实验动物暂行标准》,必须对接种的病毒敏感。普通实验动物应不含相关病原和本病毒的抗体,接种前需检查动物的健康状况。

猪瘟兔化弱毒脾淋苗,即采用家兔脾淋组织所制的猪瘟弱毒疫苗(脾淋源)。生产猪瘟弱毒疫苗(脾淋源)所用家兔,体重在1.5～3.0 kg之间。购入家兔后应隔离饲养观察30 d以上。将检验合格的生产用种子用无菌生理盐水制成50倍稀释乳剂,每只家兔耳静脉注射1 mL,家兔接种后,上、下午各测体温一次,24 h后,每隔6 h测体温一次。收获选择热型为定型热和轻热反应的家兔,从体温下降及其以后的24 h内剖杀,无菌采集脾脏和淋巴结。切勿剪破胃、肠、食道,以免污染。采集的制苗组织应立即配苗或迅速冻存,－15 ℃以下保存,不超过15 d(表3-1)。

表3-1 热型判定标准

热型	判定标准
定型热反应(＋＋)	潜伏期48～96 h,体温上升呈明显曲线,超过常温1 ℃以上,至少有3个温次,并稽留18～36 h
轻热反应(＋)	潜伏期48～96 h,体温上升呈明显曲线,超过常温0.5 ℃以上,至少有2个温次,稽留12～36 h
可疑反应(±)	潜伏期48～96 h,体温曲线起伏不定,或稽留不到12 h,或潜伏期在24 h以上,不足48 h,或超过96～120 h出现热反应
无反应(－)	体温正常者

2. 转瓶培养法

转瓶是一个独立的细胞培养单元，每个转瓶内细胞数量、病毒产量可能都不相同，致使疫苗批间差大，操作劳动强度大，隐性污染引起高内毒素等一系列问题。

将制备好的细胞悬液分装在玻璃圆瓶（转瓶）中，用实塞密闭瓶口，置于转机上，以 5～10 r/h 转动培养。细胞在转动培养时，贴附于瓶壁四周，长成细胞单层后，接种病毒悬液，更换低血清的维持液，置于 37～38 ℃继续转动培养，待致细胞病变（CPE）达到 75%以上时收获含毒培养液。转瓶培养法的培养面积较大，细胞接触空气多，细胞生长良好，目前仍是我国兽医生物制品大生产中普遍采用的细胞病毒抗原，如猪繁殖与呼吸综合征病毒、伪狂犬病毒、猪瘟病毒、猪传染性胃肠炎病毒、猪流行性腹泻病毒等的主要培养方法。

二维码 3-3 贴壁细胞复苏与传代

二维码 3-4 转瓶培养工艺过程

大多数病毒最适培养温度为 35～37 ℃，有的病毒培养最适温度为 33 ℃。有些病毒需转动培养，但有的病毒需静置培养，培养时应依病毒种类而定。病毒感染细胞后，大多引起 CPE，不需要染色可直接在普通光学显微镜下观察。不同病毒 CPE 产生的现象不同，有的细胞变圆、坏死、破碎或脱落；有的只是细胞变圆，并堆集成葡萄状；有的形成多核巨细胞或称融合细胞；有些能形成包含体，有一个至数个，位于细胞质内或细胞核内，嗜酸性或嗜碱性。有的细胞不发生 CPE，但能改变培养基的 pH，或出现红细胞吸附及血凝现象，有的需用免疫荧光技术或 ELISA 方法进行检测。

3.3.3 细胞培养基

细胞培养基（cell culture medium，CCM），是人工模拟动物细胞的体内生长环境，维持体外细胞存活和增殖的营养物质。细胞培养基的主要功能是提供细胞存活和增殖的适合 pH 和渗透压，以及细胞本身不能合成的各种营养物质。Eagle 首先在 1959 年提出 MEM 培养基（minimal essential medium）的配方，其主要营养成分是盐类、氨基酸、维生素和其他必需营养成分的 pH 缓冲等渗混合物。随后在 MEM 培养基的基础上，M199、DMEM、IMDM、HAM F12、PRMI1640 等各种合成细胞培养基陆续上市。

3.3.3.1 病毒培养的营养需求

病毒增殖需要依靠易感细胞来完成，细胞培养过程中所需求的营养成分大部分可以满足病毒培养的需求，部分病毒在细胞增殖中还需要一些特殊的物质（如胰蛋白酶）。当前用于常规细胞培养的商业化培养基的厂家越来越多，所有培养基都包含基本的营养物质，如水、碳源、氮源、维生素、氨基酸、脂肪酸、微量元素、磷酸盐等，这对维持生命和细胞生长至关重要。部分商业化培养基含有超过 70 种营养成分，主要是对各种成分进行合理组合而成的。结合细胞培养的营养需求，病毒培养过程中营养需求主要如下。

1. 水

哺乳动物细胞对水中的杂质高度敏感，包括内毒素、微量元素、微量有机物等。为了防止杂质对细胞培养基的污染，以及培养基中未控制的离子和微量元素的浓度造成细胞性能的不一致，需要用高纯水配制培养基。一般来说，纯水系统包括蒸馏、去离子、微滤、反渗透处理。水的纯度一般用电导率或电阻（$>18\ M\Omega \cdot cm$）衡量或低有机碳含量（$\leqslant 15\times 10^{-9}$），而且必须不含内毒素。常用的是注射用水，高纯度且无内毒素。

2. 氨基酸

氨基酸可以分为必需氨基酸（用于维持活细胞的氮元素平衡）和非必需氨基酸（可以由前体细胞合成）。必需氨基酸包括组氨酸、异亮氨酸、亮氨酸、赖氨酸、甲硫氨酸、苯丙氨酸、苏氨酸、色氨酸、缬氨酸、半胱氨酸、谷氨酰胺。非必需氨基酸包括 *L*-丙氨酸、*L*-精氨酸、天冬酰胺、天冬氨酸、谷氨酸、谷氨酰胺、甘氨酸、脯氨酸、丝氨酸、酪氨酸。

非必需氨基酸在细胞密度较低时对细胞生长不会产生影响，在生物反应器中进行高密度细胞培养时，细胞产生这些氨基酸的速度无法满足自身生长的需求，会成为限速因素，甚至导致细胞进入凋亡。如 *L*-天冬氨酸、谷氨酸、半胱氨酸是大多数 CHO 细胞系的自限氨基酸。不同的细胞以不同的速率利用这些氨基酸，并不是所有的商业化培养基都含有全部的非必需氨基酸，因此需要在培养初期对培养基进行筛选。目前有专家正在用 CHO 表达系统进行猪瘟 E2 蛋白的表达，研究氨基酸对表达含量的影响。

3. 维生素

培养基中的维生素包括 B 族复合维生素、叶酸、烟酰胺、吡哆醛泛酸盐、核黄素和硫胺素，这些都是辅酶的组成成分，以及胆碱和肌醇作为脂质合成的基质。维生素的高还原能力可以保护细胞免受氧化自由基的伤害。尽管需求量是微量的，但维生素是培养基中的必需成分，尤其是在 CD 培养基中。许多商业培养基中都包含 B 族维生素及其衍生物，包括生物素、叶酸、肌醇、烟酰胺、胆碱、4-氨基苯甲酸、泛酸、吡哆醇、核黄素、硫胺素和钴胺素。维生素的添加可以使 CHO 细胞表达 mAb 单位产量提高 3 倍以上。添加叶酸、钴胺素、生物素和 4-氨基苯甲酸可以提高细胞生长密度和表达量。

4.微量元素

培养基中的微量元素有效浓度非常低,有时甚至低于标准分析仪器的检测阈值。一些微量元素在调整代谢通路、酶和信号分子活性上起着非常关键的作用。

5.葡萄糖等能源物质

葡萄糖和谷氨酰胺是培养基中2种主要的能源物质。葡萄糖是核苷、氨基糖和一些氨基酸的碳源。CHO细胞通过糖酵解利用1 mol葡萄糖生成丙酮酸,再通过柠檬酸循环氧化丙酮酸生成36 mol ATP。CHO细胞培养基中,还有其他己糖可以用来替代葡萄糖,包括果糖、甘露糖等。

6.缓冲体系

平衡盐溶液主要含有阴、阳离子以及离子缓冲对,用于保持细胞生理所需的pH范围。生理溶液中4种主要阳离子是钠(Na^{+})、钾(K^{+})、钙(Ca^{2+})、镁(Mg^{2+})。这4种离子在维持膜电位和养分运输中起重要作用。

7.脂类

脂质是动物细胞膜结构的重要组成部分,也是细胞信号、转运和一些生物合成的关键组成成分,同时是能量的提供者。脂类是内质网和高尔基体的关键组成物质,参与蛋白质合成、折叠、翻译后修饰以及分泌。一般情况下,CHO细胞自己可以合成脂质,重组CHO细胞可以适应并在无脂质的培养基中生长,并且没有明显的细胞增殖速率和抗体表达的下降。但研究表明,在无血清的培养基中添加脂质对细胞活力和抗体糖基化有良好作用。

8.多胺类

多胺是一类在哺乳动物细胞中广泛存在的分子,在细胞的多种代谢中起着关键的作用,包括DNA合成和转录,核糖体功能,离子通道调节和细胞信号转导。

9.其他成分

部分病毒在进行体外培养过程中,还需要有其他特定成分,可能是由于细胞培养时细胞本身不产生相关的物质。猪流行性腹泻病毒(PEDV)体外细胞分离培养中需要胰酶。

3.3.3.2 个性化培养基

动物细胞培养存在着巨大的潜力,但就目前而言细胞培养基是制约细胞培养的关键性因素之一。研制最适合自身细胞特点的个性化细胞培养基是提高产量、提升产品质量,以及实现细胞培养工艺标准化的最重要基础。

细胞培养基研制的不断发展,经历了从最初需要添加10%～20%高血清的标准培养基,到1%～5%低血清培养基,再到含有蛋白质成分的无血清培养基、无动物来源成分但含有植物水解物的无血清培养基,最终发展到化学成分限定培养基(CDM),培养基组分越来越简单化,但却更能支持细胞高密度培养、连续培养和连续高表达等需求。

近年来，兽用疫苗行业发生巨大的变化，疫苗的质量标准不断提高，疫苗的制备工艺也在不断升级，细胞培养方式由贴壁的转瓶，到微载体的悬浮，再到全悬浮培养；纯化方式由原来的简单离心除杂，到初步的纯化浓缩，再到规模化的层析纯化；对培养基的需求由标准经典培养基到标准的CDM，发展到了有个性化、独特需求的工艺培养基。

伴随着兽用疫苗工艺技术的升级，会出现能迅速驯化细胞、筛选细胞并把性能优越的细胞系和细胞培养工艺开发、细胞培养基设计相结合的专业化团队。

（尤永君　赵玉龙）

3.4　寄生虫抗原生产技术

3.4.1　寄生虫抗原特点

相对于细菌、病毒等病原，寄生虫具有更为复杂的组织结构和发育过程，从而导致了寄生虫抗原的复杂多样性。概括起来寄生虫的抗原具有以下特点。

3.4.1.1　抗原的复杂性和多源性

大多数寄生虫属于多细胞结构的生物体，并且具有复杂的生活史，因此导致了寄生虫的抗原也比较复杂，种类繁多。不仅虫体、虫体表膜、虫体的排泄分泌物或虫体蜕皮液、囊液等物质可以充当抗原物质，而且虫体在生长发育过程中的腺体分泌物、消化道排泄物、幼虫蜕皮液等物质也可以充当抗原。这些抗原物质的化学成分主要是蛋白质或多肽、糖蛋白、糖脂或多糖。

3.4.1.2　抗原的属、种、株、期特性

寄生虫生活史中不同发育阶段既具有共同抗原，又具有各发育阶段的特异性抗原，即期特异性抗原。共同抗原还可见于不同科、属、种或株的寄生虫之间，这种特点反映在免疫诊断方面表现为不同寄生虫之间，经常出现交叉反应。一般认为特异性抗原比较重要，它的分离、提纯和鉴定有助于提高免疫诊断的特异性，另外在寄生虫免疫病理、寄生虫疫苗等研究方面也是一项重要工作。近年来单克隆抗体及DNA重组技术的应用，推动了寄生虫抗原的研究。

3.4.2　寄生虫抗原种类

寄生虫抗原有多种分类依据，可按抗原来源、免疫原性、产生阶段或抗原化学性质等分类。按照抗原来源进行分类，可将寄生虫抗原分为以下3种。

3.4.2.1 体抗原

体抗原是组成寄生虫虫体结构成分的抗原，也称为结构抗原或内抗原。体抗原作为一种潜在的抗原，能引起宿主产生大量的抗体。这些抗体在和补体或淋巴细胞的共同作用下，可破坏虫体，从而减少自然感染的发生。体抗原的特异性不高，常为不同种或不同属的寄生虫所共有。例如猪蛔虫与弓首线虫就有许多共同的体抗原。

3.4.2.2 代谢抗原

代谢抗原主要来自寄生虫在生长、发育、入侵宿主组织、移行和寄生等生理过程中产生的活性产物，又称为排泄分泌抗原、循环抗原或外抗原，包括分泌排泄产物、酶类、脱落表皮、死亡虫体的崩解产物。代谢抗原多收集自虫体培养液，也具有较强的生物学特征，因此由它产生的相应抗体有很高的特异性，可以区别同一虫种中的不同株，甚至同一寄生虫的不同发育阶段。

3.4.2.3 可溶性抗原

可溶性抗原指存在于宿主组织或体液中游离的抗原物质。它们可能是寄生虫的代谢产物，死亡虫体释放的体内物质，或由于寄生生活所改变的宿主物质。可溶性抗原包括粗抗原和部分纯化抗原，有不少方法是应用寄生虫不同发育阶段的组织匀浆或提取物，进行皮内试验、免疫电泳、间接血细胞凝集试验以及酶联免疫吸附试验等。可溶性抗原在抗寄生虫方面、感染的病理学方面以及寄生虫的免疫逃避等起重要作用。

3.4.3 寄生虫抗原的制备技术

寄生虫在其生活史和寄生于宿主体内期间产生很多复杂的物质，因此必须仔细选择抗原的性质和来源以便用于免疫学试验等，随着生物化学和物理化学技术的不断发展，制备更好的抗原以及纯化抗原已成为可能。寄生蠕虫抗原的制备多从实验动物或自然感染的保虫宿主中获取成虫、幼虫、虫卵、囊液或分泌排泄物；寄生性原虫除可从实验动物获取外，也可采用培养的方法得到大量的虫体或分泌代谢物作为抗原材料，依据不同的免疫检测方法对抗原的要求，采用不同的方法制备抗原。下面将对寄生虫几种主要抗原的制备进行介绍。

3.4.3.1 虫体抗原的制备

虫体抗原是寄生虫免疫检验中采用最为广泛的抗原，它可分为固相抗原和可溶性抗原，应用于不同的试验方法。

1. 固相抗原的制备

固相抗原是将完整的虫体或虫体的一部分通过石蜡切片、冰冻切片或涂片等方法固定，作为间接荧光抗体法（IFAT）以及免疫酶染色法（IEST）等试验所需要的抗原。该技术具有取材容易、制备简便、抗原丰富、高效快速和适用性强等优点。例如将感染有疟原虫的人血或动物血推成血片；将提纯的弓形虫速殖子或杜氏利什曼原虫的前鞭毛体悬液滴在玻片上，干燥后固定制成全虫抗原；将含有旋毛虫囊包的实验动物肌肉组织，猪体囊虫头节、肺吸虫、华支睾吸虫、丝虫的成虫等制成石蜡切片或冰冻切片。这些固相抗原多用于间接荧光抗体试验、免疫酶染色试验或免疫金银染色试验。又如将感染了血吸虫的实验家兔肝组织经过组织捣碎器制成匀浆，用铜筛过滤，取沉淀物离心，除去肝组织后，再经 130～150 目尼龙绢过滤、离心沉淀获得新鲜虫卵，或再经冰冻干燥制成干卵，即得虫卵抗原，供血吸虫病的环卵沉淀试验使用。

2. 可溶性抗原的制备

根据试验要求采用不同的方法制备各种可溶性抗原。制备过程按虫体、组织、细胞可溶性抗原的粗提，以及可溶性抗原的提取和纯化进行。制备成虫抗原一般是将收集来的新鲜虫体用生理盐水充分洗涤，去除附着在虫体上的宿主组织，然后经过冰冻干燥，研磨成细粉，丙酮脱脂。所得细粉再在生理盐水或缓冲液中冷浸、超声粉碎、再冷浸，离心后的上清液即为可溶性抗原。原虫可直接将洗净纯化后的虫体加蒸馏水，经反复冻融，再经超声粉碎后离心取上清液。可溶性抗原经分光光度计测定蛋白质浓度后分装，置于－20 ℃保存备用。棘球蚴、囊尾蚴的囊液用无菌注射器抽取，弃去有污染的囊液，经 3 000 r/min 离心 30 min，取上清液，无菌过滤，分装，置于－20 ℃保存备用。

3.4.3.2 分泌代谢抗原的制备

此类抗原多收自虫体的培养液，从中提取抗原用于免疫学试验。据报道，有研究者已通过体外活化犬钩蚴获得分泌代谢抗原，且从中鉴定并克隆出了 3 种抗原成分；保护性研究也显示幼虫移行至肺部的钩虫减虫率达 79%。也有人用马来丝虫微丝蚴和成虫体外培养，取培养液作为分泌代谢抗原进行免疫诊断。

3.4.3.3 膜抗原的制备

膜抗原是虫体的膜蛋白，分表面蛋白和膜组成蛋白。表面蛋白可用金属螯合物如乙二胺四乙酸（EDTA）或高离子强度的缓冲液溶解，膜蛋白可用清洁剂如 1% 壬基酚聚氧乙烯醚（NP）或 0.5%NP，有机溶剂或其他促溶剂（如尿素、盐酸胍）提取抗原。例如，现在已有用于弓形虫病诊断的弓形虫速殖子表膜 P 抗原，及诊断血吸虫病的血吸虫童虫表膜蛋白抗原。

以上方法制备的大多数抗原为粗制抗原。粗制抗原制备较简易，抗原量获得也较多，但成分不纯，既有特异性抗原成分又有共同性抗原成分，因此在免疫学诊断中常因交叉反应而出现假阳性，影响结果判定。为了提高免疫试验反应特异性，可将粗制抗原纯化，从复合抗原中分离出特异性更高的抗原成分。例如，在曼氏血吸虫研究中，Ruppel(1985;1987)报道了一种相对分子质量为31 000的蛋白质成分可用于诊断曼氏血吸虫病；在日本血吸虫研究中，裘丽姝(1988)用日本血吸虫成虫盐水浸液抗原(ASE)与各型血吸虫病患者血清进行免疫印迹试验，提示相对分子质量为31 000～32 000的抗原可作为急性感染患者的诊断抗原，相对分子质量为24 000～25 000的抗原可用作慢性血吸虫病的诊断抗原，相对分子质量为37 000～38 000的抗原可用作晚期血吸虫病患者的诊断抗原；在肺吸虫研究中，Sugiyama(1988)用卫氏并殖吸虫成虫与感染猫、鼠血清进行免疫印迹试验，发现了一种相对分子质量为27 000的抗原，可作为卫氏并殖吸虫病的诊断标准抗原；在丝虫研究方面，Selkirk(1990)报道有一种相对分子质量为17 000的多肽具有特异性诊断价值；在旋毛虫研究方面，已有报道旋毛虫体表蛋白具有属和种的特异性，并具有较强的免疫原性，免疫小鼠后可诱导较强的保护性免疫，此外该抗原还具有潜在的诊断价值。

3.4.3.4　重组抗原

近年来，随着分子生物学的迅速发展，许多生物技术被引入寄生虫学的研究中。运用分子克隆等技术可以获得大量纯化的重组寄生虫抗原，将使一些来源困难的抗原在分子水平上得到较好的研究，使寄生虫诊断抗原得到进一步鉴定和应用。

1. 基因工程抗原

基因工程的核心是DNA重组技术，即采用分子生物学方法扩增具有遗传信息的DNA片段，使其与适宜的载体DNA重组，再将该体外重组的DNA分子转入至活细胞扩增，从众多的重组DNA克隆中筛选出所需要的克隆，并使其进一步扩增，复制所需的DNA供分析，或转入至特定的宿主细胞内表达基因产物。DNA重组技术生产抗原的基本过程包括：基因的提取与纯化，基因的剪切及与载体DNA的连接，重组DNA导入宿主细胞，重组体的筛选，重组体在细胞内的高效表达，重组蛋白的分离与纯化。该技术能将寄生虫体内编码某特定抗原的基因，通过扩增、纯化后，与合适的载体重组转移到另一种生物体内，使后者获得前者的遗传特征，表达重组寄生虫抗原。现在已能在大肠杆菌、芽孢杆菌、链霉菌、酵母菌、丝状真菌、哺乳动物细胞和昆虫细胞等中表达重组寄生虫抗原。目前，国内已构建多种寄生虫cDNA文库，如疟原虫、弓形虫、细粒棘球蚴和肝吸虫等。这些基因库为从大肠杆菌表达寄生虫抗原提供了有力的技术支持。已有许多用大肠杆菌等表达的基因重组抗原用于诊断寄生虫感染或用于免疫保护性等研究中，如日本血吸虫Sjp50、GSTS31、14-3-3蛋白、盘尾丝虫O47蛋白、细粒棘球绦虫EG95等。Rj等(1999)用得自婴儿利什曼原虫的重组抗原ORFE检测内脏利什曼患者，表现出很好的特异性和敏感性，抗原用量仅为5 ng，阳性率100%，无交叉反应，且对于皮肤利什曼患者呈阴性反应，显示出良好的应用前景。

2. 细胞工程抗原

细胞工程指用杂交瘤技术生产抗原，包括用B淋巴细胞杂交瘤技术制备内影像抗独特型抗体，以及用体细胞杂交瘤技术制备抗原分泌型杂交瘤细胞。内影像抗独特型抗体具有模拟抗原的作用，能诱导所模拟的抗原产生特异性抗体的应答反应，可以替代虫源抗原，尤其是糖类抗原决定簇的抗原。在20世纪80年代，国外报道应用体细胞杂交瘤技术和体外培养技术用聚乙醇(PEG)成功地将寄生虫细胞与小鼠骨髓瘤细胞系整融合，形成杂交瘤细胞，并分泌特异性抗原。抗原分泌型杂交瘤细胞是抗原纯化的一种方法，因为它们仅分泌一种抗原。原虫和蠕虫的抗原均可用该方法获得，如肝片吸虫抗原以及多房棘球绦虫抗原等。

（宋军科）

3.5 抗原生产新技术

抗原生产技术对于保障疫苗质量至关重要，目前抗原生产技术研究主要集中在规模化悬浮培养和抗原浓缩纯化方面。悬浮培养分为贴壁细胞微载体悬浮培养和全悬浮细胞培养，抗原浓缩纯化包括超速离心、膜过滤、各种层析等技术。

3.5.1 规模化悬浮培养技术

3.5.1.1 优势

细胞的规模化培养方式主要有贴壁培养和悬浮培养。传统的贴壁培养方式包括转瓶培养、多层平板培养。转瓶培养是将细胞接种在旋转的圆筒形转瓶中，细胞贴附于玻璃壁四周，培养过程中转瓶在轴承上不断旋转，可以使细胞交替接触培养液和空气，瓶内空间大，可以维持合适的氧和pH水平，利于细胞吸收营养和进行代谢。转瓶培养工艺存在培养系统表面积有限、空间利用率低、规模放大受限、活细胞密度提高困难、病毒产率低、劳动强度大、易污染等诸多问题。2012年2月1日起，农村部(现农业农村部)已不再受理转瓶培养工艺生产兽用细胞苗的GMP验收申请。悬浮培养工艺因其培养规模大、生产效率高、生产成本低、产品批间差异小、病毒产率高以及可全密闭管道化系统生产等优势正逐步替代转瓶培养工艺。

3.5.1.2 概况

悬浮培养技术是指在生物反应器中，人工条件下高密度大规模培养动物细胞用于生物制品生产的技术，根据细胞是否贴壁，分为贴壁细胞微载体悬浮培养和全悬浮细胞培养。

1. 细胞微载体悬浮培养技术

细胞微载体悬浮培养技术在病毒大规模生产领域具有传统单层培养不可比拟

的技术优势。微载体是直径为60～250 μm的密度均一、透明、非刚性、高分子聚合物微球，可用于培养贴壁细胞。微载体培养可以使细胞贴附在微载体上，从而悬浮在细胞培养液当中。

在微载体培养中，细胞和球体接触部位营养环境较差，培养、取样观察及放大工艺复杂，成本高，但与转瓶培养相比有很大优势，能提高生产规模、产品质量和劳动效率，因此微载体培养仍是贴壁细胞悬浮培养的主要方式。

2. 微载体的类型

（1）经典型细胞微载体：主要包括电荷型光面微载体、胶原包被型微载体和多孔微载体3种类型。电荷型光面微载体是经典细胞微载体，它是将DEAE-Sephadex A50凝胶用N，N-二乙基乙醇胺处理后，使凝胶表面带一定数量的正电荷，借助细胞表面负电荷的相互吸引，使其很好地黏附于微载体表面生长增殖。这种微载体即为商品化的Cytodex1，已成为美国GE公司最经典的细胞微载体产品之一。但对于一些表面黏附和功能较弱的细胞类型，则表现出明显的细胞附着率低、生长迟滞、细胞凋亡快、易脱落等不足。为了建立一种生物相容性更好的细胞附着表面，将猪皮Ⅰ胶原蛋白通过共价连接的方式交联在Sephadex微球表面，Cytodex3及同类包被胶原覆层的微载体被开发出来。为得到更大的比表面积以提高细胞产量，GE公司开发了以Cytopore系列微载体为代表的具有蜂窝结构的大孔微载体。借助大量孔状结构，这类微载体具有超大的比表面积，可以承载数倍于光面微载体的细胞量。然而在细胞培养中，孔隙内层的大量细胞气质交换受阻，细胞生长代谢长期处于异常状态，这不仅严重影响了细胞的分裂生长，而且也阻碍了病毒增殖。

经典型细胞微载体需要采用传统的胰酶消化法进行细胞分离，这不仅给大规模细胞培养过程中的细胞回收和工艺放大带来很大不便，而且也使得技术的自动化水平和过程控制难以进一步提升。

（2）酶解型细胞微载体：经典型细胞微载体的细胞分离较为烦琐，细胞消化过程可控程度差。为解决这一难题，人们研制出可用生物酶消化分解的微载体，如明胶微载体。消化酶一般选用胰蛋白酶，酶解过程尤其是作用时间过长会对细胞的膜蛋白造成损伤，致使细胞功能障碍或功能缺失，影响其应用潜能。

（3）环境敏感型细胞微载体：新型环境敏感材料应用于动物细胞三维培养领域，能通过温度、pH、光照等环境条件的控制来完成细胞与微载体的分离，完全摆脱了传统细胞分离技术对消化酶的依赖。目前主要有温敏型细胞微载体、光敏型细胞微载体和pH敏感型细胞微载体等，这类微载体同时具有良好的细胞贴附和脱附能力，是大规模培养贴附型细胞非常有潜力的微载体系统。

3. 细胞微载体培养技术在猪用疫苗生产中的应用

在猪用疫苗的生产中，广泛应用细胞微载体技术替代转瓶贴壁培养工艺，一般选用的细胞为 Vero、Marc-145、ST、BHK-21 等，目前已应用于猪伪狂犬病、口蹄疫、乙型脑炎、猪繁殖与呼吸综合征等疫苗的生产。

4. 全悬浮细胞培养技术

全悬浮细胞培养技术始于 20 世纪 60 年代，悬浮细胞（CHO 细胞、BHK-21 细胞等）可以在反应器中直接进行生产增殖，细胞自由生长、培养环境均一、培养操作简单可控、工艺易放大、污染率和生产成本低，已成为国内外生物制品的主流生产模式。

（1）全悬浮细胞培养工艺技术类型：全悬浮细胞培养工艺按照培养方式分为批培养、流加培养及灌注培养。批培养方式能直观反映细胞在生物反应器中的生长、代谢变化，操作简单，但初期代谢废产物较多，抑制细胞生长，细胞生长密度不高；流加培养方式操作简单，产率高，容易放大，应用广泛，但需要进行流加培养基的设计；灌注培养方式的培养体积小，回收体积大，产品在罐内停留时间短，可及时回收到低温下保存，利于保持产品的活性，但操作比较烦琐，培养基利用率低，旋转过滤器容易堵塞。

不同的病毒采用的培养方式不同，如对于分泌型且产品活性降低较快的生物制品，宜采用灌注培养。同一生物制品由于其营养环境的不同，其生产工艺也可能发生变化，如 BHK-21 细胞生产口蹄疫病毒，在有血清培养时采用批培养方式，接毒前需要更换无血清的维持液；而无血清培养过程中无须进行换液，但采用流加培养方式可能效果更好。

（2）全悬浮培养细胞与毒株的驯化：为提高抗原的产率，在生物反应器中繁殖的病毒与细胞需要进行相互适应选择，针对不同的毒株及其表达量筛选适合的宿主细胞对于细胞大规模生产具有重要意义。

首先需要选择合适的宿主细胞。细胞系的特征直接影响放大的可能性以及放大技术的选择。同一种细胞在悬浮培养和贴壁培养时对同一病毒的敏感性不同；同一株细胞不同的克隆对营养条件有不同的需求，对病毒敏感性也不相同；同一株细胞不同的培养方式对病毒的敏感性也可能不同。

根据毒株特性，综合考虑所用毒株能在何种细胞上增殖、表达，是否适合大规模培养，规模和技术是否影响表达的稳定性，能否进行驯化，驯化后毒株的敏感性和表达量是否有变化等因素，选择合适的宿主细胞。

因此，细胞和毒株的筛选驯化尤为重要，由于特定细胞的营养需求不同，实现其驯化的难易程度也不同，在驯化时选用合适的细胞和培养基至关重要，有针对性地补充某些营养成分以满足细胞的特定需求，使驯化好的细胞可以保持其悬浮或无血清生长的特性。培养动物细胞的目的是获得足够量的病毒，因此，毒株对细胞的敏感性非常重要。但在实际应用中，毒株对细胞的敏感性差异性较大。不同细胞对同一病毒敏感性不同，同一细胞对不同病毒株敏感性不同。同一病毒株可在多种宿主细胞上生长，一种细胞系平台也可能生产多种病毒。同一细胞不同培养方式，其病毒量、抗原结构、免疫源性、毒力等也可能不同。

在优化培养工艺的基础上，作为种源的毒株及相应细胞株的筛选优化，提高细胞培养的质量和病毒表达量已是当前提高产率、降低成本的关键。

(3)细胞培养基的个性化和优化：在大规模培养技术中，维持细胞高密度甚至无血清生长，培养基的营养成分含量对细胞的增殖、维持尤为重要。在悬浮培养技术中，不同细胞营养代谢的特异性不同，细胞和病毒培养工艺不同，需要抗剪切力及满足放大功能，还需要提高目标生物制品的稳定性、表达量，这些均需要个性化培养基的支持。

在国外生物制品生产中普遍采用个性化培养基。生物制药公司往往与细胞培养基研发生产企业建立服务关系，为其专门研制最适合的个性化细胞培养基并提供技术支持，帮助他们最大程度地提高生产效率。

细胞培养基已经从天然培养基、合成培养基，发展到无血清培养基、无蛋白培养基、限定化学成分培养基。无血清培养基杜绝了血清的外源性污染和细胞毒性作用，使产品易于纯化、回收率高，而且成分明确有利于研究细胞的生理调节机制，还可根据不同细胞株设计和优化适合其高密度生长或高水平表达的培养基。

(4)生物反应器的选择：反应规模能否放大是选择反应器的一个重要指标。悬浮培养规模的放大主要通过增大反应器体积或是增加反应器数量，增大反应器体积可以节省大量的配套工程及人员，从而节省成本；而多台小的反应器操作灵活性较大。当前在国外生物制品生产中采用的多是较大规模的、能够放大的生物反应器。

选择和配置生物反应器还需考虑和满足生产工艺和产能需求。另外，工业应用的反应器接口的标准化、配件提供速度及售后服务的质量等，均应作为工业化选用生物反应器考虑的因素，避免造成生产的延误。

5. 全悬浮培养工艺在猪用疫苗生产中的应用

目前悬浮培养已被广泛用于生产口蹄疫疫苗、猪瘟疫苗和猪圆环病毒病疫苗等，正逐步替代转瓶培养和微载体悬浮培养。在其他畜用疫苗生产中也逐渐形成了成熟的悬浮培养工艺，如猪繁殖与呼吸综合征、猪流行性腹泻、猪传染性胃肠炎、流行性乙型脑炎、伪狂犬病等疫苗。

3.5.2 抗原浓缩纯化技术

在疫苗的生产过程中，抗原纯化是提升疫苗品质的重要方式之一。通过抗原纯化，不仅可以提高疫苗单位体积的抗原含量，还可以提高抗原纯度，减少杂蛋白的免疫干扰，提高疫苗的免疫效果，降低免疫副反应。现代集约化养殖要求通过多联多价疫苗达到“一针防多病”，减少免疫程序的目的。多联多价疫苗研发的前提是提高抗原的含量、纯度和不同抗原组合的相容性，从而发挥多联疫苗“1＋1＞2”的功效。否则，杂蛋白叠加，免疫副反应被放大，影响疫苗免疫质量。

疫苗的纯化过程一般包括初级分离和精制纯化2个阶段。初级分离阶段可选用离心、沉降、盐析和超滤浓缩等技术，主要目的是分离细胞培养液、浓缩产物、去除大部分杂质等。精制纯化是关键，也是目前研究的重点，主要采用超速离心、膜过滤、各种层析等技术，使目标蛋白质和少量干扰杂质尽可能分开，以达到所需的质量标准。

3.5.2.1 膜过滤纯化法

膜过滤是指在一定的压力下，利用特定的分离介质将不同大小的物质分离。分离介质可以是滤板或微孔过滤膜。滤板由特殊纤维组成，具有一定的厚度。一般认为，它们难以确定被过滤物质的大小限度，而且对于过滤物的一些成分具有吸附作用。因此，目前大多数情况下它们只用于澄清过滤，主要用于除去细菌和亚细胞成分，不适用于细菌的回收。随着膜过滤技术的发展，其在生物制品中的应用也越来越广泛。膜过滤技术按照截留颗粒尺寸可以分为反渗透、纳滤、超滤、微滤等。

1. 微滤纯化技术

实验室规模的梯度超速离心法和沉淀法不适用于较大规模的疫苗分离纯化过程，特别是减毒、灭活的病毒和病毒样颗粒(VLP)，因为它们极端脆弱和敏感，分子的完整性易受到不恰当操作条件的破坏。故采用较低剪切力的中空纤维膜微滤对病毒性疫苗进行澄清。

微滤广泛用于发酵液澄清过滤及细胞裂解液的大规模澄清过滤。微滤膜孔径范围为0.05～10 μm。细胞和细胞碎片等尺寸大于膜孔径的物质将被微滤膜截留，抗原组分的尺寸小于微滤膜孔径而透过微滤膜。滤膜孔径大于0.45 μm的滤膜大多用于澄清过滤；孔径为0.45 μm的滤膜可用于除去一般细菌；而较小的孔径，如0.22 μm可能会导致早期膜封锁和抗原组分的失活，只能用于溶液、培养基以及产品的最终除菌过滤。在口蹄疫疫苗生产过程中采用0.45 μm孔径的微膜过滤技术进行病毒液细胞碎片的去除纯化。

2. 超滤纯化技术

在疫苗生产过程中，超滤技术逐步取代了传统的透析技术，可用于浓缩、透析或分子洗净。超滤分离主要是基于筛分原理，但有些情况下受到病毒颗粒荷电性的影响。超滤膜的孔径范围为0.001～0.05 μm，它可以分离分子质量为1～1 000 ku的可溶性大分子物质，操作压力范围为0.1～1 MPa。经过超滤，在较短的时间内可使抗原组分富集于截留液中，而水和小分子杂质在透过液中。膜分离条件温和，特别适合用于病毒颗粒的浓缩。

膜污染是在超滤过程中面临的主要问题，膜污染会造成膜通透性降低。实际生产过程中需要对膜材料,操作工艺等进行选择,同时采用机械性能强且耐清洗的膜来获得稳定的膜通量。

超滤技术虽然可以用于疫苗的分离纯化,但分离精度不高,只有当疫苗与杂质的分子量差别达到一个数量级以上时,才可能用超滤技术实现有效分离。在实际生产过程中,膜分离技术往往与层析技术等工艺联合应用。

3.5.2.2 层析纯化技术

层析纯化技术在生物制品的分离纯化中扮演着不可或缺的角色,因为它克服了普通实验室规模的技术瓶颈,很容易线性放大,并且分离速度快,具有高度重现性,分离系统密闭无菌。根据分离介质的特性和样品分配交换原理不同,层析纯化技术可以分为离子交换层析、凝胶过滤层析(分子筛)、亲和层析和疏水层析。

1. 离子交换层析纯化技术

离子交换是基于带电荷的分子与带相反电荷的固化离子交换基团之间选择性地、可逆地结合的原理,离子交换介质由共价结合带电荷基团的固体多孔基质构成。根据交换介质所带电荷可分为阴离子交换和阳离子交换。在层析过程中,带电相反的料液与基质结合,被吸附留在层析柱内,而未结合的料液被流穿液体洗脱,进而达到分离的目的。口蹄疫灭活病毒用离子交换色谱纯化可成功将混悬液中低感染性的12S和高感染性的146S分开。

2. 凝胶过滤层析纯化技术

凝胶过滤层析技术又称分子大小排阻层析,与离子交换、疏水层析及亲和层析不同的是,其分离机理是通过分子筛原理,根据分子大小来分离生物分子。常用的凝胶有葡聚糖(dextran)、聚丙烯酰胺(polyacrylamide)、琼脂糖(agarose)以及聚丙烯酰胺和琼脂糖之间的交联物。其中最常用的载体为葡聚糖凝胶中的Sephadex系列。在疫苗纯化中,凝胶过滤多用于精制纯化或最终纯化阶段,凝胶过滤主要用于产品脱盐,更换缓冲溶液,或者去除分子量大于或小于所需产品的杂质。

3. 亲和层析纯化技术

亲和层析是利用目标产物的特殊物理化学性质,设计特异性配体,利用亲和作用力,将其从体系中分离出来的层析技术。该技术可有效浓缩稀溶液,纯化大分子物质,尤其是含量极低且稳定性差的活性物质。例如,利用镍基对组氨酸的亲和性质,镍基亲和层析可以分离纯化带有组氨酸标签的重组表达产物,能够通过免疫作用吸附能与其配位的生物大分子。但同时亲和配体成本较高,本身需要高度纯化又极不稳定,导致在纯化过程中,配体易失活,增加了分离难度。

4. 疏水层析纯化技术

由于蛋白质与多肽在其疏水性方面各不相同,这种差异构成了疏水层析分离的基础。盐溶液用于调节样品分子与结合在亲水基质上的疏水配体间的吸附。由于其具有高选择性，疏水层析在疫苗的中间纯化步骤中有广泛的应用，其速度、分辨率和载量与离子交换层析相当，并且可作为离子交换和分子排阻层析的替换。不过，介质因配给类型、置换程度和基质不同而不同。只有通过实验才能确定最佳的选择性和结合强度，同时也取决于操作的规模和在纯化工艺中的位置。

（付旭彬）

3.6 灭活技术及灭活剂

灭活即破坏微生物的生物学活性，并且尽可能不影响其免疫原性，是灭活疫苗生产中的核心技术之一。早在19世纪末，微生物学创立之初，就有通过加热或化学处理的方法小心地杀灭细菌，而且可以保持其免疫原性的重大发现。而这一现象的发现，正式揭开了近代疫苗学发展的序幕，同时生产疫苗所需求的灭活方法也开始被广大学者争相研究报道。如今在生物制品的生产中，良好的灭活工艺不但能够防止病原体的扩散，提高生物制品的安全性，还可以保持抗原原有的免疫原性，提高疫苗的免疫效果。目前，灭活方法主要分为物理灭活和化学灭活两大类，在疫苗生产中应用较多的还是化学方法。

3.6.1 灭活方法及作用原理

3.6.1.1 物理灭活

物理灭活是采用物理方法使病原微生物失活的过程，主要包括热灭活、紫外线灭活和γ射线灭活。

1. 热灭活

热灭活方法作为最简便的灭活方法之一，其起源可追溯到19世纪60年代，法国化学家路易斯·巴斯德(Louis Pasteur)提出了使用加热的方法灭活那些可以导致葡萄酒变酸的微生物的观点。该加热灭菌的方法被后来的学者称为巴氏消毒法。巴氏消毒法一般是将液体加热至68～70 ℃，维持30 min，该方法可杀死细菌繁殖体、真菌、病毒等，但不能杀灭细菌芽孢和嗜热脂肪杆菌，目前主要用于奶制品等的消毒，还可用于血清及疫苗的制备。

在19世纪80年代初，由美国Salmon和Smith最早利用热灭活制成了禽霍乱疫苗。在1896年，Kolle也使用该方法做成了霍乱杆菌疫苗，因其良好的短期保护作用，热灭活开始广泛应用于疾病预防。但在随后的研究中发现热灭活会破坏淋球菌菌体的蛋白活性，影响免疫原性，故该灭活方法存在一定的局限性。但是热灭活在疫病防治中的作用不可忽视，比如早期利用热灭活制成的乙肝疫苗对所有乙肝病毒的保护有效率为78%($P=0.000\ 16$)，对HBsAg阳性肝炎的保护率为

94%；将轮状病毒置于50～80 ℃的温度范围内热灭活，不但保留了抗原性，还保留了一个基本完整的轮状病毒颗粒结构。

热灭活还包括干热灭活的方式，主要用于血液制品。目前，单一的热灭活的方法主要应用在血液生物制品以及诊断抗原的制备中，而有许多生物制品的生产需要热灭活方法和某些化学方法同时使用才能够达到更好的效果。例如在蛋黄抗体的生产中，以加热、辛酸、甲醛3种灭活方法为一体的综合灭活技术，能彻底杀灭蛋黄抗体液中添加的指示病毒和细菌，并且不影响其活性。

2. 紫外线灭活

紫外线(UV)灭活是通过适当波长的紫外线照射，破坏微生物机体细胞中的DNA的分子结构，造成生长性细胞死亡或再生性细胞死亡，从而达到杀菌消毒的效果。紫外线照射灭活的方法常用于环境消毒，也用于灭活某些病原体或者某些细胞。紫外线能够高效杀灭隐孢子虫，且不形成消毒副产物。2000年，美国食品药品监督管理局批准UV灭活是控制食品、水中病原微生物的最有效技术；2006年，美国环境保护协会在地表水处理法中提出水厂必须采用紫外线消毒。

在与其他灭活方法联用方面，紫外线照射法也有较好的表现，如在流行性感冒灭活疫苗的研制中先使用甲醛灭活，再使用紫外线照射处理，不仅能够保持效价，同时还能保障疫苗的安全性。

由于紫外线灭活方法的作用机制是直接作用于病原体的核酸，不破坏蛋白质成分，对于各类包膜和非包膜病毒的灭活效价极佳，而且相比于γ射线灭活，紫外线灭活的优势在于：过程中不需要加入某些光敏化合物，也不需要去除这些化合物及其代谢产物。因此使用紫外线灭活，比其他灭活方法在血液制品生产中具有更大的优势。

3. γ射线灭活

γ射线是原子核能级跃迁蜕变时释放出的射线，其波长短于10^{-8} cm。其灭活原理为：射线辐射病原体时，其具有的高能量直接破坏了病原体的核酸，是物理学与生物学相互结合的一种新型物理灭活方法。

生物制品方面，γ射线灭活大多被报道应用于血浆蛋白制品中病原体灭活，比如白蛋白、单克隆抗体和免疫球蛋白等。一般情况下，辐照剂量为20～50 Gy的γ射线基本可使绝大多数的细菌或病毒失活，但照射剂量越大，对蛋白质制品的损伤也越大，因此，对于γ射线的照射距离和照射时间需要进一步优化。

此外，使用γ射线灭活流行性出血热病毒时，对抗原的保存及免疫动物的抗体反应表现优异，有待进一步发掘。因此，γ射线灭活的方法不但适用于血浆及血浆蛋白制品等的灭活，还可以用于某些病毒疫苗的灭活。

以上3种常见的物理灭活方法，均多次被报道其灭杀细菌、病毒的有效性。但是在众多相关文献报道中不难发现，在生物制品方面，如今使用物理灭活的报道已经减少了许多。起初受实验条件的限制，热灭活的方法由于其简便的特点被广泛应用在各种疫苗的生产中，但是热灭活的方法过于粗糙，随后不久就被以甲醛灭活为代表的化学灭活方法所取代。例如结核分枝杆菌常规的热灭活条件为 80 ℃处理 30 min，但有学者重复试验时提出该条件不能够彻底灭活，进而又提出 100 ℃处理 5 min 以上才能够彻底灭活结核分枝杆菌。故确定热灭活方法的条件时常存在争议，有灭活不彻底的风险。而 γ 射线能与水分子作用，产生自由基和活性氧破坏蛋白质；紫外线可通过氧化芳香族氨基酸，打开肽链之间的二硫键来破坏蛋白质的结构。所以，紫外灭活和 γ 射线辐射则因其能够破坏某些蛋白质成分的弊端，在生物制品方面多被报道应用于血液制品中。综上所述，物理灭活方法虽然能够有效地灭活各种病原微生物，但是因其自身的局限性，应用此类方法更需要迎合生物制品的灭活需要来选择。

3.6.1.2 化学灭活

物理灭活方法虽在一定程度上可使一些病原微生物失活，但物理灭活方法比较粗糙，易造成病原微生物的蛋白质结构变性，破坏蛋白质的免疫原性，且某些强菌(毒)株经物理方法灭活后存在重新活化的可能，因此目前一般不直接采用物理灭活方法，而采用化学灭活或物理灭活与化学灭活相结合的方法来制备生物制品。

应用在疫苗中的化学灭活方法，主要指通过使用不同的化学灭活剂来达到杀灭病原微生物，使其丧失致病能力，并保留免疫原性的目的。目前，常用的疫苗灭活剂有甲醛、戊二醛、β-丙内酯(BPL)、乙酰基乙烯亚胺(AEI)、二乙烯亚胺(BEI)、缩水甘油醛和双氧水等。现今，还有一些以新型聚维酮碘为例的新兴化学试剂已经相继被报道应用于生物制品灭活。

1. 甲醛

甲醛是一种具有强烈刺激性气味的无色气体，具有刺激性和致癌性，易溶于水和乙醇。甲醛作为一种活泼的烷化剂，其灭活机理主要体现在其具有强烈的还原作用，可分别与氨基、羧基、羟基、巯基作用生成甲基胺、亚甲基二醇单酯、羟基甲酚和亚甲基二醇，还可使核糖体的两个亚单位之间形成交联链。微生物中蛋白质和核酸均含有这些基团，因此甲醛可以使细菌或病毒的核酸和壳蛋白变性失活，导致其失去致病能力。

自从 20 世纪 20 年代，Ramon 发现了甲醛的解毒特性以来，甲醛便开始应用于灭活毒素、细菌和病毒等。甲醛灭活最早在 1911 年被报道处理破伤风毒素，使之脱毒成类毒素。1932 年，就有报道分别使用了甲醛和酚灭活牛痘病毒，并将其定量接种到兔、猴子和豚鼠，其中豚鼠表现出了极佳的免疫力。随后又有学者报道使用甲醛灭活百日咳杆菌，制备的灭活疫苗也能表现出优秀的保护效果。随着甲醛灭活方法的逐渐完善，进一步推广应用到更多的疫苗生产中，如禽流感病毒灭活疫苗和猪圆环病毒疫苗等。如今甲醛作为最早最成熟的灭活剂之一，因其工艺成熟和成本低廉的特性已经广泛应用在各类细菌或病毒疫苗的生产，同时还有相当一部分的诊断抗原或血清制品也是使用甲醛处理的。在《中华人民共和国药典》第三部中记载的灭活疫苗有80%以上的疫苗均以甲醛作为灭活剂。

甲醛用于疫苗灭活的条件：一般终浓度为0.1%～0.5%，37～39 ℃处理24 h以上。该条件需要考虑灭活对象的不同，同时依照试验结果进行优化调整，其中病毒灭活所需要的甲醛浓度低于灭活细菌的浓度。但是近年来，随着对于甲醛灭活的深入研究，也有灭活时间长、灭活不彻底、破坏免疫原性、致癌性以及强刺激性等问题相继被报道。以上问题可能与使用不同的甲醛浓度相关，若甲醛浓度过低，灭活可能不完全，而浓度过高，甲醛残留过多，注射疫苗后，游离的甲醛会使机体产生严重的刺激性反应。甲醛灭活的其他缺点主要表现在破坏马立克病抗原蛋白，降低其效价，灭活新城疫病毒时效价下降。

但是使用甲醛灭活呼吸道合胞病毒时发现，当使用浓度为0.02%～0.2%的甲醛灭活12 h后，病毒表面有40%～60%的prefusion F蛋白被保留下来，而在未经甲醛灭活病毒表面，prefusion F蛋白在相同条件下保留不足20%。说明甲醛在灭活病毒的过程中，能够同时稳固病毒表面的prefusion F蛋白，但是对于甲醛浓度的选择不能过高或者过低。

因此，在选用甲醛作为灭活剂时，除了应当遵循时间短、彻底灭活等原则之外，甲醛浓度的选择对于疫苗免疫原的制备也是至关重要的。

2. 戊二醛

戊二醛是一种带有刺激性气味的无色透明油状液体，与甲醛都属于醛类消毒剂，其对微生物的杀灭作用主要依靠醛基，作用于菌体蛋白的巯基、羟基、羧基和氨基，可使之烷基化，引起蛋白质凝固造成细菌死亡。戊二醛消毒液按照其pH的不同分为酸性戊二醛（含有强化剂）和中性戊二醛两类，其中酸性戊二醛消毒液的稳定性和杀菌性能优于中性戊二醛消毒液，这与其溶液中的强化剂的协同作用有关，一般碱性戊二醛多用于医疗器械消毒而酸性戊二醛应用则更为广泛。戊二醛的杀菌效果一般是随着pH的增加、温度的升高、作用时间的延长而提高，随着有机物浓度的增加而减弱。

在醛类灭活剂中，除甲醛外，戊二醛除可以灭活病毒外，也具有很好的杀灭芽孢作用，例如使用戊二醛处理的霍乱类毒素和含等量酚灭活小川型和稻叶型的霍乱菌体菌苗及大肠杆菌菌苗联合免疫家兔，表现出较高的保护效果。另外戊二醛溶液对艾滋病病毒、乙型肝炎病毒和结核杆菌也有灭活作用，在灭活百日咳杆菌时还表现出比甲醛灭活更优越的脱毒效果、安全性和效力。

戊二醛类消毒剂性价比较高，但所需消杀时间相对较长，受温度和干扰物的影响严重。故如选用戊二醛作为灭活剂时，其作用的温度、时间等条件需要进一步的验证以保障其杀菌效力。

3. β-丙内酯

β-丙内酯(BPL)，又名丙内酯或β-丙酰内酯，在室温下为无色有刺激气味的液体，熔点-33 ℃，沸点 155 ℃，溶于大多数有机溶剂，在水中溶解度为 37%，对病毒具有较强的灭活作用。其灭活机制是通过与以鸟嘌呤为主的嘌呤碱基反应，改变病毒的核酸结构，从而达到灭活病毒的目的，又不破坏病毒的蛋白质，从而保留了病毒的免疫原性。

BPL 应用在生物制品时的优点有：灭活时间短，缩短了疫苗的生产周期；可直接作用于病毒核酸，不破坏蛋白质结构，易水解、无残留，且水解物无害。在 37 ℃水浴 2 h 后即可完全水解为 β-羟基丙酸，该产物是人体脂肪代谢物，无毒害作用，因此无须考虑其在疫苗中的残留。在国外，BPL 已广泛用于生产各种疫苗，利用 BPL、BEI 和甲醛分别灭活虹鳟鱼传染性造血器官坏死病病毒(IHNV)，发现接种 BPL 灭活全病毒疫苗对虹鳟腹腔注射活 IHNV 后的保护效果最好，相对保护率为 91.67%，显著高于 BEI 组(83.33%)和甲醛组(79.17%)。也有研究发现 BPL 的使用有导致实验动物多种肿瘤疾病发生的风险，疑似致癌物，故 BPL 的使用应该更加慎重。BPL 作为灭活剂与甲醛相比，体外 ELISA 检测结果表明，BPL 制成免疫原的效价明显高于甲醛制成的免疫原，但是动物体内试验却未见明显差异。相比于甲醛灭活的低成本，虽然 BPL 灭活的成本较高，但其具有甲醛无法比拟的较多优点，生产上可根据情况选择。

4. N-乙酰基乙烯亚胺

N-乙酰基乙烯亚胺(AEI)是烷化剂的一种，带有氨味的淡黄色透明液体，可以任意比例与水或醇混合，于 0～4 ℃可保存 1 年，-20 ℃可保存 2 年。AEI 灭活的作用机制是因为其乙烯亚胺基基团可与嘌呤发生烷化反应，破坏了病毒核酸，从而达到灭活病毒的效果。

早年间 AEI 多用于灭活口蹄疫病毒制备口蹄疫病毒灭活疫苗。在口蹄疫病毒液中加入终浓度为 0.05%的 AEI，30 ℃作用 8 h 即可完全灭活，灭活后需加入 2%的硫代硫酸钠终止反应。随后 AEI 灭活的方法也开始被报道应用于猪细小病毒疫苗的制备，并多次表现出优良的安全性和免疫原性。

5. 二乙烯亚胺

二乙烯亚胺(BEI)为有刺激性气味的无色液体，难溶于水和稀碱溶液，但易溶于无机酸溶液和苯、乙醚、乙醇等有机溶剂。市售商品为 0.2%的 BEI 溶液，但保存时间较短，于 0～4 ℃仅可保存 1 个月。其作用机理和 AEI 相似，烷化 DNA 分子中的鸟嘌呤或腺嘌呤，引起单链断裂，双螺旋键交联，妨碍 RNA 的合成，从而抑制细胞分裂。另外，BEI 还可与微生物的酶系统和核酸蛋白质起作用，干扰核酸的代谢。

在生物制品方面，与 AEI 相比，应用 BEI 灭活的报道要更多一些。BEI 也常用于灭活口蹄疫病毒，在口蹄疫病毒液中加入的终浓度为 0.02%的 BEI，30 ℃作用 28 h，最后加入 2%的硫代硫酸钠终止反应。BEI 还能高效的灭活猪肺炎支原体，BEI 灭活制备的禽流感疫苗的抗体水平要高于甲醛灭活疫苗。但是也有研究表明 BEI 灭活新城疫病毒(NDV)时，37 ℃下浓度为 3%作用 40 h 仍然不能够完全灭活 NDV，并且在灭活 12 h 后，血细胞凝集(HA)效价就下降到了 0。因此，固然 BEI 在多种疫苗生产中表现出优良的特性，但是在生物制品灭活剂的选择时，需要结合实际情况酌情选择。

6. 缩水甘油醛

缩水甘油醛在常温下为液体，易燃，高毒，且易挥发，水溶液中含量为 15～31 mg/mL，于 0～4 ℃可保存 3 个月，但含量逐渐降低，约半年完全失效。其可与 DNA 反应，从而使病原体失活。相对于甲醛，缩水甘油醛对大肠埃希菌、噬菌体和新城疫病毒等的灭活效果更好。

7. 双氧水

双氧水，即过氧化氢(H_2O_2)，常温下为无色透明液体，由于其具有极强的氧化能力，其水溶液常用于伤口、食品及环境的消毒。双氧水对病毒的灭活机制，可能是双氧水极强的氧化作用使病毒包膜的分子结构发生了改变，破坏病毒对宿主细胞的吸附能力，影响病毒的生长繁殖；也可能是双氧水通过破坏病毒外膜结构，渗入病毒衣壳内部，破坏病毒的核酸结构，从而灭活病毒。

双氧水对有包膜病毒较为敏感，1.5%的双氧水在试管中作用 1 min 即可彻底灭活冠状病毒和流感病毒。与传统的甲醛灭活相比，双氧水灭活对病毒表面蛋白结构的破坏较小，且可诱导产生更高的保护性抗体水平。另有研究表明，经 3%双氧水灭活的狂犬病疫苗与经 BPL 灭活制备的狂犬病疫苗在抗原性和免疫原性方面均无明显差异，且使用双氧水所需成本更低。目前在疫苗生产企业，利用 35%的过氧化氢蒸汽替代甲醛对生产设施中进行消毒灭菌应用较广。

8. 盐酸聚六亚甲基胍

盐酸聚六亚甲基胍(PHMG)，分子式为$(C_7H_{16}N_3Cl)_n$，是一种白色无定形粉末或树脂状聚合物，无特殊气味，易溶于水，水溶液无色至淡黄色，无味，不燃不爆，分解温度大于 400 ℃，有极强的杀灭细菌和病毒的能力。PHMG 的灭活机理是 PHMG 中的胍基有很高的活性，使聚合物呈正电性，很容易被呈负电性的细菌、病毒吸附，从而抑制了细菌、病毒的分裂功能，并丧失生殖能力；加上聚合物形成的薄膜堵塞了微生物的呼吸通道，使微生物迅速窒息而死；同时，其高分子聚合物结构使胍基的有效活性得以提高，使其杀菌效力大大高于其他胍类，而且细菌不易产生耐药性。PHMG 具有使用浓度低，作用速度快，性质稳定，易溶于水的特点。常温下使用具有广谱高效、长期抑菌作用、毒性低、使用安全等优点，在工业、农业、医用和日常生活中有着极广泛的用途。但盐酸聚六亚甲基胍价格较贵，不易推广应用。

近年来，国内外关于 PHMG 的应用研究，主要是在皮肤黏膜消毒、一般物体表面消毒，湖水、冷却塔、喷泉等除藻，以及石油开采等领域。PHMG 作为疫苗灭活剂具有相当的应用潜力，但少见报道，这方面的应用有待于进一步加强。

9. 聚维酮碘

聚维酮碘（PVP-I），又称聚乙烯吡咯烷酮碘，是元素碘和聚合物载体相结合而成的疏松复合物，聚维酮起载体和助溶作用，常温下为黄棕色至棕红色无定形粉末，微臭，易溶于水或乙醇。聚维酮碘作为新型的碘制品消毒剂，无碘酊的缺点，对黏膜刺激小，不需用乙醇脱碘，无腐蚀作用且毒性低，但保留了其高效的消毒杀菌效力。作用机制主要依靠其有效的游离碘成分，氧化病原体原浆蛋白的活性基团，并能与蛋白质的氨基结合而使其变性。聚维酮碘不但保留了传统碘类消毒剂对细菌、真菌和病毒等的灭菌性能，还拥有更加优越的稳定性和安全性。

聚维酮碘以往常常用于外科消毒，但是目前在生物制品方面也有突破。含有效碘 1 000 mg/L 的 PVP-I 溶液对 Vero 细胞基本无毒性作用，对脊髓灰质炎病毒作用 10 min 可起到消毒作用，既表现出高效性又体现其安全性。浓度 10％的聚维酮碘作用 24 h 便可彻底灭活传染性鼻气管炎病毒（IBRV），更加难能可贵的是，与甲醛相比，PVP-I 在安全性方面表现出难得的极低刺激性和无毒性，15％的聚维酮碘对牛肾细胞仍无刺激，因此，PVP-I 可以尝试作为制备疫苗的新型灭活剂。

10. 苯酚

苯酚在室温下是一种有毒，有腐蚀性，微溶于水，易溶于有机溶液的弱酸性无色结晶物质。苯酚较少用于疫苗的研制，常用作生物制品的杀菌或防腐剂，即用来灭活可能造成生物制品腐败的微生物。苯酚的灭活作用是通过其可使微生物蛋白质变性、抑制特异性酶系统，从而使微生物失去活性。2015 年版《中华人民共和国药典》第三部中对苯酚的浓度有严格限制，应不高于 0.5％。

3.6.2 影响灭活效果的因素

病毒和细菌受理化因素作用后都会被灭活，失去感染性，但是多数病毒比细菌更容易被灭活，这也使得病毒的长期保存通常比细菌的保存更困难，并且这些理化因素也容易影响灭活的效果。

3.6.2.1 温度

对病毒的感染性有不利影响的最主要环境因素是温度。大多数病毒耐冷不耐热，对热不稳定。通常在 55～60 ℃数分钟内，病毒的衣壳蛋白就会发生变性，使病毒失去感染能力。这可能是因为此时的病毒已失去了对正常细胞的吸附能力或脱衣能力。

大多数病毒的半寿期在 60 ℃以秒计，37 ℃以分钟计，20 ℃以小时计，4 ℃以天计，－70 ℃以月计，－196 ℃以年计。

有囊膜的病毒比裸露的二十面体病毒对热的稳定性更差，某些有囊膜的病毒，如狂犬病毒和呼吸道合胞病毒，在冻融过程中也可以被灭活，其原因可能是冰结晶破坏了病毒表面的囊膜。

3.6.2.2 离子环境和 pH

等渗和生理 pH 环境有利于病毒的保存。一般来说，大多数病毒在 pH 6～8 的范围内比较稳定，而在 pH 5.0 以下或者 pH 9.0 以上容易灭活。可在灭活过程中根据病毒对 pH 的耐受性适当调整灭活条件。

各种病毒对 pH 的耐受能力有很大不同，某些病毒对离子环境和 pH 范围有较宽的耐受性。如肠道病毒在 pH 2.2 环境中其感染性可保持 24 h，披膜病毒则在 pH 8.0 以上的碱性环境中仍能保持稳定。但某些有囊膜的呼吸道病毒(如鼻病毒)在 pH 5.3 时即可被迅速灭活。因此，病毒对 pH 的稳定性常作为病毒鉴定的指标之一。

3.6.2.3 辐射

电离辐射中的 γ 射线和 X 射线以及非电离辐射中的紫外线都能使病毒灭活。有些病毒，如脊髓灰质炎病毒等经紫外线灭活后，若再用可见光照射，受激活酶的影响，可使灭活的病毒复活，故不宜用紫外线来制备灭活病毒疫苗(灭活疫苗，如人用狂犬病灭活疫苗是用甲醛、β-丙内酯等化学试剂进行灭活，每批产品都要经多次严格验证，可确保不会出现“病毒复活”)。

3.6.3 灭活剂的应用

3.6.3.1 细菌的灭活

细菌感染性疾病是一类严重危害动物健康的疾病，目前临床上用于治疗细菌感染性疾病的药物主要为抗菌药，但抗菌药物的滥用导致耐药菌尤其是多重耐药菌迅速增加，使其不能有效控制感染，成为临床处理的难题，也给养殖户带来了沉重的经济负担。目前常见的细菌疫苗主要有：副猪嗜血杆菌灭活疫苗、链球菌疫苗、大肠杆菌疫苗。本节以副猪嗜血杆菌为例，对细菌的灭活进行简要介绍。

目前细菌类的抗原大多采用发酵工艺，菌体培养一定时间后，通常以 OD_{600} 值判定菌体的收获时间，加入终浓度为 0.2%～0.5%甲醛溶液进行灭活，加入灭活剂搅拌均匀后需要转移到另外一个罐体中，以避免在上一个罐体中存在灭活死角，影响灭活效果，灭活条件通常是 37 ℃灭活 12～36 h，期间一直持续低速搅拌。搅拌剪切力不宜过大，以不破坏菌体结构为宜。

灭活后的抗原一般保存在 2～8 ℃冷库，待无菌检验和灭活检验合格后方可用于制备灭活疫苗。

3.6.3.2 病毒的灭活

1. 有囊膜病毒的灭活

囊膜是指病毒外壳包被的由蛋白质、多糖和脂类构成的类脂双层膜，也称为包膜。囊膜主要来源于宿主细胞膜（磷脂层和膜蛋白），但也包含有一些病毒自身的糖蛋白，对脂溶剂敏感，囊膜的主要功能是帮助病毒进入宿主细胞。含有囊膜的猪病病毒主要有：猪瘟病毒、猪繁殖与呼吸综合征病毒、猪伪狂犬病毒、猪流行性腹泻病毒、猪传染性胃肠炎病毒、猪流感病毒、非洲猪瘟病毒等。

病毒本身的理化特性也会影响灭活的效能，以猪伪狂犬病毒（PRV）为例，不同保存条件下，病毒的保存时间不同，PRV 在 pH 4～9 之间均能保持存活，对乙醚、氯仿、甲醛等化学试剂及紫外线照射非常敏感，5％苯酚作用 2 min 可将病毒灭活，0.5％～1％氢氧化钠也能使病毒灭活。同时 PRV 对热具有较强的抵抗力，55～60 ℃需 30～50 min 才能使病毒灭活，80 ℃及以上仍需 3 min 以上才能使病毒灭活。但是伪狂犬病毒不耐－20 ℃低温，在该条件下冻融后病毒滴度下降较多，却可以在－70 ℃保存数年，所以疫苗生产过程中，伪狂犬病毒液最好在 2～8 ℃保存。因此在灭活操作前，一定要在合适的条件下保存抗原。

目前疫苗企业常用的灭活剂主要有甲醛、BEI 和 β-丙内酯，都可以用于伪狂犬病毒的灭活，但灭活效果不尽相同。灭活效果对比如表 3-2 所示。

在选择不同灭活剂时还需要考虑病毒液的特性，特别是悬浮细胞生产的伪狂犬病病毒，料液中含有较多的细胞碎片，细胞的核酸也会影响 BEI 和 β-丙内酯的灭活效果，所以灭活前可以考虑去除细胞碎片或进行病毒纯化。

2. 无囊膜病毒的灭活

常见的无囊膜病毒主要有：猪圆环病毒、猪细小病毒、口蹄疫病毒等。无囊膜病毒比有囊膜病毒对低温冻融更耐受，但根据病毒核酸种类的不同，保存条件略有差异。

病毒有无囊膜在灭活剂选择上并无明显差异，需要强调的是甲醛对无囊膜病毒的灭活效果可能要优于有囊膜病毒，具体体现在灭活后病毒的交联现象较轻，可能灭活的彻底性比较好。

表 3-2　不同灭活剂对伪狂犬病毒灭活效果的比较

灭活剂	灭活条件	优点	缺点
甲醛	0.1%～0.2% 37 ℃,12～24 h	价格便宜,适用范围广泛	使壳蛋白变性,可能导致免疫原性变化;灭活后病毒交联,容易灭活不彻底;游离的甲醛容易导致应激反应
BEI	0.02%～3%, 37 ℃,12～24 h	仅破坏病毒核酸,不影响病毒表面蛋白质,保持病毒的免疫原性	环化过程易产生有毒气体,需要做好防护措施;对病毒有选择性,需要根据实际生产情况进行选择
β-丙内酯	0.02%～0.05%, 2～8 ℃,24～72 h; 37 ℃,2 h	仅破坏病毒核酸,保持病毒的免疫原性;灭活后可在 37 ℃水解,对动物体无害	价格较贵;未水解的β-丙内酯有使动物产生肿瘤的风险

（侯蕾蕾）

3.7　免疫佐剂及乳化技术

免疫佐剂能非特异性地改变或增强机体对抗原的特异性免疫应答。免疫佐剂分为传统佐剂和新型佐剂,传统佐剂包括铝佐剂、油乳佐剂、蜂胶佐剂等;新型佐剂包括细胞因子类佐剂、免疫刺激复合物佐剂、纳米佐剂、脂质体佐剂等。

3.7.1　免疫佐剂

3.7.1.1　佐剂的定义

佐剂(adjuvant)是指可以增强抗原特异性免疫应答的物质,本身不具有抗原性,但添加到疫苗中可以减少抗原使用量,增强免疫效果,在一定程度上可以提升疫苗品质。

3.7.1.2　佐剂的作用机理

1. 抗原储存作用

佐剂的储存作用主要体现在佐剂在注射位点存储抗原并进行缓慢释放,延长抗原在体内存留时间,达到对免疫系统持续刺激的目的,从而提高免疫反应。

2. 调节作用

佐剂能够诱导抗原提呈细胞分泌不同的细胞因子,发挥其调节细胞因子网络的能力，这些细胞因子具有强大的生理调节作用，使得抗原提呈细胞更容易提呈抗原。

3. 抗原提呈作用

有些佐剂与抗原混合后，能够改变抗原形态（抗原构象保持完整性）及其作用机制，使得抗原更易被抗原提呈细胞摄取，进而使抗原更易进入淋巴系统。

4. 激活炎性小体

炎性小体是细胞内的一种多蛋白聚合物，主要是铝胶佐剂的作用机制。

3.7.1.3 佐剂的类型

1. 传统佐剂

（1）铝佐剂：是一种乳白色的冻胶状半固体，目前常见的铝佐剂有氢氧化铝凝胶、磷酸铝、硫酸铝、铵明矾及钾明矾等。铝佐剂能增强机体的体液免疫应答反应，但不能参与细胞免疫应答，在疫苗稳定性方面存在一定局限性。

（2）油乳佐剂：是指由油料、乳化剂和稳定剂组成的混合物佐剂。油乳佐剂最主要的成分是油料，根据所用油料的不同可将油乳佐剂分成矿物油佐剂和非矿物油佐剂两种。

油乳免疫佐剂可以促进多种抗原产生高效价的抗体，使抗原连续刺激的时间相对延长，抗原接种的剂量减少，抗原接种的次数降低，其被广泛应用于畜禽类疫苗的生产中。

油乳佐剂可有效包裹并保护抗原，保证抗原的缓慢释放，并且被油包裹住的抗原还可以避免被酶解，进而可以不间断地使机体产生高效的特异性免疫应答；同时油佐剂可以刺激机体局部产生炎症反应，有助于刺激免疫细胞加速增殖，从而提高机体的免疫应答水平；并且此类佐剂成本较低，适合进行大规模生产。

依据乳化方式的不同，油乳佐剂又可分为单相乳化佐剂和双相乳化佐剂两种。前者分为油包水型乳剂（W/O）和水包油型乳剂（O/W）两种，通常 W/O 型乳剂能在注射部位储存相当长一段时间，能给抗原提供短期及长期的免疫增强作用，其较黏稠，在机体内不易分散，佐剂活性优良，是兽医生物制品所采用的主要剂型；O/W 型乳剂安全性高，但较稀薄，扩散快，佐剂活性较低。双相乳化佐剂包括水包油包水（W/O/W）或油包水包油（O/W/O）型乳化佐剂。

（3）蜂胶佐剂：蜂胶是一种广谱生物活性物质，具有良好的免疫增强作用，它能增强巨噬细胞的吞噬能力，促进抗体的产生，提高机体的特异性和非特异性免疫力。而且其还具备抑菌的功效，与传统佐剂相比，蜂胶佐剂具有更高的安全性。

（4）左旋咪唑-葡聚糖佐剂：左旋咪唑具有恢复 T 细胞和吞噬细胞功能以及胸腺细胞有丝分裂功能的作用，还能调节免疫系统的细胞免疫机能。葡聚糖可作为载体，两相结合后有明显的免疫佐剂效能。

2. 新型佐剂

(1)细胞因子类佐剂：多种细胞因子都被证明是有效的免疫增强剂，也称为免疫佐剂，能够增强疫苗的保护作用，在肿瘤免疫模型试验中，也能提高其免疫性参数。细胞因子类佐剂在合成和重组抗原疫苗中前景广阔。目前，发展安全、有效的佐剂有几种途径，其中直接利用细胞因子作为佐剂已成为科学家的研究热点。

(2)免疫刺激复合物佐剂(ISCOM)：是由抗原与皂树皮提取的一种糖苷 Quil A、胆固醇和蛋白质按 1∶1∶1 的分子混匀共价结合而成的一种具有较高免疫活性的脂质小泡。ISCOM 能活化免疫系统的 3 种抗原特异性淋巴细胞，可在增强体液免疫应答的同时诱导细胞免疫应答。

ISCOM 不仅是疫苗抗原的提呈者，提呈免疫刺激物，且由于其含有佐剂成分，可提高免疫应答，具有抗原提呈和免疫佐剂的双重功能，所以 ISCOM 可刺激机体产生强烈而持久的“全面”的免疫应答反应。ISCOM 现已广泛应用于多种细菌病、病毒病和寄生虫病的疫苗。

(3)纳米佐剂：纳米颗粒的生物学特性之一是容易被多种细胞摄取。由于纳米颗粒在维度上与微生物相当，它们能够更好地被抗原提呈细胞吞噬，把抗原更多地带入细胞中，从而增强蛋白质和多肽引起的免疫响应。纳米颗粒还可以增加小分子抗原的尺寸，并对其表面进行修饰。同时，某些类型的纳米颗粒自身对免疫系统就具有刺激作用。因此，纳米颗粒有可能发展成为一类新型的佐剂。

(4)脂质体(liposome)佐剂：脂质体是人工合成的具有单层或多层单位膜样结构的脂质小囊，由 1 个或多个类似细胞膜的类脂双分子层包裹水相介质所组成。脂质体具有佐剂兼载体效应，可促进树突状细胞等抗原提呈细胞对抗原的摄入，能明显地诱导抗体产生，提高抗体滴度，增强记忆免疫能力，增加细胞免疫应答。

(5)植物性来源佐剂：近年来，植物性来源佐剂已进入疫苗佐剂的研究工作中。天然佐剂能够激发机体对抗原产生更好的免疫反应，具有毒性低、稳定性高、价格低廉等优点，在开发新的疫苗佐剂方面具有潜在应用价值。

(6)毒素佐剂：毒素中最具代表性的佐剂是霍乱毒素(CT)和大肠杆菌不耐热毒素(LT)，这两个毒素如用于黏膜免疫，不但本身具有高免疫原性，也同时具有佐剂效用。

(7)CpG 寡核苷酸(CpG ODN)：Toll 样受体 9(TLR9)的合成激动剂，是人工合成的含有非甲基化的胞嘧啶鸟嘌呤二核苷酸(CpG)的寡脱氧核苷酸(ODN)，可模拟细菌 DNA 刺激多种哺乳动物包括人的免疫细胞。它能直接激活 B 细胞和单核细胞(巨噬细胞和树突状细胞)，间接激活 NK 细胞和 T 细胞等多种免疫效应细

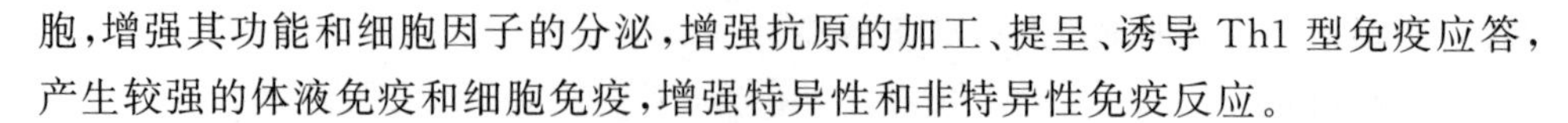

胞，增强其功能和细胞因子的分泌，增强抗原的加工、提呈、诱导 Th1 型免疫应答，产生较强的体液免疫和细胞免疫，增强特异性和非特异性免疫反应。

3.7.1.4 佐剂在开发中面临的问题

1. 佐剂的安全性

安全性是疫苗研发中考虑的首要因素。20 世纪 50 年代始，弗氏不完全佐剂被用在人用疫苗当中，但由于毒性问题在 20 世纪 60 年代被终止使用。这些油乳剂的副作用主要包括强烈的疼痛感，在接种位点处激发局部炎症反应、肉芽肿以及溃疡等。而细胞因子类佐剂在大量使用时可导致发烧、发热等炎症副作用。安全性的问题制约了一些免疫佐剂的临床应用。

2. 佐剂的有效性

目前发现具有佐剂作用的物质多种多样，但是高效佐剂仍然匮乏。虽然铝佐剂是目前临床应用最为广泛的佐剂，但它仍有很多问题需要解决。铝佐剂不能引起 Th1 和杀伤性 $CD8^+$ T 细胞反应；同时铝佐剂也并不适合所有的抗原尤其不适合蛋白质类抗原的应用。另外抗原在微粒的包裹中也会很不稳定，导致微粒佐剂使用受限。

3.7.2 乳化技术

3.7.2.1 乳化原理

乳化是将抗原液分散在油佐剂中形成稳定的异源系统，注入动物体内后，能非特异性地增强动物机体对抗原的特异免疫应答，并延长免疫持续期。由于油佐剂能将抗原物质吸附或黏着，注入动物机体后可较久地存留在体内，持续地释放出抗原物质，不断刺激机体的免疫系统，从而能持久地提高抗体效价，改进疫苗的免疫效果。

高剪切均质机是目前应用的最广泛的乳化设备，由转子或转子-定子系统构成，工作时高速回转，在叶片作用下流入的液体通过窄小的缝隙，在很高的剪切力作用下破碎、分散、混合。经过高剪切均质机的物料粒径可达到 1 μm，且稳定性好，能耗低，对抗原的破坏也小，如图 3-1 所示。

3.7.2.2 乳化工艺(以油包水型为例，图 3-2)

(1)预乳化：在油中加水相，低剪切，形成大液滴。

(2)乳化：高剪切，减小液滴尺寸，乳液稳定化。

3.7.2.3 油包水型乳剂

油包水型乳剂是水以小液滴形式分散于油中，能够缓慢释放抗原，且能起到长期免疫效果。但这类佐剂易引起注射部位产生副作用，且这类佐剂由于黏度大，注射困难，使用不方便，因此不用于人和宠物，仅用于家畜、家禽、鱼类疫苗等。

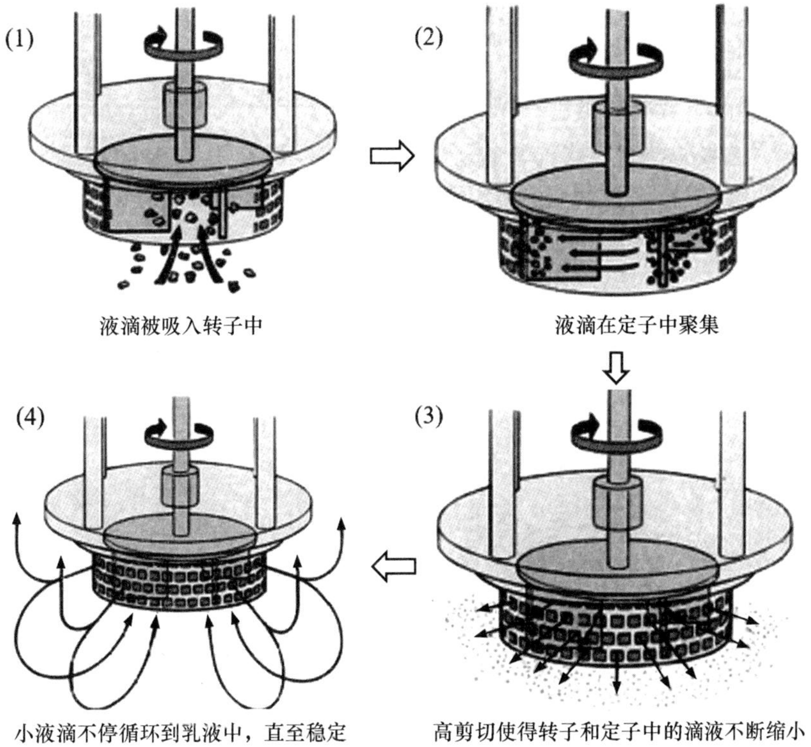

(1)

液滴被吸入转子中

(2)

液滴在定子中聚集

(3)

高剪切使得转子和定子中的滴液不断缩小

(4)

小液滴不停循环到乳液中，直至稳定

图 3-1　乳化原理

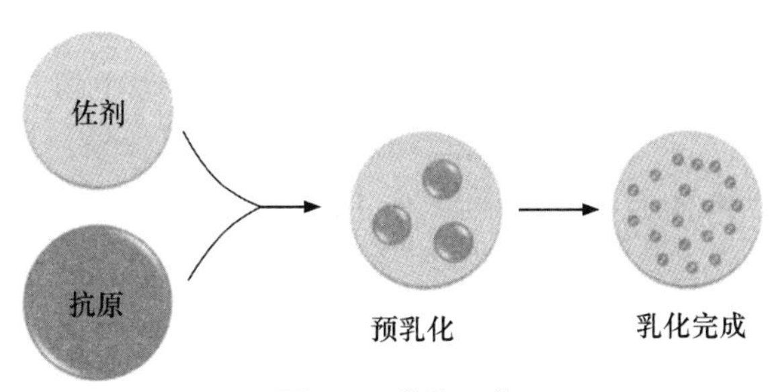

图 3-2　乳化工艺

3.7.2.4　水包油型乳剂

水包油型乳剂外相为水，内相为油。这类乳剂能快速释放抗原，因而短期免疫效果好。与油包水乳剂相比，水包油乳剂的黏度较低，致炎可能性更小，毒副作用小甚至没有，热稳定性好，但是市面上的水包油型乳剂制备的疫苗免疫活性较弱。加入适当的表面活性剂能提高水包油型乳剂的免疫活性及免疫持续期，对疫苗抗体水平有不同程度的影响。但是目前尚无性能稳定的水包油型疫苗佐剂上市。此外,现有技术的水包油型乳剂由于配方成分、制备工艺不够合理,在使用时仍存在免疫效力较低等缺陷。

3.7.2.5 水包油包水型乳剂

水包油包水型乳剂释放抗原的速度比油包水型乳剂快,但比水包油型乳剂慢。其免疫活性较强,能够提高机体的短期和长期免疫力,且比油包水型乳剂的黏度小,免疫副作用低,是一种潜力较大的免疫佐剂。

(付旭彬　徐　雷)

3.8 冻干保护剂及冷冻干燥技术

3.8.1 冻干的概念

3.8.1.1 冻干原理和基本过程

冷冻干燥(freeze drying)技术简称冻干,是指在低温下将药品溶液冻结,然后在真空条件下升华干燥,除去冰晶(去除水分),升华结束后再进行解吸(解析)干燥,除去部分结合水的方法。该方法由于在低温及真空状态下完成对制品的脱水干燥,因而成为生物制品中首选的干燥保存方法。

早在1813年,英国的华莱斯顿(Wol-laston)发明了真空冷冻干燥技术。1890年,Altman在制作显微镜下观察的组织和细胞切片时,为了保持原来的成分又不使样品变形,使用了该技术,从而创建了生物制品的冷冻干燥技术。1909年,沙克尔(Shackell)用冻干技术对抗毒素、菌种、狂犬病毒及其他生物制品进行了冻干保存,目的是使制品易于贮藏并且避免蛋白质样品的高温变性。1935年,冻干技术引起了各国学者的重视,学者们改进了冻干技术,首次在冻干过程中采用强制加热,加快了冻干过程。1940年,军队采用该项技术保存青霉素及血浆,推动了该项技术的应用。第二次世界大战之后冻干技术应用于商业生产,如冻干菌种、培养基、激素、维生素、人血浆及药品等,使真空冷冻干燥技术开始真正应用于生物医药工业中。1950年后,各种形式的冷冻干燥设备相继出现,技术进一步得到提高。

冷冻干燥是通过(低温)升华从冻结的生物产品中去掉水分或其他溶剂的过程。水有3种聚合态(又称相态),即固态、液态和气态,这3种相态之间达到平衡时必有一定的条件,这种条件称为相平衡关系。在水发生相变的过程中,当压力低于三相点的压力时,固态冰可直接转化为气态的水蒸气,这就是真空冷冻干燥原理的物理学基础。冷冻干燥时,通常采用的真空度为相应温度下的饱和蒸汽压的1/4～1/2。

疫苗的冷冻干燥一般分3步进行,即预冻结、升华干燥(或称一次干燥)、解析干燥(或称二次干燥)。每个阶段在决定最后成品的生物、化学和物理性质方面都起着重大的作用。预冻结是冻干过程中非常重要的一个环节。产品在进行冷冻干燥时,需要装入适宜的容器,然后进行预先冻结,才能进行升华干燥。预冻过程不仅是为了保护物质的主要性能不变,而且要保证疫苗冷冻过程中形成合理的结构以利于水分的升华。冻干的干燥过程分为升华干燥与解析干燥两个阶段。升华干燥是除去自由水,而解析干燥是除去部分结合水。药物冻干过程的大部分能耗是在干燥过程产生的,所以使用有效手段提高干燥速率显得十分重要。当前,提高干燥速率的方法主要有3种:控制搁板和药品温度、控制冷阱温度和控制真空度3种。

3.8.1.2　冻干疫苗的应用

目前猪用冻干疫苗市场中,常用病毒类疫苗主要包括猪瘟疫苗、猪蓝耳病疫苗、猪伪狂犬病疫苗、猪流行性腹泻疫苗、猪乙型脑炎疫苗;细菌类疫苗主要包括猪链球菌病疫苗等。这些猪用疫苗的冻干保护剂成分简单,组成单一,主要为5%~10%蔗糖、5%脱脂奶粉、1.5%~3%明胶,虽然冻干外形稳定,但是耐热性能差,对细菌、病毒的保护效果较差。这些冻干疫苗对温度要求严苛,严重依赖“冷链”,必须在-15 ℃下低温保存,且贮存有效期不超过2年;在2~8 ℃仅能保存3~6个月;在常温下则需要尽快用完,这就为冻干疫苗的保存运输带来了许多困难和不便,同时造成大量的浪费,极大地增加了疫苗成本。我国的猪用疫苗存在着运输不便、冷冻冷藏设施差等问题,常出现疫苗由于保存或运输原因引起效价降低甚至失效,导致免疫失败的问题,严重阻碍了养猪业的发展。目前急需提高冻干疫苗的质量,提高冻干疫苗的耐热性能,延长保存期,提高疫苗的免疫成功率和免疫保护率。

3.8.2　冻干保护剂的种类及作用

3.8.2.1　冻干保护剂的种类及功能

1. 糖/多元醇

糖的主要组成元素是碳、氢、氧;其中氢和氧的比例恰好与水分子比例相同(2∶1),因此糖类也被称为碳水化合物(carbohydrate)。糖类一般分为单糖、低聚糖和多糖3类。单糖是糖类中不能再水解的化合物,如葡萄糖、果糖、半乳糖等;低聚糖是指能被水解成2~10个单糖分子的糖,主要有蔗糖、乳糖、海藻糖等;多糖是指能被水解成更多单糖和低聚糖的糖,主要有淀粉、纤维素、果胶等。多元醇是指含有3个或3个以上羟基的醇,又称为糖醇(sugar alcohols)。主要用于生物活性物质的低温冻结、解冻、冷冻干燥以及保存过程中,主要包括丙三醇(甘油)、山梨醇和甘露醇。

由于糖和多元醇都具有官能团羟基,能够与生物制品活性组分的分子形成氢键,代替原有的水分子起到保护作用,能够起到低温保护和脱水保护功能,是最常用的低温冻干保护剂。在冻结和干燥过程中,可以防止活性组分发生变性。

2.聚合物

聚合物是指由简单的小分子(称为单体),经过聚合反应,所形成的巨大分子。常用的聚合物保护剂主要有聚乙烯吡咯烷酮(PVP)、牛血清白蛋白(BSA)、右旋糖苷(dextran)、聚乙二醇(PEG)等。在一般情况下,在生物制品冷冻干燥配方中添加的聚合物具有以下特性:聚合物在冻结过程中优先析出,具有一定的表面活性,在蛋白质分子间产生位阻作用,提高溶液黏度,提高玻璃化转变温度,抑制小分子赋形剂(如蔗糖)的结晶,抑制生物制品在冷冻干燥过程中 pH 的变化等。

3.表面活性剂

表面活性剂是指能降低界面张力的,由亲水基和亲油基组成的化合物。它们分子中含有的碳氢链部分是造成溶于油的原因;而分子中的极性基(如—OH,—COOH)则对水有亲和力。当这些分子处于空气-水界面或油-水界面时,亲水基会定位于水相,而亲油基则指向气相或油相。表面活性剂主要分为离子型和非离子型两大类。凡是溶于水时能电离成离子的,可称为离子型表面活性剂;否则,称为非离子型表面活性剂。非离子型表面活性剂具有相对较低的临界胶束浓度,通常使用较低浓度就能满足保护效果。最常用的非离子型表面活性剂是吐温系列。

在生物制品冷冻干燥的全过程中,表面活性剂既能在冻结和脱水的过程中降低冰水界面表面张力所引起的冻结和脱水变性;又能在复水过程中对活性物质起到湿润剂和重褶皱剂的作用。

4.氨基酸类

氨基酸是蛋白质的基本构成单位。氨基酸具有酸、碱两性,因此在生物制品低温保存和冷冻干燥过程中能够抑制 pH 变化,从而达到保护活性组分的目的。常用的氨基酸类的保护剂包括:甘氨酸、谷氨酸、精氨酸、组氨酸等。其中甘氨酸还是很好的填充剂,低浓度的甘氨酸能够抑制磷酸缓冲盐结晶所导致的溶液中 pH 的变化,从而阻止蛋白质变性,还能够阻止冻干过程中蛋白质的聚集,提高冻干疫苗的塌陷温度,阻止因塌陷而引起生物活性物质的破坏。

5.其他添加剂

(1)抗氧化剂:抗氧化剂种类繁多,包括维生素 E、维生素 C、卵磷脂、乙二胺四乙酸等。抗氧化剂主要是利用还原性,一种是通过抗氧化剂自身氧化,消耗冻干样品内部和环境中的氧,使冻干疫苗不被氧化,延长保存期限;另一种是通过抗氧化剂给出电子或氢原子,阻断冻干疫苗的氧化链式反应;还有一种是抗氧化剂通过抑制冻干疫苗氧化酶的活性防止氧化变质。建议将不同抗氧化剂混合起来使用,因此与单独使用相比,混合抗氧化剂具有更高的效力。

(2)缓冲剂:蛋白质具有两性电解质性质,在中性环境中蛋白质是稳定的。在冻干过程中,蛋白质溶液的浓度会升高,从而改变溶液的 pH,导致蛋白质变性,引起生物制品失活。为了维持溶液 pH 稳定,需要在冻干保护剂配方中添加适量的缓冲剂,如磷酸二氢钾、磷酸氢二钾、磷酸二氢钠、磷酸氢二钠等。

(3)冻干加速剂:冷冻干燥过程耗时长,耗能多,极大地增加了经济成本,因此迫切需要对冻干循环进行优化,缩短冻干时长,常用的冻干加速剂包括叔丁醇、甘氨酸等。

3.8.2.2　冻干保护剂设计依据

1. pH

冻干疫苗的稳定性取决于病毒的 pH 环境,因此必须注意在缓冲制剂冷冻过程中因 pH 变化而引起的潜在不稳定性。在保护剂配方中通常会加入缓冲剂(如磷酸钠或磷酸钾)维持疫苗的 pH。但是,这些缓冲液的存在在冷冻过程中也可能引起 pH 的变化,从而导致疫苗在冻干过程中不稳定。为了抑制 pH 的变化,需要加入无定形糖,如蔗糖或海藻糖,它们可以防止缓冲液的结晶。此外,甘氨酸与磷酸盐缓冲液具有协同作用,抑制 pH 的变化,从而增强蛋白质的稳定性。

2. 缓冲剂

许多病毒或病毒表面蛋白质结构可耐受的 pH 范围较窄,因此在冻干保护剂中添加缓冲剂尤为重要。常用的冻干保护剂配方中缓冲液有:磷酸盐、柠檬酸盐、乙酸盐、甘氨酸、组氨酸等。不是所有的缓冲剂均可在任何配方中使用,应根据合适的 pH 范围及特定病毒或蛋白质特性来决定缓冲剂。

3. 赋形剂

赋形剂可防止活性组分随水蒸气一起升华逸散出容器或发生塌陷,并为最终的冻干产品提供足够的机械支撑,从而改进冻干疫苗的外形。常用的赋形剂有甘露醇、甘氨酸及明胶。在配方中一些无定形的成分可能对赋形剂的结晶有一定的抑制作用,会降低玻璃化转变温度,进而影响活性成分的稳定性,在开发配方时,选择合适的赋形剂和适宜的浓度较为关键。

4. 根据微生物特点及冻干目的设计配伍

冷冻干燥法是长期保存细菌、酵母、真菌、病毒和立克次体的标准方法。在冻干前一般要加冷冻保护剂,这样可使细胞免除在冷冻初期因形成冰晶而造成的损害。在实际操作中应根据微生物和冻干目的不同进行冻干保护剂设计。ATCC 常规用 10%脱脂奶或 12%蔗糖作为冷冻保护剂,而美国农业部(USDA)农业研究服务机构的实验人员则用牛或马血清作为微生物的冷冻保护剂(Halliday,Baker 1985),而在菌液中建议加入甘油和二甲基亚砜(DMSO)防止冷冻中微生物的死亡。

3.8.2.3　常用冻干保护剂配方举例

目前常用的冻干保护剂包括脱脂奶粉、血清、甘油、蔗糖、葡萄糖、乳糖、海藻糖及高分子化合物。保护剂的选择往往取决于微生物的种类。这些冻干保护剂,不仅要具有保护生物制品生物学活性的作用，而且要具有赋形剂和抗氧化剂方面的作用。

(1)乳糖、甘氨酸、明胶对猪瘟疫苗具有良好的保护效果。保护抗原免受冻干过程中的损害，还能够促进细胞免疫，提高疫苗免疫保护作用。其中，甘氨酸可使因冻干而受损伤的细胞修复，对水分子起缓解作用；还可促进分子物质形成骨架，增加溶解度。乳糖主要起骨架作用，防止低分子物质的碳化和氧化，保护活性物质不受加热的影响。

(2)聚乙烯吡咯烷酮、明胶和海藻糖在冷冻保存和低温干燥过程起到很好的保护作用。聚乙烯吡咯烷酮作为赋形剂在脱水干燥过程中对生物制品起到很强的支撑作用。海藻糖是一种典型的应激代谢物，能够在高温、高寒、高渗透压及干燥失水等恶劣环境条件下在细胞表面形成独特的保护膜，有效地保护生物分子结构不被破坏。

(3)谷氨酸钠，*D*-山梨醇能够提高猪伪狂犬病疫苗对冻干环境的耐受能力。其中谷氨酸钠可以抑制 pH 的改变，从而阻止蛋白质变性。*D*-山梨醇具有多个羟基，在冻干过程中可取代水分子与细胞膜磷脂中的磷酸基团或与蛋白质极性基团形成氢键，保护细胞膜和蛋白质结构与功能的完整性，因此具有较好保护效果。

(4)蔗糖、海藻糖、PEG6000 能够提高猪乙型脑炎疫苗的耐热冻干效果。PEG6000 为有机高分子物质，蔗糖、海藻糖作为低分子物质，具有保护病毒及细菌活力、抗原稳定性、遇热不会焦糖化、耐干燥和冷冻的能力。在冷冻干燥条件下形成耐热构架，保护构架内的病毒免受热源损伤而失活。

(5)脱脂奶粉能够显著提高细菌类疫苗(如猪链球菌)的冻干存活率。乳蛋白在干燥时能够在菌体外形成蛋白膜对细胞加以保护，并可固定冻干酶类，但脱脂奶粉需要和其他保护剂配合使用。单独添加脱脂奶粉的保护效果低于复合配方的作用，通常还会加入甘油。

3.8.3 冷冻干燥技术

3.8.3.1 冻干设备要求

1. 冻干设备基本组成

疫苗的冻干在冷冻真空干燥系统中进行。冷冻真空干燥机按系统分类，由制冷系统、真空系统、加热系统和控制系统 4 个部分组成。按结构分类，由冻干箱、冷凝器、制冷机、真空泵、阀门、电器控制元件等组成，有些设备还包括能使隔板升降的液压系统、在线清洗系统、在线灭菌系统等。

制冷系统由制冷机与冻干箱、冷凝器内部的管道等组成。通常中试及生产型冻干机制冷机是互相独立的两套或多套，实验型冻干机(0.5 m^2 及以下)制冷机合用一套。制冷机主要作用是对冻干箱及冷凝器进行制冷，以产生和维持它们工作时所需的低温条件。

真空系统由真空泵、冻干箱、冷凝器及真空管道和阀门组成。真空泵为该系统重要的动力部件，主要功能是抽走“非凝性”气体，必须具有高度的密封性能，使得制品达到良好的升华效果。

加热系统对冻干箱中物料进行加热。一般通过隔板进行，使物质中的水分不断升华而干燥。通常下隔板以导热方式对物料瓶进行加热，上隔板以辐射方式对物料进行加热。隔板中可以装电加热器，也可以装载热剂。隔板温度由温控系统控制。

控制系统由各种控制开关、指示和记录仪表、自动控制元件等组成。其功用是对冻干设备进行手动或自动控制，使其正常运行，保证冻干制品的质量。

冻干箱是一个可制冷至－55 ℃左右，加热至 80 ℃左右的温箱体，是冻干机的主要部分，由不锈钢制成，也是可抽真空的密闭容器。内含可间接加热和制冷的隔板板层、支架及滑轨等，隔板板层内部导热流体（低黏度硅油）循环通道，板层温度均匀，温差在±1 ℃以内。冻干时将产品放在板层上，通过冷冻、真空下加热，使得疫苗产品水分升华而干燥。

冷凝器同样也是真空密闭容器，内部有较大表面积的金属吸附面（常见的为盘管式），温度可降至－40～－70 ℃，并且可以维持低温范围，其主要功能是将冻干箱内产品升华出来的水蒸气吸附在低温金属盘管上凝结成冰，故又常称为“捕水器”。

2. 冻干程序中关键热参数的意义与检测

(1)共晶点（Te）/共熔点。共晶点指物料中水分完全冻结成冰晶时的温度。溶液降低至某一温度时达到冰点，此时冰晶成核，随着温度继续下降，成核的冰晶不断生长、长大，直到最后溶液全部冻结为冰晶，该温度称为共晶点。共熔点指溶液中溶质和溶媒共同熔化的温度点，也是溶液完全冻结固化的最高温度。不同物质的共晶点/共熔点均不相同。

通常来说，冻干疫苗溶液含有疫苗半成品、多种添加组分（如赋形剂、保护剂、抗氧化剂等）及注射用水组成的复杂液体，因此其冻结过程也很复杂。由于冻干是在真空状态下进行的，冻干产品必须要冷却到共晶点以下 8～10 ℃保证完全冻结后才能进行升华，否则有部分液体存在情况下抽真空会使冻干产品鼓泡、喷瓶，直接影响冻干产品的质量。因此共晶点/共熔点是冻干时非常重要的热参数之一，见图 3-3。

共晶点/共熔点的测定可用电阻法、示差扫描量热仪（DSC）法等。电阻法操作简单且最为常用，其原理是导电溶液的电阻与温度相关，当温度降低时溶液电阻逐渐增大，当降到共晶点时溶液全部凝固成固体，溶液中离子完全失去自由活动能力，电阻突然增大，此时的温度即为共晶点；完全冻结的物料在升温过程中，其电阻突然减小时的温度即为共熔点。一些物质的共晶点/共熔点见表 3-3。

共晶点/共熔点在冻干工艺中的指导意义：预冻阶段，隔板温度需要降低到产品的共晶点以下，保证产品温度可以在 Te 以下 8～10 ℃方能将产品冻实，以便产品在干燥期间获得一个刚性的状态。

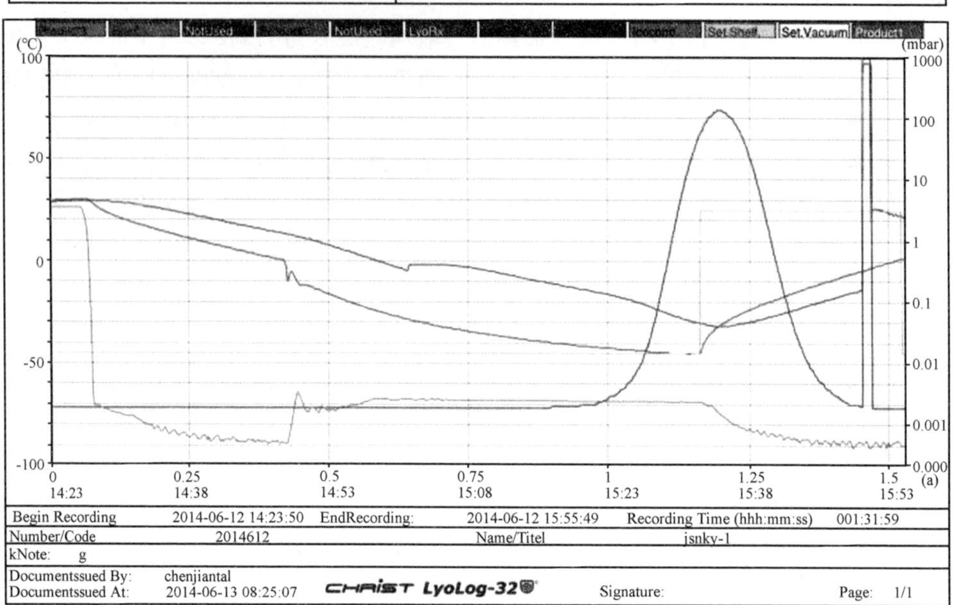

图 3-3　电阻法测定某溶液共晶点/共熔点

表 3-3　一些物质的共熔点

物　　质	共熔点/℃
纯水	0
0.85%氯化钠溶液	−22
10%蔗糖溶液	−26
40%蔗糖溶液	−33
10%蔗糖溶液、10%葡萄糖溶液、0.85%氯化钠溶液	−36
30 ℃，溶解度 1 mol/L 的甘露醇	−2.24
30 ℃，溶解度 0.6 mol/L 的乳糖	−5.4
10%葡萄糖溶液	−27
2%明胶、10%蔗糖溶液	−19
脱脂牛奶	−26
马血清	−35
甘油水(丙三醇)	−46.5
疫苗(细菌/病毒)	<−25

(2)塌陷温度(collapse temperature, Tc)。冻干时,干燥层温度上升到一定数值时,物料中的冰晶消失,原先被冰晶占据的空间成为空穴,因此冻干层呈现多孔蜂窝状海绵体结构(图 3-4),此结构与温度有关。当蜂窝状结构体的固体基质温度较高时,其刚性降低。当温度达到某一临界值时,固体基质刚性不足以维持蜂窝状结构,空穴固形物基质壁发生塌陷,原先蒸汽扩散通道被封闭,此临界温度称为冻干物料的塌陷温度,又称崩塌温度/崩解温度。

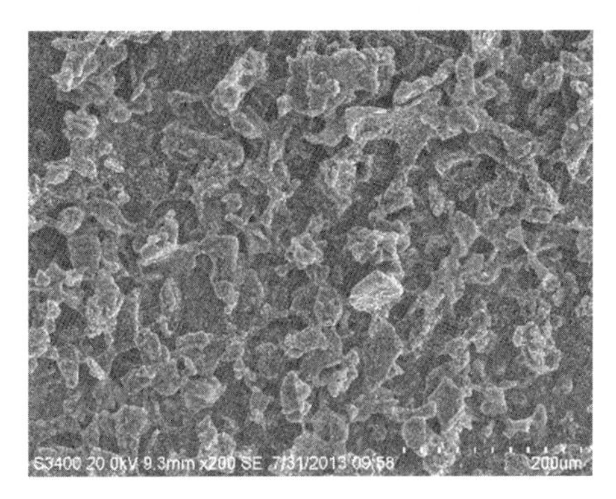

图 3-4 某冻干活疫苗扫描电镜下微观形貌(呈现多孔蜂窝状结构)

塌陷温度可用冻干显微镜进行测试。样品被放置在一个可以控温的冷热台上,同时提供一定的真空度,模拟冻干的预冻和一次干燥过程,找到产品在什么温度下会产生塌陷,继而确定塌陷温度。一些物质的塌陷温度见表 3-4。

塌陷温度在冻干工艺中的指导意义:在一次干燥阶段,产品温度(升华界面温度)不高于产品的塌陷温度,否则会出现"外观塌陷"或"微塌陷",外观塌陷影响冻干制品的外观。

表 3-4 一些物质的塌陷温度

物质	浓度/%	塌陷温度/℃
蔗糖	2	−29.1
	5	−26.8
	8	−26.4
海藻糖	2	−26.8
	5	−26.5
	8	−26.3
氯化钠	2	−21.4
	5	−20.2
	8	−21.6
甘露醇	2	—
	5	—
	8	—
乳糖	10	−18～−19

注:表中"—"表示不存在。

3.冻干过程分析技术

冷冻干燥主要由预冻、升华干燥(一次干燥)和解析干燥(二次干燥)、封装和贮存4个阶段组成。预冻是将物料由溶液完全冻结为冰晶的过程;升华干燥是通过真空状态下加热、将固体物料中90%结合水干燥的过程;解析干燥是在较高温度下、较短时间内将干燥物料多孔结构表面上剩余的10%结合水去除的过程,解析干燥后冻干制品剩余水分含量一般应低于4%。在冻干过程中,如何判断样品处于哪一个具体阶段,下一步该如何调整隔板温度/真空度,何时判定为干燥完全需要封装轧盖,都需要借助过程分析技术来判断。

冻干过程温度分析:每个冻干机均有内置与外置温度探头,内置温度探头分布于隔板内、冷凝器盘管内,用于检测隔板温度和冷凝温度。外置温度探头用于测量冻干产品的温度,也可以测定冻干箱内的温度。受热辐射影响,位于0.2 m^2 实验型冻干机冻干箱门边的产品与最靠近冻干箱内部的产品温度差高达10 ℃,中试及生产型冻干机的内外温度差更大,因而准确测定制品温度对冻干程序的设定、冻干参数的调节尤为重要。通常每台冻干机配置2～4个温度探头。

在预冻阶段,样品温度与隔板温度趋于一致,温度曲线基本重合,说明样品已完全冻实;在干燥阶段,随着水分的干燥,制品温度将逐步上升,与隔板趋于一致并合线,则说明制品已基本干燥完全。

"水线"分析:一次干燥阶段,在真空状态下,隔板持续给热、冷凝器持续捕水,水分持续逸出,可以观察到制品上有一条水线不断下降,这就是样品的干燥层和冰层的交界面,即升华界面,俗称"水线"。通常水线消失意味着一次干燥即将结束。考虑到冻干箱内外温度差,一般会等待水线消失后保温2～3 h再进行二次干燥;也可以在冻干箱外侧可视窗附近放几瓶2倍水线量样品,待水线下降至1.5倍制品高度时,可以判断为一次干燥结束,进入二次干燥。

压力升测试:用以判断二次干燥终点。假如样品解析干燥完全,制品温度与隔板温度趋于合线,此时关闭冷凝器和冻干箱之间的阀门后一段时间,观察冻干箱内的压力升高情况,如果压力没有明显变化(如压力变化速度＜5 Pa/3 min),说明制品中的结合水已逸出完全,可以判断干燥结束,后续可以进行轧盖出箱;反之如果压力发生明显升高,说明制品中水分未完全干燥,冻干未能结束。

4.冻干程序的设计与依据

疫苗冷冻干燥的主要流程有:冻干箱空箱降温—抗原与保护剂混合后分装—样品进冻干仓—预冻—抽真空(冷凝器降至－40 ℃以下,生产级冻干机降至－65 ℃)—升华干燥(制品温度不能超过塌陷温度)—解析干燥(较高温度保温数小时)—压力升测试合格—冻干结束、压塞出箱—扎铝塑盖封口。

在以上流程中，最核心的步骤是样品在冻干机里经历预冻、升华干燥和解析干燥，这一过程的温度、真空度控制称为冻干程序。在冻干溶液成分不变的情况下，冻干程序设计是否科学合理，决定了冻干制品的冻形、在冻干过程中的损耗、长期贮存稳定性以及冻干能耗等。

(1)预冻。预冻主要是疫苗溶液形成冰晶并完全冻结，预冻阶段形成的冰晶大小及规则程度决定了干燥效率，因此预冻是冻干过程中最为关键的一步。溶液在冻结过程中由于冰晶机械效应和溶质浓缩效应而对生物活性物质有一定破坏作用。一般冰晶越大，对微生物损伤越大；电解质浓度越大，对微生物损伤也越大。因此在预冻前需要确定 3 点：预冻最低温度、预冻速率和预冻时间。

预冻最低温度：是由溶液的共晶点/共熔点决定的，预冻温度应低于共晶点/共熔点以下 8～10 ℃，并保温 2～4 h 保证充分冻实。

预冻速率：一般快速冷冻形成细小冰晶颗粒，制品冻形较好，但干燥时间较长、干燥效率低；慢速冷冻形成较大冰晶颗粒，干燥效率高，但制品冻形不是很理想；退火可以改善冻干制品的冻形，它主要采用反复冻结的方式，常用在快速冷冻后、隔板升温至溶液共晶点以下保温一段时间再降温冻实，该操作通过重结晶使得冰晶更加规则排布、提高产品塌陷温度，提高干燥效率。

预冻时间：主要受机器性能以及装液量的影响，通常装液量厚度在 15 mm 以下，疫苗溶液预冻 2～4 h 可以完全冻结，如果装液量更高，预冻时间更长，表面积小、干燥效率低。

(2)升华干燥。升华阶段需要在建立必要的真空度情况下，对制品进行加热，使得自由水升华干燥。该过程需要注意的关键点在于：首先，确定干燥温度，干燥温度不能超过制品的塌陷温度，否则制品未完全干燥即发生塌陷，但干燥温度若设置过低则影响升华速率，整个升华干燥时间就要拉长。其次，冻干箱内压强也要控制在一定范围之内，压强低有利于冰的升华，但压强过低不利于传热、反而阻碍升华速率，通常冻干箱内压强(真空度)设在 10～30 Pa。

(3)解析干燥。升华干燥结束后、通过加热方式去除制品结合水的过程称为解析干燥。该阶段可以使制品温度迅速上升至最高容许温度，并维持到冻干结束。迅速提高制品温度有利于降低制品残余水分含量、缩短解析干燥时间。通常疫苗最高许可温度为 25～40 ℃，病毒疫苗为 25～32 ℃，细菌疫苗为 28～35 ℃。解析干燥结束，冻干制品残余水分控制在 4%以下，一般疫苗生产企业内控标准在 2%以下。

合格的冻干疫苗制品，需要有一定的物理形态、均匀色泽、合格的残余水分、良好的溶解性、较低冻干损失以及较长保存期。为了得到优良冻干制品，需要全面控制冻干过程的每一阶段工艺参数，而这些参数需要建立在对冻干疫苗溶液物料特性充分了解的基础上，如共晶点/共熔点、塌陷温度等，一个科学合理的冻干程序将得到冻形优良的疫苗制品，提高干燥效率。一般冻干疫苗的时长较短，在 24 h 左右，耐热冻干活疫苗由于组方复杂，冻干时长在 48 h 左右，有些特殊制品则需要几天的时间。

5. 冻干工艺的放大

一个良好的活疫苗组方及相应冻干工艺，在经历实验室验证合格后，还需要通过中试放大后方能进行真正的规模化生产。但是往往实验室冻干程序到了大生产冻干总出现这样或那样的问题，主要原因有机器性能的影响（包括温度精度、真空度精度）。那么从实验室到投入生产，冻干量呈 10 倍乃至 100 倍以上扩增后，冻干工艺的调整十分关键。

工艺放大的核心，是产品温度轨迹和升华过程中的阻力一致。一个成功的工艺放大，是基于对产品和冻干工艺充分研究，以及对小试设备和中试（生产型）设备的深入了解上完成的。

3.8.4 冻干疫苗产品质量检验及稳定性影响因素

3.8.4.1 冻干活疫苗的质量检验

冻干活疫苗的质量检验，主要包括有效性、安全性和稳定性检验。国际上通用的检验项目包括物理性状检验、无菌或纯粹检验、支原体检验、鉴别检验、活菌计数或病毒含量测定、安全性检验、外源病原检验、效力检验、剩余水分测定、真空度测定，检验步骤在《中华人民共和国兽药典》（2020 年版）均有详细介绍。这里从冻干制品角度介绍有效性和稳定性质量检验。

冷冻干燥的主要目的是增强制品的稳定性，即通过减缓生物生长或化学反应，使制品的生命期由几小时或几天延长到几个月、几年甚至十几年。即使在冻干过程结束时冻干制品是稳定的，但是在长期贮存过程中，由于外界温湿度变化、目的蛋白质发生美拉德褐变（Maillard 反应）等，冻干疫苗也有可能会失去活性。为确保包装于一定材料中的冻干制品在规定贮存期内保持其物理、化学、生物学性质，需要通过严密的稳定性试验，对将要推向市场的冻干疫苗产品进行检验。一般来说，冻干制品要做外观检验、残余水分含量检验、真空度检验、加速稳定性试验。

外观检验：合格的冻干疫苗产品为海绵状疏松团块，易与瓶壁脱离，加稀释液后可迅速溶解。

残余水分含量检验：冻干的目的是保持生物制品的活性更持久、更稳定，而活性保持又必须有适量水分。目前对于冻干制品残余水分含量要求应不超过 4%，过高或过低水分含量都会影响冻干制品质量。残余水分含量检验常用的有卡尔·费歇尔滴定法(Karl Fischer method)、真空烘干法。

真空度检验:对采用真空密封并用玻璃容器盛装的冻干制品,可以用高频火花真空测定器对疫苗进行真空度测定。检测时高频火花真空测定器指向玻璃容器内无制品部位,如果容器内出现白色或粉色或紫色,则判制品真空度合格。

加速稳定性试验:加速稳定试验一般在超常条件下进行,目的是通过提高温度,加速冻干制品的化学或物理变化,为冻干疫苗包装、运输及贮存提供必要的资料。我国兽药典中要求耐热冻干活疫苗产品均要进行"37 ℃加速耐老化试验",具体方法为:取疫苗 5 瓶,置于 37 ℃温箱保存 10 d 后,任取 3 瓶分别测定病毒含量,每份疫苗的病毒含量下降应不超过 1 个滴度,判为合格。通常冻干活疫苗制品 37 ℃保存 10 d 相当于 2～8 ℃保存 12～24 个月。

3.8.4.2　影响冻干疫苗稳定性的因素

1. 残余水分含量

残余水分含量是影响冻干制品稳定性的最重要因素之一。残余水分含量经常控制着蛋白质稳定性,既包括物理方面的又包括化学方面的。水可以作为反应物直接参与反应,也可作为增塑剂或反应媒介影响冻干制品稳定性。一般来说,水分含量每增加 1%,玻璃化转变温度 T_g 将下降 5～10 K,在贮存过程中,冻干制品也很容易吸湿而使玻璃化转变温度降至贮存温度以下,从而增强它的不稳定性,甚至引起塌陷。在贮存过程中,冻干制品水分含量会因各种原因而发生改变,如包材泄露、瓶塞水分释放、无定形成分结晶等。

2. 玻璃化转变温度

在自然界中,固态有两种形式:晶态(crystalline)和非晶态(non-crystalline),二者宏观上都呈现固体特征,但内部微观结构有很大区别。在非晶态中,微观质点排列不规则,并且有 3 种力学状态,它们是玻璃态(glassy)、高弹态和黏流态。在温度较低时,材料为刚性固体状,与玻璃相似,在外力作用下只会发生非常小的形变,此状态即为玻璃态;当温度继续升高到一定范围后,材料的形变明显地增加,并在随后的一定温度区间形变相对稳定,此状态即为高弹态;温度继续升高形变量又逐渐增大,材料逐渐变成黏性的流体,此时形变不可能恢复,此状态即为黏流态。我们通常把玻璃态与高弹态之间的转变,称为玻璃化转变,它所对应的转变温度即是玻璃化转变温度(T_g)。玻璃化转变温度可以通过示差扫描量热仪(DSC)进行测量。

在疫苗冻干中,玻璃化转变温度的高低可用来判断冻干制品稳定性。一般来说,冻干制品的 T_g 越高,制品越稳定;T_g 与贮存温度的差值越高,制品也越稳定。

但 T_g 因水分含量不同而发生变化，水分含量越少，T_g 越高。

3. 贮存温度

一般认为，贮存温度至少应该比玻璃化转变温度 T_g 低 20 K，也就是说，如果希望在冷藏条件下（2～8 ℃）保持冻干制品稳定性，那么冻干制品的 T_g 值应不得低于 30 ℃，这就要求在进行冻干配方设计的时候选择干燥后 T_g 较高的辅料，见表 3-5。

表 3-5　商品化冻干疫苗贮存条件

商品化冻干疫苗品种	冻干保护剂种类	贮存条件
冻干活疫苗	蔗糖、脱脂乳等简单组方	－15 ℃贮存 24 个月
耐热冻干活疫苗	蔗糖、海藻糖、氨基酸、蛋白、明胶、聚乙烯吡咯烷酮等复合组方	2～8 ℃贮存 12～24 个月

（吕　芳　左晓昕）

3.9　疫苗制备流程

疫苗制备是一个很复杂、很精细的过程，根据疫苗制造工艺的不同主要有两大类工艺流程，本节以流程图的形式呈现细胞毒灭活疫苗、细菌灭活疫苗、细胞毒活疫苗、细菌活疫苗的常规工艺流程，便于有直观的认识和整体了解。同时，也让大家对这几种工艺有直观的对比，了解工艺的主要差异点。本节也对近些年新出现的疫苗，如合成肽疫苗的工艺流程，根据发布的规程进行了简单的梳理，仅供参考。

3.9.1　灭活疫苗制备流程

3.9.1.1　细胞毒灭活疫苗制备流程

细胞毒灭活疫苗包含细胞培养的病毒、细胞表达的蛋白质、细胞接种病毒后病毒表达的蛋白质等 3 类抗原生产方式。病毒类疫苗抗原生产阶段的流程大体相近，大致流程是先进行细胞培养，达到一定规模后进行病毒接种，收获病毒抗原或细胞表达的蛋白质后进行纯化，随后对得到的病毒或蛋白质进行一系列的鉴定，合格后与适宜的佐剂进行乳化制成疫苗成品，灭活疫苗成品制备的工艺几乎相同，均包含罐装、加塞、压盖、贴签、赋码、包装、入库等过程，最终经过严格的成品检验，合格后销售，如图 3-5 所示。

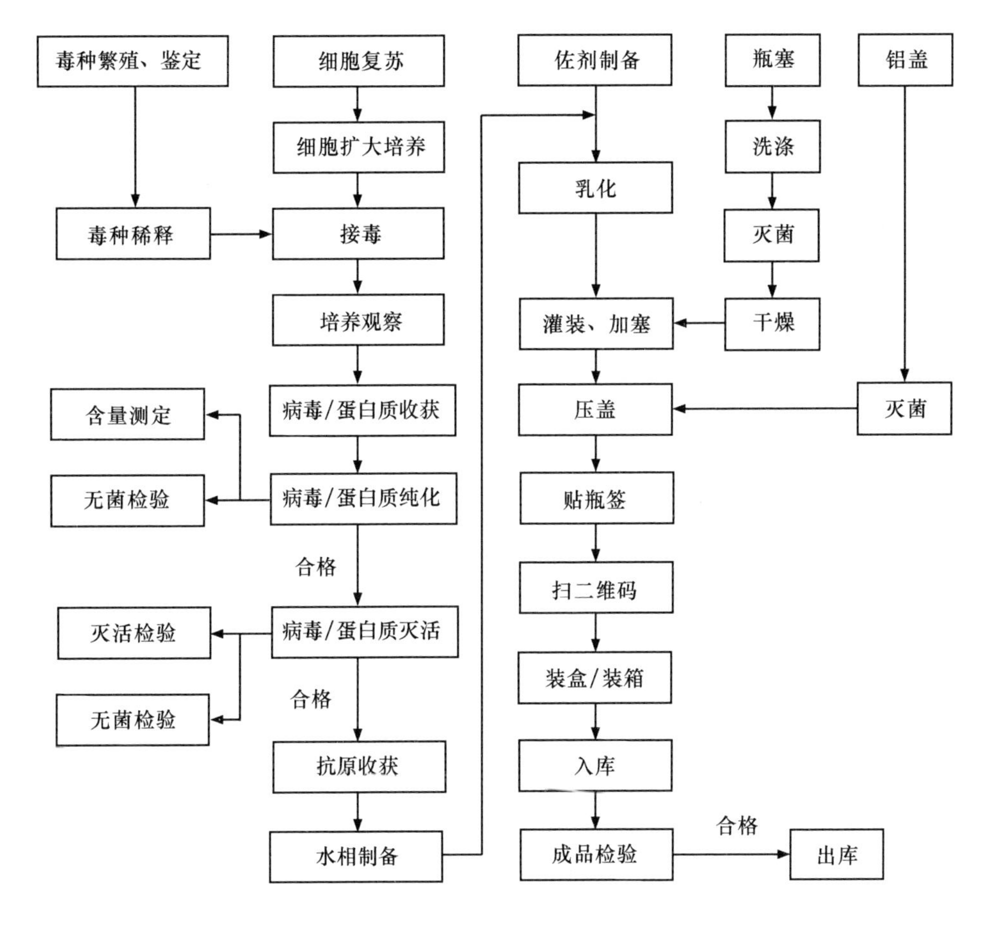

图 3-5 细胞毒灭活疫苗制备流程

3.9.1.2 细菌灭活疫苗制备流程

细菌灭活疫苗包含病原菌菌体、细菌表达的蛋白质两类抗原生产方式。疫苗制造的核心流程也均在抗原生产阶段，大致流程是先进行细菌规模化放大培养，达到一定规模后进行收集菌体或诱导进行蛋白质表达，收获菌体抗原或表达的蛋白质后进行一系列的纯化过程，随后对得到的菌体或蛋白质进行检测鉴定，与适宜的佐剂进行乳化制成疫苗成品，成品制备流程同细胞灭活疫苗几乎相同，见图 3-6。

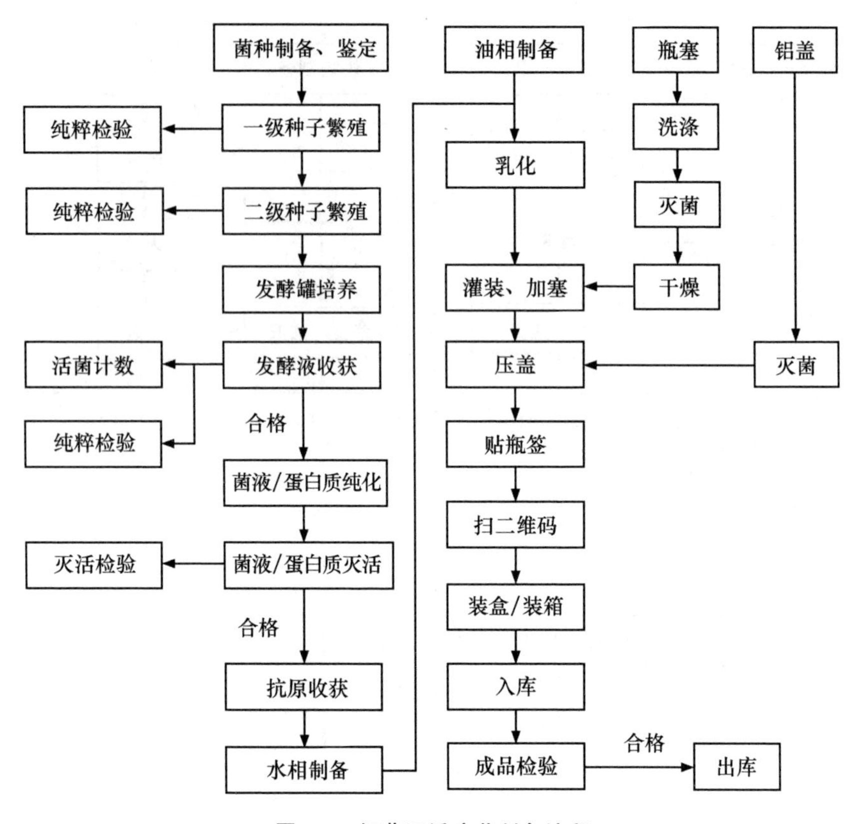

图 3-6 细菌灭活疫苗制备流程

3.9.2 活疫苗制备流程

3.9.2.1 细胞毒活疫苗制备流程

细胞毒活疫苗是将细胞培养到一定规模后,进行病毒接种,培养一段时间后,病毒含量达到一定的高峰,并且病毒组装完整后,收获病毒培养液,根据病毒是否分泌到细胞外选择合适的冻融方式,去除细胞碎片后与适宜的冻干保护剂进行混合灌装,经冷冻真空干燥制成疫苗成品,检验合格后销售,制备流程见图 3-7。

3.9.2.2 细菌活疫苗制备流程

细菌活疫苗是将细菌培养到一定规模后,进行菌体抗原纯化,选择合适的菌体数量与适宜冻干保护剂进行混合灌装,经冷冻真空干燥制成疫苗成品。检验合格后进行销售,制备流程见图 3-8。

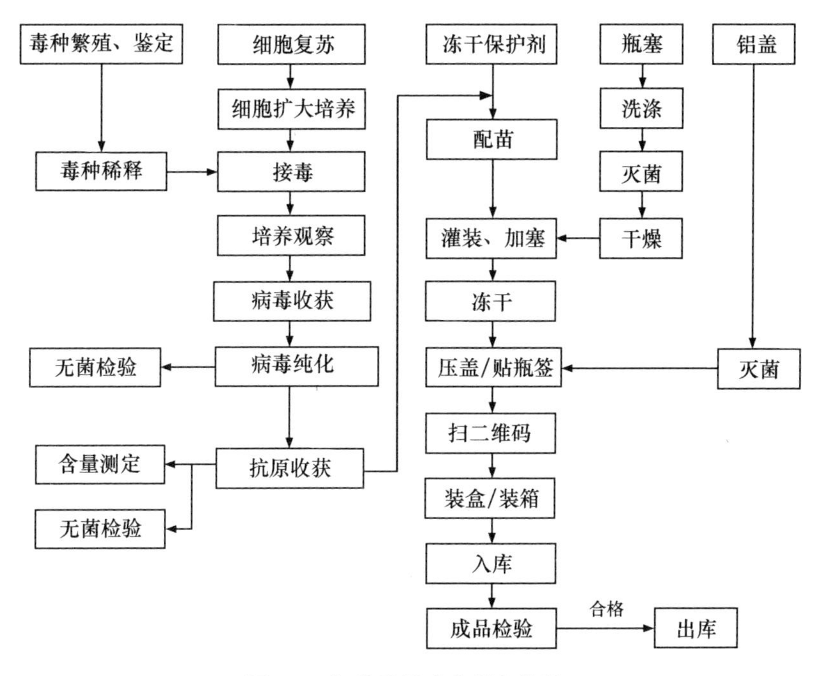

图3-7 细胞毒活疫苗制备流程

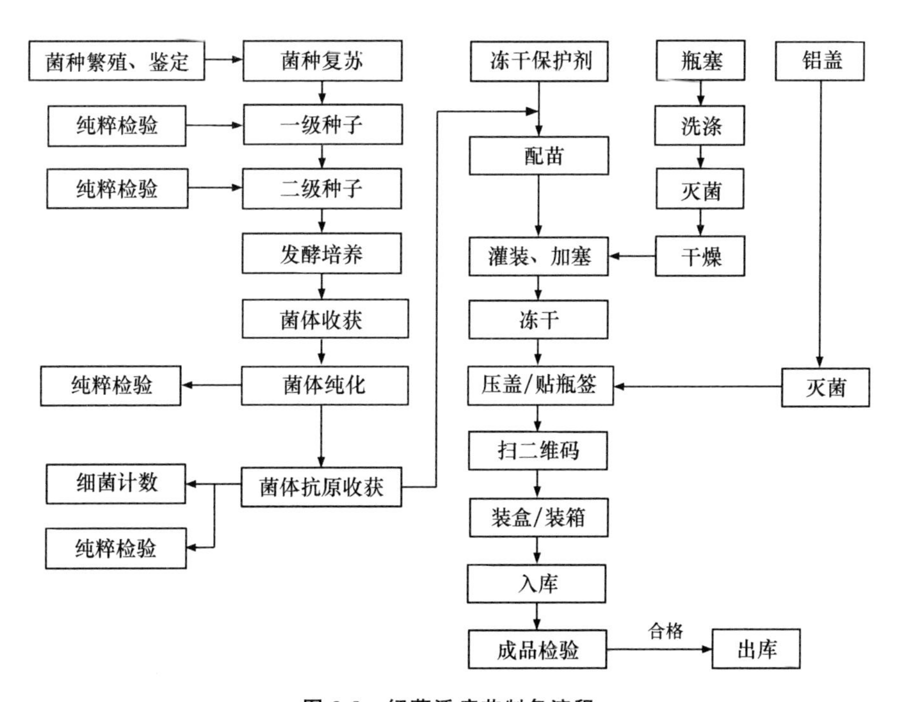

图3-8 细菌活疫苗制备流程

3.9.3 部分新型疫苗制备流程

合成肽疫苗是近年来出现的新型疫苗，是基于生物技术飞速发展的前提下产生的一种生产方式，核心是设计目标抗原位点扩增的引物，通过合成仪合成所需要的氨基酸，再将这些氨基酸进行活化，去除连接的基质、环化、脱盐、去除杂质，最后得到需要的多肽抗原，再配以适宜佐剂乳化成疫苗，后段生产工艺与普通灭活疫苗基本一致，检验合格后进行销售，制备流程见图 3-9。

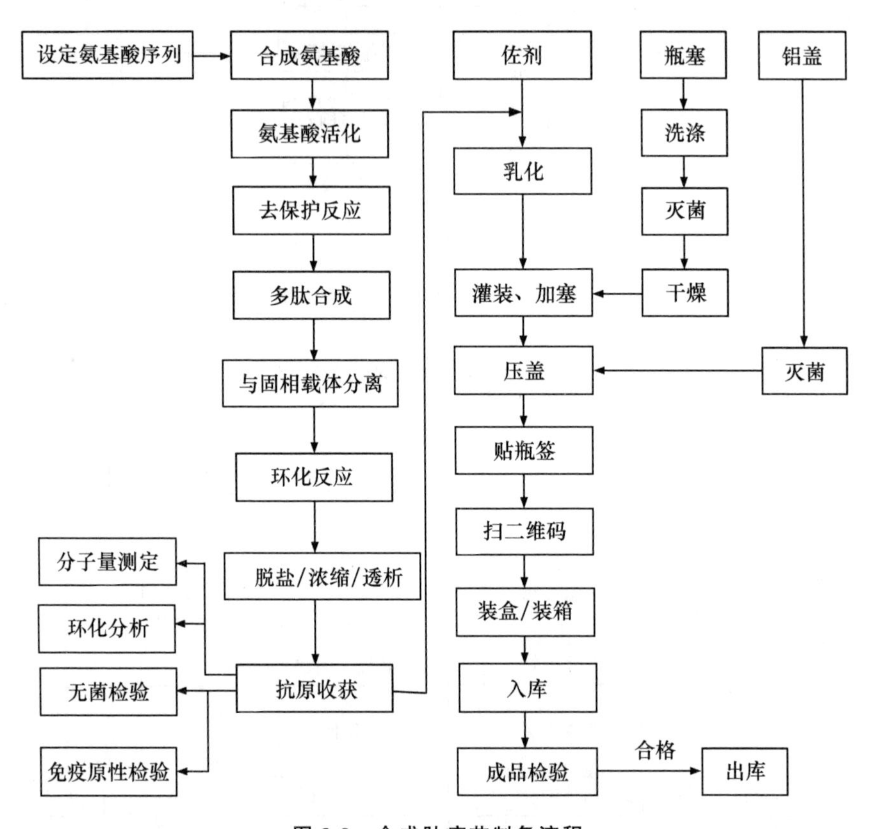

图 3-9 合成肽疫苗制备流程

（王延辉）

3.10 疫苗质量检验技术

3.10.1 活疫苗检验技术

猪用活疫苗检验主要包括：性状检验、无菌检验、支原体检验、外源病毒检验、安全检验、效力检验、真空度测定、剩余水分测定（冻干疫苗）、非洲猪瘟病毒核酸检测等。

3.10.1.1 性状检验

各种生物制品必须符合其【性状】项下的要求。例如：冻干活疫苗要求为海绵状疏松团块，易与瓶壁脱离，加稀释液后迅速溶解。

3.10.1.2 无菌检验

1. 抽样

应随机抽样并注意代表性。成品的无菌检验应按照每批或每个亚批进行，每批按瓶数的1%抽样，但不应少于5瓶，最多不超过10瓶，每瓶分别进行检验。

2. 检验用培养基

硫乙醇酸盐培养基（TG），用于厌氧菌和需氧菌的检查。酪胨琼脂培养基（GA），用于需氧菌的检查。胰酪大豆胨液体培养基（TSB），用于真菌和需氧菌的检查。

3.10.1.3 支原体检验

1. 样品处理

每批制品取样5瓶，液体制品混匀后备用；冻干制品，则加液体培养基复原成混悬液后混合。

2. 样品检测

每个样品需要同时接种液体培养基和琼脂固体平板进行培养，每次均需设立阴性和阳性对照，在同等条件下培养观察。检测禽类疫苗时用滑液囊支原体作为对照，检测其他疫苗时用猪鼻支原体作为对照。

液体培养基培养：将疫苗混合物5.0 mL接种至装有20 mL液体培养基的小瓶，摇匀后再从小瓶中取0.4 mL移植到含有1.8 mL培养基的两支小管（1.0 cm×10 cm），每支各接种0.2 mL，将小瓶与小管至37 ℃培养，分别于接种后5、10、15 d从小瓶中取0.2 mL培养物移植到小管液体培养基内，每天观察培养物有无颜色变黄或变红，如果无变红，则在最后一次移植到小管培养和观察14 d后停止观察。在观察期内，如果发现小瓶或者任何一支小管培养物颜色出现明显变化，在原pH

变化达±0.5时，应立即将小瓶中的培养物移植于小管液体培养基和固体培养基，观察在液体培养基中是否出现恒定的pH变化，以及固体上有无典型的“煎蛋”状支原体菌落。

琼脂固体平板培养：在每次液体培养物移植小管培养的同时，取培养物0.1～0.2 mL接种琼脂平板置于含5%二氧化碳的培养箱37 ℃培养。在液体培养基颜色出现变化，原pH变化达±0.5时，也同时接种琼脂平板。每3～5 d，在低倍显微镜下观察检查各琼脂平板上有无支原体菌落出现，经14 d观察，仍无菌落时停止观察。

3. 结果判定

阳性对照中，至少有1个平板出现支原体菌落，而阴性对照中无支原体生长，则检验有效。接种样品的任何一个琼脂平板上出现支原体菌落时，判为疫苗不合格。

3.10.1.4 外源病毒检验

除另有规定外，猪用疫苗及其细胞的检验按照下列方法进行。

1. 样品处理

除另有规定外，取至少2瓶样品，按瓶签注明头份稀释至每1.0 mL至少含10头份。混匀，以2 000～3 000g离心10 min，取上清液，用等体积的特异性抗血清中和后作为检品。如待检疫苗毒在检验用细胞上不增殖，可不进行中和。

2. 细胞选择

猪用活疫苗因检验项目不同，选用不同的细胞。致细胞病变检查和红细胞吸附性检查用细胞：Vero细胞、PK-15(或ST)细胞。荧光抗体检查用细胞：根据病毒特性选用不同细胞，如检查猪瘟病毒用PK-15(或ST)细胞，检查猪圆环病毒2型用PK-15细胞。

3. 样品接种与培养

取处理好的样品2.0 mL(除另有规定外，至少含有10头份。如果10头份不能被完全中和，应至少含1头份)，接种到已长成良好单层(或同步接种)的所选细胞上，另至少设1瓶正常细胞对照，培养3～5 d，继代至少2代。最后一次继代(至少为第3代)的培养物作为外源病毒检验的被检材料。

如样品传代培养期间，任何一代培养细胞出现细胞病变，而正常细胞未出现病变，则判为不符合规定。当被检样品判为不符合规定时，可不再进行其他项目的检验。

4. 检查方法

致细胞病变检查法：将最后一次继代(至少为第3代)的培养物培养4～7 d，显微镜下观察细胞病变情况，至少观察6 cm^2的细胞面积。若未观察到明显的细胞病变，再用适宜的染色液对细胞单层进行染色。观察细胞单层，检查包涵体、巨细胞或其他由外源病毒引起的CPE的出现情况。当正常对照细胞未出现CPE，而被检样品出现外源病毒所致的CPE,则判为不符合规定。

当致细胞病变检查法结果判为不符合规定时,可不再进行其他项目的检验。

红细胞吸附性外源病毒检测:将最后一次继代(至少为第3代)的培养物培养4～7 d后直接进行检验。用PBS洗涤细胞单层2～3次。加入适量0.2%的豚鼠红细胞和鸡红细胞的等量混合悬液,以覆盖整个细胞单层表面为准。选2个细胞单层,分别在2～8 ℃和20～25 ℃放置30 min,用PBS洗涤,检查红细胞吸附情况。当正常对照细胞不出现红细胞吸附现象,而被检样品出现外源病毒所致的红细胞吸附现象,则判为不符合规定。

当红细胞吸附性检查结果判为不符合规定时,可不再进行其他项目的检验。

荧光抗体检查法:将最后一次继代(至少为第3代)的培养物冻融3次,3 000g离心10 min,取适量培养物的上清液(一般取培养量的10%)接种已长成良好单层的所选细胞,培养4～7 d后用于荧光抗体检查。对每一种特定外源病毒的检测至少包含3组细胞单层:①被检样品细胞培养物;②接种适量(一般为100～300 FA-$TCID_{50}$)特定病毒的阳性对照;③正常细胞对照。每组细胞单层检查面积应不小于6.0 cm^2。

细胞单层样品经80%丙酮固定后,用适宜的荧光抗体进行染色,检查每组细胞单层是否存在特定外源病毒的荧光。当阳性对照出现特异性荧光,正常细胞无荧光,而被检样品出现外源性病毒特异性荧光,则判为不符合规定。如果阳性对照未出现特异性荧光,或者正常细胞出现特异性荧光,则判为无结果,应重检。

当荧光抗体检查法结果判为不符合规定时,可不再进行其他项目的检验。

3.10.1.5 安全检验

各种制品的安全检验,除另有规定外,每批任抽3瓶,混合后,按照各产品质量标准中的规定进行检验和判定。使用的动物必须符合其产品质量标准中规定的要求。如果安全检验时动物有死亡,须明确原因,确属意外死亡时,本次检验作无结果论,可重检1次;如果检验结果可疑,难以判定时,应以增加1倍数量的同种动物重检;如果安全检验结果仍可疑,难以判定时,则该批制品应判为不符合规定。

凡规定用多种动物进行安全检验的制品,如果有一种动物的安全检验结果不符合该产品质量标准规定,则该批制品应判为不符合规定。

3.10.1.6 效力检验

各种制品的效力检验,除另有规定外,每批任抽1瓶,按照各产品质量标准的规定进行检验和判定。

1.病毒半数致死剂量、半数感染剂量、半数有效量、半数组织培养物感染量(LD_{50}、ID_{50}、ED_{50}、$TCID_{50}$)测定法

将病毒悬液进行10倍系列稀释,取适宜稀释度,定量接种实验动物或细胞。

由最高稀释度开始接种，每个稀释度接种4～6只(枚、管、瓶、孔)，观察记录实验动物或细胞的死亡数或病变情况，计算各稀释度死亡或出现病变的实验动物(细胞)的百分率(表3-6)。按Reed-Muench法计算LD_{50}、ID_{50}、$TCID_{50}$、ED_{50}。计算公式如下。

lg $TCID_{50}$＝高于或等于50%的病毒稀释度的对数＋距离比例×稀释系数的对数

表3-6　试验示例(以$TCID_{50}$为例，接种量为0.1 mL)

病毒稀释度	观察结果			累计结果		
	CPE数	无CPE数	CPE/%	CPE数	无CPE数	CPE/%
10^{-4}	6	0	100	13	0	100
10^{-5}	5	1	83	7	1	88
10^{-6}	2	4	33	2	5	29
10^{-7}	0	6	0	0	11	0

高于或等于50%感染时(上例为88%)，病毒稀释度(10^{-5})的对数值为－5。

稀释系数(1/10)的对数为－1。

$$距离比例=\frac{\geqslant 50\%-50\%}{\geqslant 50\%-<50\%}=\frac{88\%-50\%}{88\%-29\%}=0.64$$

$$\lg TCID_{50}=-5+0.64\times(-1)=-5.64$$

则：$TCID_{50}=10^{-5.64}/0.1$ mL。表示该病毒悬液进行$10^{-5.64}$稀释后，每孔(瓶)细胞接种0.1 mL，可以使50%的细胞孔(瓶)产生CPE。病毒含量(毒价或滴度)可表述为每0.1 mL含$10^{-5.64}$ $TCID_{50}$(或$10^{-6.64}$ $TCID_{50}$/mL)。

2. 实例——*以猪瘟病毒活疫苗效力检测为例*

(1)用兔检验：按瓶签注明头份，将疫苗用灭菌生理盐水稀释至待检倍数，耳静脉注射1.5～3.0 kg兔2只，各1.0 mL。接种后，上、下午各测体温1次，48 h后，每隔6 h测体温1次，根据体温反应和攻毒结果进行综合判定。

接种疫苗后，兔的体温反应标准如下。

定型热反应(＋＋)：潜伏期48～96 h，体温上升呈明显曲线，至少有3个温次升高1 ℃以上，并稽留18～36 h，如稽留42 h以上，必须攻毒，攻毒后如果无反应，可判为定型热。

轻热反应(＋)：潜伏期48～96 h，体温上升呈明显曲线，至少有2个温次升高0.5 ℃以上，并稽留12～36 h。

可疑反应(±)：潜伏期48～96 h，体温曲线起伏不定，或稽留不到12 h，或潜伏期在24 h以上，不足48 h，或超过96 h至120 h出现热反应。体温反应呈二次高峰,有一次高峰符合定型热反应(++)或轻热反应(+)标准者,均需攻毒。攻毒后无反应时,该兔热反应可判为定型热或轻热反应。

无反应(-):体温正常者。

结果判定:接种疫苗后,当2只家兔均呈定型热反应(++),或1只兔呈定型热反应(++)、另外1只兔呈轻热反应(+)时,疫苗判为合格。

接种疫苗后,当1只家兔呈定型热反应(++),或轻热反应(+)、另外1只兔呈可疑反应(±)时;或2只兔均呈轻热反应(+)时,可在接种后7～10 d攻毒。

攻毒时,加对照兔2只,攻毒剂量为50～100倍乳剂。每只兔耳静脉注射1.0 mL。攻毒后的体温反应标准如下。

热反应(+):潜伏期24～72 h,体温上升呈明显曲线,升高1 ℃以上,并稽留12～36 h。

可疑反应(±):潜伏期不到24 h,或72 h以上,体温曲线起伏不定,或稽留不到12 h,或超过36 h而不下降。

无反应(-):体温正常者。

攻毒后,当2只对照兔均呈定型热反应(++),或1只兔呈定型热反应(++)、另外1只兔呈轻热反应(+),而2只接种疫苗兔均无反应(-),疫苗判为合格。

注:接种疫苗后,如果有1只兔呈定型热反应(++),或轻热反应(+)、另外1只兔呈可疑反应(±)或无热反应(-),可对可疑反应或无反应兔采用剖杀或采心血分离病毒的方法,判明是否隐性感染;或接种疫苗后,2只兔均呈轻热反应,也可对其中1只兔分离病毒。方法是:接种疫苗后96～120 h,将兔剖杀,采取脾脏,用生理盐水制成50倍稀释乳剂(脾乳剂应无菌),或采心血(全血)接种2只兔,每只兔耳静脉注射1.0 mL。凡有1只兔潜伏期24～72 h出现定型热反应(++),疫苗判为合格。

接种疫苗后,出现其他反应情况无法判定时,可重检。用兔做效力检验,应不超过3次。

(2)用猪检验:按瓶签注明头份,将疫苗用灭菌生理盐水稀释成待检倍数(如1/300头份/mL),肌内注射猪瘟病毒抗体阴性的猪2头,每头1.0 mL。接种后10～14 d,连同对照猪3头,各注射猪瘟病毒石门系血毒1.0 mL(不低于$10^{5.0}$ MLD),观察16 d。对照猪应全部发病,且至少死亡2头,免疫猪应全部健活或稍有体温反应,但无猪瘟临床症状。

3.10.1.7 真空度测定

对于采用真空密封,并用玻璃容器盛装的冻干制品,可以使用高频电火花真空测定器进行密封后容器内的真空度测定。测定时,将高频电火花真空测定器指向容器内无制品的部位，如果容器内出现火光，则判为制品合格。

3.10.1.8 剩余水分测定

每批干燥制品任抽4个样品，各样品剩余水分均应不超过4.0%。如果有超过时，可重检1次，重检后如果有1个样品超过规定，该批制品应判为不合格。

3.10.1.9 非洲猪瘟病毒核酸检测

1. 检验步骤

(1)样品处理：将随机抽取的冻干疫苗，按10头份/0.2 mL稀释，等量混合，取混合液加入高压过的1.5 mL离心管中，5 000*g*离心10 min，使用时吸取上清液。

油佐剂灭活疫苗取混合疫苗3.6 mL，加入正戊醇0.4 mL，充分振荡混匀1 min，2～8 ℃冰箱中静置不少于60 min，直至油相和水相分离，取水相备用。

水相灭活疫苗2瓶疫苗混合均匀备用。

半成品、种毒取2瓶混合均匀备用。

猪胰酶取至少2份干粉样品，配制成不低于2.5%的溶液，等量混合备用。

猪血清/猪源细胞(浓度不少于$10^{7.0}$个细胞/mL)取2份样品，等量混合备用。

猪组织每种组织、分别取样和处理。取不少于2.0 g组织、研磨后再用5倍体积灭菌PBS悬浮，70 ℃灭活30 min，4 ℃下以2 000～3 000*g*离心10 min，取上清液进行核酸提取。

(2)核酸提取(按照核酸抽提试剂盒说明进行，以宝生物试剂盒为例)：处理好的样品200 μL加入20 μL蛋白酶(proteinase)K溶液，混匀加入200 μL缓冲液GB(试剂盒自带)，充分颠倒混匀，70 ℃放置10 min，溶液变清亮，短时离心以去除管盖内壁水珠。

加入200 μL无水乙醇，充分振荡混匀15 s，短时离心去除管内壁水珠。

将上述所得溶液加入吸附柱中(吸附柱放入收集管中，吸附柱和收集管试剂盒附带)，12 000 r/min离心1 min，倒掉收集管中的废液，将吸附柱放入收集管中。

向吸附柱中加入500 μL缓冲液GD，12 000 r/min离心1 min，倒掉废液，将吸附柱放入收集管中。

向吸附柱中加600 μL漂洗液PW(试剂盒附带)，12 000 r/min离心1 min，倒掉废液，将吸附柱放入收集管中。

重复上述操作步骤。

将吸附柱放回收集管中，12 000 r/min离心2 min，将吸附柱置于室温放置5～8 min，彻底晾干吸附材料中残余的漂洗液。

将吸附柱转入一个新的离心管中，向吸附膜的中间部位悬空滴加20 μL洗脱缓冲液TE(试剂盒附带)，室温放置2～5 min，12 000 r/min离心2 min，将溶液收集到离心管中，−20 ℃以下保存备用。

(3)核酸扩增(按照核酸扩增试剂盒说明进行,以北京明日达非洲猪瘟病毒荧光 PCR 核酸检测试剂盒为例):取所需数量的 200 μL EP 管做好标记,同时设立阴性、阳性对照管,分别加入 20 μL 的荧光 PCR 反应液。

将已处理好的待检样品及阴性、阳性对照分别取 5 μL 按标记的顺序加入反应液中,混和均匀后瞬时离心,放入荧光 PCR 仪。

按照表 3-7 的参数设置好后,选择 FAM 通道采集荧光信号,进行 PCR 扩增。

表 3-7 PCR 扩增程序

RCR 反应阶段	RCR 反应条件	循环数
预变性	95 ℃;3 min	1
PCR	95 ℃;10 s 60 ℃;20 s 此阶段采集荧光	40

(4)结果判定

实验成立条件如下。

阳性对照:ct≤30,有明显指数增长。

阴性对照:无 ct 值,无明显指数增长期和平台期。

判定标准如下。

阳性:样品检测结果 ct≤40,有明显指数增长。

阴性:样品检测结果无 ct 值。

2. 注意事项

为了避免交叉污染,请尽可能在无核酸酶的环境下操作,并将实验过程分区进行(试剂准备区、样本制备区、扩增区等)。

配制 PCR 反应体系时应尽量避免气泡产生,扩增前应检查反应管是否盖紧,以免反应液泄漏污染仪器。

为保证实验结果准确,样品应为新鲜采集的。

3.10.2 灭活疫苗检验技术

猪用灭活疫苗检验主要包括:性状检验、装量检查、无菌检验、安全检验、效力检验、甲醛残留量测定、非洲猪瘟病毒核酸检测等。

二维码 3-5 质检

3.10.2.1 油乳剂灭活疫苗的性状检验

1. 外观与颜色

为乳白色乳剂。

2.剂型

油包水型:取一洁净吸管,吸取少量疫苗滴于冷水中,第一滴分散属正常现象,以后各滴呈油滴状不扩散。

水包油型:疫苗滴于冷水中呈云雾状扩散。

水包油包水型:取洁净的吸管,吸取少量的疫苗滴于冷水中,呈云雾状扩散。

3.稳定性

用一次性注射器(10 mL)吸取被检样品 10 mL,置于 10 mL 玻璃离心管中,配平后放入离心机,3 000 r/min 离心 15 min,管底析出的水相应不大于 0.5 mL。

4.黏度

将被检样品恢复室温后,吸取适量被检样品,加入测试筒内,按照数字旋转黏度计的标准操作流程进行检测,结果应不超过 200 cP。

3.10.2.2 装量检查

本法适用于剂型为液体的以容积为计量单位的兽用生物制品的装量检查。除另有规定外,应符合下列规定(表 3-8)。

表 3-8 最低装量检查使用量具参考表

标示装量	吸管/量筒
小于 1 mL	1 mL 吸管(或注射器或适宜量程的移液器)
1 mL	2 mL 吸管(或注射器)
2 mL	5 mL 吸管(或注射器)
4 mL	5 mL 吸管(或注射器)
5 mL	10 mL 吸管(或注射器)
6 mL	10 mL 吸管(或注射器)
10 mL	25 mL 量筒或吸管
20 mL	25 mL 量筒或吸管
40 mL	50 mL 量筒
50 mL	100 mL 量筒
100 mL	100 mL 量筒+10 mL 吸管
150 mL	250 mL 量筒
200 mL	250 mL 量筒
250 mL	250 mL 量筒+10 mL 吸管
500 mL	500 mL 量筒+10 mL 吸管
1 000 mL	1 000 mL 量筒+10 mL 吸管

取供试品 5 个(装量在 50 mL 和 50 mL 以上者取 3 个),使之恢复至室温,开启时注意避免损失。参照最低装量检查使用量具参考值,用经标化的吸管(或注射器)和量筒进行装量检查。

对仅需要用吸管或者注射器进行装量检查的样品,直接用干燥并经标化的吸管或者注射器(含针头),尽量吸尽,读数。

对仅需要用量筒进行装量检查的样品,直接将瓶中内容物全部倒入适宜的量筒中,将检验瓶倒置 15 min,尽量倾净,然后读数。

对需使用量筒和吸管(或注射器)进行装量检查的样品,将检验瓶中的内容物倒入适宜的量筒中,当接近量筒的最大容量时,用干燥并经标化的吸管(或注射器)将额外的量加入量筒,直至量筒的最大容量。对剩余的内容物直接用干燥并标化的吸管(或注射器)检查,根据量筒和吸管的总量计算装量。

每个供试品的装量,均应不低于瓶签的标示量,如果有 1 个容器装量不符合规定,应另取 5 个(装量在 50 mL 和 50 mL 以上者取 3 个)复查,应全部符合规定,否则判为不合格。

3.10.2.3 无菌检验

1. 抽样

应随机抽样并注意代表性。成品的无菌检验应按照每批或每个亚批进行,每批按瓶数的 1%抽样,但不应少于 5 瓶,最多不超过 10 瓶,每瓶分别进行检验。

2. 检验用培养基

硫乙醇酸盐培养基(TG),用于厌氧菌和需氧菌的检查。酪胨琼脂培养基(GA),用于需氧菌的检查。胰酪大豆胨液体培养基(TSB),用于真菌和需氧菌的检查。

3.10.2.4 安全检验

各种制品的安全检验,除另有规定外,每批任抽 3 瓶,混合后,按照各产品质量标准中的规定进行检验和判定。使用的动物必须符合其产品质量标准中规定的要求。如果安全检验时动物有死亡,须明确原因,确属意外死亡时,本次检验作无结果论,可重检 1 次;如果检验结果可疑,难以判定时,应以增加 1 倍数量的同种动物重检;如果安全检验结果仍可疑,难以判定时,则该批制品应判为不符合规定。

凡规定用多种动物进行安全检验的制品,如果有一种动物的安全检验结果不符合该产品质量标准规定,则该批制品应判为不符合规定。

3.10.2.5 效力检验

各种制品的效力检验,除另有规定外,每批任抽 1 瓶,按照各产品质量标准的规定进行检验和判定。

规定可用本动物免疫攻毒法或其他方法任择其一进行效力检验时，应尽量采用体外生物学方法或其他替代方法取代本动物攻毒法进行检验。

检验用动物，除另有规定外，均应用清洁级或清洁级以上的动物；应选同品种、体重大致相同并符合生产、检验用动物标准的动物。外购动物应要求同来源并必须经过隔离饲养，观察适当时间证明符合试验要求后，方可使用。

凡攻击强毒的动物，必须在负压环境下饲养。强毒舍必须有严格的消毒设施，动物尸体、废弃物及废水应进行无害化处理，排出的空气需经高效率滤过处理，并由专人管理。

效力检验中的免疫动物，应在专用动物舍内饲养。在免疫中有意外死亡时，如果存活数量仍能达到规定的保护数量以上，可以进行攻毒。攻毒后，如果能达到质量标准中规定的保护数量，可判为合格。攻毒后不符合规定者，应作为一次检验计算。

在效力检验中攻击强毒时，免疫动物与对照动物必须同时进行。对免疫动物攻毒时，应尽量避免在接种疫苗的同一部位进行。

需要进行效力重检时，应注意以下 3 点。

(1)应对首次检验结果进行详细分析，当检验结果受到其他因素影响，不能正确反映制品质量时，除另有规定外，可用原方法重检 1 次。

(2)对不规律的效力检验结果，高稀释度(或低剂量)合格，低稀释度(或高剂量)不合格，判定为无结果。

(3)效力检验中，攻毒后对照动物的发病数达不到规定数而免疫动物保护数达到规定数时，该次检验判为无结果；当对照动物发病数和免疫动物保护数均达不到规定数时，判制品为不符合规定。目前，猪用疫苗常见的效力检测方法有血清学检测和免疫攻毒检测。

①血清学检测是将疫苗按照标准接种相应标准的实验动物，同时设立空白对照组，免疫一段时间(不同产品时间不同)后，连同对照组采血，分离血清，测定相应抗体效价，符合标准要求的判为合格。

②免疫攻毒检测是将疫苗按照标准接种相应标准的实验动物，同时设立空白对照组，免疫一段时间(不同产品时间不同)后，连同对照组用检验用毒攻击，攻毒后一段时间(不同产品时间不同)，根据各组发病情况判定检验是否成立，对照组发病达到标准，免疫组保护数量达到标准要求，该批次疫苗判定为合格。

3.10.2.6 甲醛残留量测定

1. 原理

甲醛与乙酰丙酮在一定 pH 条件下反应，生成黄色物质，通过测定 410 nm 波长处吸光度，根据被检品和对照品吸光度计算出被检品中甲醛含量。

2.材料与设备

标准甲醛溶液配制：称取已标定的甲醛溶液适量，配成1.0 mg/mL标准甲醛溶液。

例如：标定的甲醛溶液浓度为37.45%，称取上述甲醛溶液100 mg/37.45%=267.02 mg置于100 mL容量瓶中，加水至100 mL即得。

20%吐温-80乙醇溶液配制：吸取吐温-80 20 mL，加无水乙醇至100 mL即得。

醋酸-醋酸铵缓冲液(pH 6.25)配制方法如下。

醋酸液：醋酸(AR)12.9 mL加水至100 mL。

醋酸铵液：醋酸铵(AR)173.4 g加水至1 000 mL溶解。

醋酸液40 mL与醋酸铵液1 000 mL混合，置于冷暗处保存。

乙酰丙酮试液配制：乙酰丙酮(AR)7.0 mL，加乙醇14 mL混合，加水至1 000 mL。

检测样品、注射用水、恒温水浴锅一台、紫外-可见分光光度计一台、5.0 mL吸管若干、10 mL吸管若干、50 mL容量瓶若干、50 mL比色管若干、比色管架、石英比色皿、擦镜纸。

3.对照品溶液的制备

(1)吸取5.0 mL标准甲醛置于50 mL容量瓶中，加纯化水至刻度，摇匀，即得。

(2)如被测样品为油乳剂疫苗，则量取标准甲醛溶液5.0 mL置于50 mL容量瓶中，加20%吐温-80乙醇溶液10 mL，再加纯化水至刻度，摇匀，即得。

4.供试品溶液的制备

油乳剂疫苗：用5.0 mL刻度吸管吸取被检样品5.0 mL(用滤纸擦去刻度吸管外壁多余样品)，置于50 mL容量瓶中，用20%吐温-80乙醇溶液10 mL，分次洗涤吸管，洗液并入50 mL容量瓶中，强力振摇使其破乳，加纯化水稀释至刻度，颠倒混匀，静置分层，下层液如不澄清，滤过，弃去初滤液，取澄清的后续滤液，即得。

其他疫苗：用5.0 mL刻度吸管量取被检样品5.0 mL，置于50 mL容量瓶中，加纯化水稀释至刻度，摇匀。溶液如不澄清，滤过，弃去初滤液，取澄清的后续滤液，即得。

5.空白对照溶液的制备

油乳剂疫苗：用5.0 mL刻度吸管吸取纯化水5.0 mL置于50 mL容量瓶中，加20%吐温-80乙醇溶液10 mL，再加纯化水至刻度，摇匀，即得。

其他疫苗：取纯化水50 mL置于50 mL容量瓶中即得。

6.测定法

精密吸取对照品溶液、被检品溶液和空白对照溶液各0.5 mL，分别加醋酸-醋酸铵缓冲液 10 mL,乙酰丙酮试液 10 mL。

置于 60 ℃恒温水浴 15 min,冷水冷却 5 min,室温静置 20 min。

以空白对照调零,按紫外-可见分光光度法,在 410 nm 的波长处分别测定对照品溶液的吸光度、被检品溶液的吸光度,计算即得。

7. 计算公式

$$甲醛溶液(40\%)含量\%(g/mL)=0.0025\times\frac{被检品溶液吸光度}{对照品溶液吸光度}\times100\%$$

3.10.2.7 非洲猪瘟病毒核酸检测

同活疫苗的非洲猪瘟病毒核酸检测。

3.10.3 其他

随着养猪产业的不断发展,疫苗的质量越来越起着举足轻重的作用。除了《中华人民共和国兽药典》中规定的质量标准及检测项目外,不少企业为了加强质量风险点的把控,会在原有检验项目的基础上,再扩大检验范畴。

例如,蛋白质含量检测,活疫苗中多数会涉及含血清的培养基,通过检测疫苗中 BSA 含量,来控制疫苗中血清的含量,提高疫苗产品质量;灭活疫苗中主要为口蹄疫灭活疫苗检测总蛋白质含量,其余产品也参照该标准中的检验方法(Lowry 法),对疫苗的总蛋白质含量进行整体把控,同时对疫苗中有效抗原的蛋白质含量进行检测,从分子生物学角度进行评定把控疫苗的质量。

内毒素检测,重要原辅材料的内毒素有一定的质量标准,各生产企业也对自己产品进行了相应的检测,执行相应的内控质量标准。

由于细胞法外源病毒检测受控于细胞的限制,不少养殖企业,开展了相应的分子生物学检验对疫苗进行评定,如荧光定量 PCR 检测,均有市售的商品化试剂盒,但不同厂家的试剂盒也需要进行比对验证。

另外,在进行疫苗效力检验时,规定可用本动物免疫攻毒法或其他方法任择其一进行效力检验时,应尽量采用体外生物学方法或其他替代方法取代本动物攻毒法进行检验。例如,在进行猪瘟病毒活疫苗的效力检验时,除了用检验兔进行效力评价外,部分企业还会采用 ST 细胞进行间接免疫荧光法对猪瘟病毒开展效力评定。

(刘　浩)

思考题

1. 细菌接入培养基中增殖分为哪几个阶段?各阶段的特点是什么?

2. 细菌培养基主要包含哪些成分?各种成分的作用是什么?

3.在发酵过程中,如何根据溶解氧变化判断细菌生长状态和异常情况?

4.细菌发酵罐主要由哪些部分组成?

5.病毒抗原生产用种子毒标准是什么?

6.转瓶培养法的优缺点分别有哪些?

7.细胞培养基的功能及主要成分构成是什么?

8.全悬浮细胞培养工艺常用培养方式有哪几种?各有什么特点?

9.膜过滤纯化法通常应用于哪些方面?为什么?

10.层析纯化技术包括哪几种?在应用上有什么区别?

11.根据灭活剂的作用原理,可以将灭活剂分为几类?分别有什么优势和劣势?

12.影响灭活的主要因素有哪些?

13.不同类型的微生物灭活不彻底会带来哪些风险?

14.佐剂的作用机理是什么?

15.油包水型和水包油型乳剂有什么区别?

第4章

疫苗使用技术

【本章提要】疫苗必须按规定的条件储运，选用正确的免疫接种方法和科学的免疫程序是保障免疫效果的重要手段。猪用疫苗的免疫接种方法包括注射免疫与鼻腔免疫接种途径，免疫程序的制定要充分考虑疫苗的种类及特点、免疫的目的、疫病流行情况、动物的种类、饲养管理条件等因素。免疫后通过免疫监测（主要是血清学反应）评价免疫效果，分析免疫失败的原因。

4.1 疫苗的储运

无论何种疫苗，均应尽量保持疫苗抗原的一级结构、二级结构和立体构型，保护其抗原决定簇，才能保持疫苗的免疫原性。适宜的储运方式是保证疫苗质量的关键措施。

4.1.1 疫苗冷链储运

疫苗从生产、储存、运输、分发到使用的整个过程，应有完好的冷藏设备，使疫苗始终置于规定的温度环境中，保证疫苗的功效不受影响。

1. 疫苗冷链储运的配套设备

配套设备包括储存疫苗的低温冷库、普通冷库、冰箱、冷藏箱、冷藏背包、疫苗冷藏运输车以及温度监控系统。

2. 疫苗冷链储运的重要性

(1)疫苗对温度敏感:疫苗是特殊的药品，对温度敏感，从制造到使用的每个环节，都可能因温度不符合规定要求而失效。在运输、储存等环节有严格的冷藏保温要求。温度过高或过低都可能对疫苗质量产生影响。配送储存都必须在适宜的温度下进行,一条完整的冷链不能断开。如果存在偏差将导致疫苗变性、失效。

(2)冷链断链影响疫苗功效:疫苗在运输、保存过程中,冷链断链导致温度忽高忽低,影响疫苗的功效。

(3)温度监控系统:在疫苗冷链运输过程中,温度监控系统不可缺少。运输专用车应能自动调控和显示温度状况,完好的硬件是疫苗冷链运输的前提。要做好疫苗的冷链运输,首先要有过硬的硬件设备。例如冷藏车,车辆与制冷机都要严格把关,确保完好,这是疫苗冷链运输的基础。

《药品经营质量管理规范》明确规定:经营疫苗或生物制品的企业,应有与经营规模和经营品种相适应的冷藏(冻)储存、运输设备;在运输过程中,对有温度要求的药品,应采取相应的保温或冷藏措施;疫苗运输采用的冷藏车辆及冷藏(冻)箱,应能自动调控和显示温度状况;药品运输应在规定的时间内完成,不得将运输车辆作为药品的储存场所。

4.1.2 疫苗的运输

1. 疫苗运输的原则

四防一快:防高温、防暴晒、防冻融、防破碎,快速。

2. 疫苗运输的方法

(1)批量运输的方法:冷藏运输车。

(2)小量运输的方法:冷藏箱加冰块、塑料袋加冰块。

疫苗在运输过程中,不论使用何种运输工具运送,都应注意防止高温、暴晒和冻融。北方寒冷地区冬季要避免液体制品冻结,尤其要避免由于温度高低不定而引起的反复冻结和融化。切忌把疫苗放在衣袋内,以免由于体温较高而降低药品的效力。大批量运输的生物制品应放在冷藏箱内,有冷藏车者用冷藏车运输更好,要以最快的速度运送生物制品。

4.1.3 疫苗的贮藏

1. 疫苗贮藏的原则

恒温、有序。

2. 疫苗贮藏的方式及温度

(1)疫苗贮藏的方式:大、中型冷库保存(经营疫苗、生物制品的企业)、低温冰柜、冰箱(中量保存)。

(2)疫苗贮藏的温度：因疫苗种类不同，疫苗贮藏时的温度也不同，通常情况下存放疫苗有以下几种情况：冷冻真空干燥疫苗（活疫苗）贮藏温度为－15 ℃；灭活疫苗、血清诊断液等贮藏温度为 2～15 ℃（4 ℃为最适温度）。

生物制品不耐高温，工作中必须坚持按规定温度条件保存，不能任意放置，防止高温存放或温度忽高忽低，以免影响生物制品质量。

4.2 免疫接种策略及免疫接种方法

4.2.1 免疫接种策略

1. 定期免疫接种

有组织的定期免疫接种：是将疫苗强制的或有计划的反复投给，主要以易感动物全群为目标，接种后使免疫动物群体形成了一个免疫屏障，即群体免疫。如猪场按制定的免疫程序有计划的免疫接种；政府组织的免疫接种，如我国的猪瘟疫苗和鸡新城疫疫苗接种等；法国及德国的口蹄疫疫苗接种；日本的猪瘟疫苗接种均属此类。

2. 环状免疫接种

环状免疫接种（包围预防接种）是以疾病发生地点为中心，划定一个范围，对范围内所有易感动物全部免疫接种。

3. 屏障免疫接种

屏障（国境）预防接种是以防止病原体从污染地区向非污染地区侵入为目的而进行的，对接触污染地区边界的非污染地区的易感动物进行免疫。

4. 紧急免疫接种

紧急免疫接种是在发生传染病时，为了迅速控制和扑灭疫病的流行，对疫区和受威胁区尚未发病的动物进行的应急性接种，如猪场发生猪瘟时的应急性接种。与环状免疫接种相似，只是受到威胁的场、地区应紧急接种，接种地区不一定呈环状。

4.2.2 免疫接种途径

为了保证疫苗的免疫效果，在进行免疫途径选择时，应根据疫苗的种类及特点、疫病发生特点、病原体入侵门户及定位、疫苗接种的人工成本，全面考虑既达到最佳免疫效果，又减少副作用的接种途径。猪常用的免疫接种方法如下。

4.2.2.1　注射免疫接种

1. 注射免疫接种的优缺点

优点：接种量准确、免疫效果好、吸收快。

缺点：①费力，占用较多人力（捕捉动物）。②费时，每头均要接种，操作慢。③当操作不良时，可能会引起接种局部或全身出现副作用（局部肿胀、坏死、肌肉损伤、跛行，甚至死亡）。④捕捉动物时引起动物惊吓，产生应激反应，影响生产力。

2. 注射免疫接种的方法

(1)肌内注射：猪的肌肉免疫接种部位宜在颈部和臀部。该部位肌肉丰富，血管少，远离神经干。注射时应根据猪的大小和肥瘦程度不同，掌握刺入的深度，如刺入太浅将疫苗注入皮下脂肪，则不能吸收。

(2)皮下注射：多选在皮肤较薄，富有皮下组织的部位，如猪的耳根或股内侧，凡不适于肌内注射的疫苗可采用这种方法接种。操作方法是用手轻轻地提起动物的皮肤，用 9 号针头刺入，使疫苗注入皮肤与肌肉之间。

(3)后海穴注射：后海穴位于猪肛门的上方，尾根的下方正中窝处。在此穴位对症注射药物，能刺激猪的神经系统，促进血液循环，调节体液，而达于病变部位，发挥针刺的神经刺激及药物治疗的双重作用；而且通过神经传导见效快，对治疗猪胃肠道及泌尿生殖系统疾病有很好效果。常用于猪传染性胃肠炎和流行性腹泻二联灭活疫苗的免疫接种。注射针头宜选用长针头，注射前先用酒精消毒，注射时应按常规消毒注射部位。注射时针头应与猪的脊柱方向平行、与皮肤垂直平稳刺入。严防针尖朝上或朝下，朝上则刺到尾椎骨上；朝下则刺入直肠内，不仅使注射无效，还损伤了直肠。注射深度小猪为 2～3 cm，大猪为 3～5 cm，注射后消毒。

(4)胸腔注射：多用于 30 日龄以上的健康猪，将活疫苗稀释成 1 头份/mL，从猪的右侧肩胛后缘约 2 cm 肋间隙进针，穿透胸壁将疫苗注入胸腔内。

4.2.2.2　鼻腔免疫接种

多用于断奶前后的健康仔猪。将活疫苗稀释成 1 头份/mL，然后在猪吸气时，喷入鼻腔。

4.2.3　免疫接种的注意事项

4.2.3.1　免疫接种前的注意事项

1. 制定合理的免疫程序

应结合当地的实际情况，制定出适合本地、本场疫病防控的免疫程序。

2. 编订免疫接种登记册及接种人员培训

内容包括接种对象、时间、使用疫苗名称、剂量、途径、生产厂家、生产批号、有效期等。安排及组织接种保定人员，按免疫程序有计划地进行免疫接种。免疫接种前对饲养人员进行一般的兽医知识培训，包括免疫接种的重要性、基本原理、接种后的饲养观察等。

3. 疫苗的保存、运输和用前检查

严格把关并做详细记录，若遇以下情形之一者，应弃之不用。

(1)没有标签，无头份和有效期或不清者。

(2)疫苗瓶破裂或瓶塞松动者。

(3)生物制品质量与说明书不符，如色泽、沉淀发生变化，瓶内有异物或已发霉者。

(4)超过有效期者。

(5)未按产品说明和规定进行保存、运输者。

4. 免疫猪群的健康检查

为保证免疫接种的安全及效果，在进行免疫接种时，必须预先对猪群进行健康状况检查，对病或不健康猪群不宜接种，接种前应对预定接种的动物进行了解及临床观察，必要时进行体温检查，凡体质瘦弱、待分娩、体温升高或疑似病猪，均不应接种疫苗。对这类未接种猪以后应及时补漏接种。在恶劣气候条件下也不应该接种疫苗。

5. 器械准备与消毒

接种用注射器、针头、镊子、滴管、稀释用的瓶子要事先清洗，并用沸水煮15～30 min。消毒切不可用消毒药消毒。1个注射针头接种1头动物。

6. 疫苗稀释

将疫苗升至室温，用疫苗说明书所规定的稀释液或灭菌生理盐水进行稀释，注意稀释液的质量要求，禁用自来水或白开水作为稀释液。稀释时应反复冲洗以防疫苗损失，并注意小心操作，避免疫苗液漏失。

4.2.3.2 免疫接种过程的注意事项

1. 工作人员穿着、卫生、消毒

工作人员需穿着工作服及胶鞋，必要时戴口罩。事先须修短指甲，并保持手指清洁，手用消毒液消毒后方可接触接种器械。工作前后均应洗手消毒，工作中不应吸烟及饮食。

2. 疫苗的注射

稀释好的疫苗使用前，疫苗的瓶塞上应固定一个针头，盖上酒精棉球，吸液时应充分振摇使其均匀混合。疫苗应随配随用，随吸随注，稀释好的疫苗应在规定时间内用完。一般环境温度 15～25 ℃,6 h 内用完;25 ℃以上,4 h 内用完。有些疫苗要求稀释后 1 h 用完。针筒排气溢出的药液,应吸积于酒精棉球上,并将其收集于专用瓶内,用过的酒精棉球和吸入注射器内未用完的药液也注入专用瓶内,集中后进行无害化处理。

3. 接种密度

预防接种首先是保护被接种动物的健康,即个体免疫。对动物群体进行预防接种,使之对某一种传染病产生免疫抵抗的动物数量达到 75%～80%时,免疫动物群就形成了一个免疫屏障,从而可以保护一些未被免疫的动物不受感染,即群体免疫。所以免疫接种密度要达到 75%～80%及以上。

4. 疫苗剂量与免疫次数

接种疫苗剂量低于一定限度时,会影响机体的免疫应答,抗体不能形成或监测不达标,达不到应有的免疫效果。接种一次灭活疫苗,往往产生抗体量低而且消失快,如果在第一次接种后 2～4 周再接种一次,抗体量可迅速升高,3～5 d 即达到高峰,且持续时间长(再次应答)。所以在免疫接种时,应接种剂量准确,免疫次数按免疫程序执行,以获得理想的免疫效果。

5. 注意抗菌药物的干扰

在使用由细菌制备的弱毒疫苗时,注射疫苗前后 10 d 不能使用抗生素及磺胺类药物,也不可饲喂含抗菌药物的饲料,以免造成免疫失败。

4.2.3.3　免疫接种后的注意事项

1. 注射器、针头、镊子、滴管等用完后的清理

注射器、针头、镊子、滴管等用完后浸泡于消毒液内,时间不少于 1 h,注射器、针头洗净干燥后用纱布包好保存。临用时煮沸消毒 15 min,冷却后再在无菌条件下装配注射器,包以消毒纱布收纳于消毒盒内备用。接种完毕后,要将疫苗空瓶、多余疫苗及用具一并消毒灭菌。

2. 处理疫苗

开启和稀释后的疫苗,当天未用完者应废弃。未开启和未稀释的疫苗放入冰箱,在有效期内下次接种时先使用。

3. 记录免疫接种情况

填写免疫接种登记表。

4. 反应观察

预防接种后,接种反应时间内免疫接种人员要对被接种动物进行接种反应观察,详细观察动物的饮食、精神、大小便情况,并抽查体温,对有反应的动物应予以登记,对接种反应严重或发生过敏反应的应及时抢救、治疗,一般经 7～10 d 没有反应时,可以停止观察。

5. 免疫接种前后，加强饲养管理

接种前后，通过加强饲养管理、添加抗应激添加剂、减少应激因素、改善营养条件等措施配合增强其免疫效果。同时，还必须加强卫生保健管理，如消毒、清洁、隔离等措施。

6. 接种后的免疫效果监测

凡有监测方法的疫苗，免疫接种后应抽查一定比例的免疫接种动物，进行抗体监测，了解免疫效果，以便采取措施。如接种猪瘟活疫苗后，应在第 10 天、第 20 天进行免疫后的抗体效价监测；详见本章 4.4 免疫抗体监测。

4.3 免疫程序

4.3.1 免疫程序的概念

免疫程序是一个地区或单位根据疫病在本地区或本场的流行情况及规律，猪群的用途、年龄、母源抗体水平和饲养条件，使用疫苗的种类、性质、免疫途径等情况，制定的合理的预防接种计划，使动物机体获得稳定的免疫力，也称免疫计划。从狭义上讲，免疫程序指猪场某种疫苗的初免日龄、免疫次数、两次免疫间隔（基础免疫和加强免疫的时间间隔）等内容。

4.3.2 免疫程序的制定

4.3.2.1 制定免疫程序的意义

免疫接种是预防猪常见传染病最有效的措施。免疫接种不仅需要质量可靠的疫苗、正确的接种方法及熟练的操作技术，还需要科学规范的免疫程序，才能让各类疫苗发挥出最佳免疫效果。作为规模化猪场，一旦发生疫病将会给企业带来难以估量的损失，因此，制定一套科学合理的疫病免疫程序具有重要意义，关系到猪场的可持续发展。目前猪场的疫病大多是由细菌和病毒等混合感染或继发感染引起的，因此，树立以疫苗预防为主，加强饲养管理，猪场应通过了解本场猪群疫病的种类、流行情况、抗体水平、生产需要以及饲养管理水平等情况，制定出行之有效的免疫程序。

规模化猪场常见的传染病主要包括病毒性疾病和细菌性疾病，如猪瘟、猪口蹄疫、猪伪狂犬病、猪细小病毒病、猪繁殖与呼吸综合征、乙型脑炎等，以及大肠杆菌病、霉形体肺炎、仔猪副伤寒、猪丹毒、猪肺疫、萎缩性鼻炎等。猪常见的传染病具有种类繁多、流行性快、分布广、病原突变率较高等特点，制定免疫程序时应引起高度重视，不能盲目使用疫苗免疫，以免暴发该病。

4.3.2.2　制定免疫程序应遵循的原则

1. 接种疫苗的时效性和可行性

猪抗体水平包含先天获得和后天免疫产生的抗体，母源抗体从仔猪出生起就存在，存在时间较短，但在传染病的预防中起着重要作用。后天获得抗体主要通过疫苗的免疫接种，一般疫苗免疫 1 周后才产生免疫力。科学的免疫程序是在相关传染病抗体水平监测的基础上合理制定的，要在抗体监测的基础上安排免疫，同时要准确把握免疫时机。免疫的疾病要有针对性，要安排免疫本场常见、多发的疾病。必须考虑猪场所在地区猪病疫情流行情况和该猪场曾经发生过什么病、发病日龄、发病频率及发病批次，依此确定疫苗的种类和免疫时机。对于本地区、本场尚未证实发生的新流行疾病，必须证实已受到严重威胁时才进行免疫接种。

同时，疫苗的质量要稳定可靠，疫苗的类型和毒力要适合本场的情况，不同的剂型意味着不同的免疫方法。例如，灭活疫苗、类毒素和亚单位疫苗不能经消化道接种，一般用于肌内注射；国内有的猪气喘病弱毒冻干疫苗采用胸腔接种，有的采用鼻腔喷雾免疫；伪狂犬病($gE^{-}gI^{-}$)双基因缺失疫苗对仔猪喷鼻免疫效果更好，它既可建立免疫屏障又可避免母源抗体的干扰。常规的肌内注射接种受母源抗体影响，需结合抗体水平消长制定。合理的免疫途径可以刺激机体快速产生免疫应答，而不合适的免疫途径可能导致免疫失败和造成不良反应，同种疫苗采用不同的免疫途径所获得的免疫效果是不一样的。

2. 制定的免疫程序科学合理

生产中若想疫苗充分发挥应有的免疫效果，达到预防和控制传染病的目的，需要摸索制定最合适的初免年龄、最少的接种次数、最合理的接种间隔时间等诸多程序并严格实施。生产中有很多免疫程序制定不科学的例子，如各种疫苗免疫接种的顺序，包括免疫起始日龄、接种次数、接种剂量、加强免疫间隔时间、几种疫苗的联合免疫等。有的养猪场不了解免疫疫苗的种类和特性，盲目照抄照搬其他猪场的免疫程序和方法；有的猪场的兽医人员技术不精，制定的免疫程序不能覆盖该猪场所有的常发猪病，导致免疫漏洞；有的猪场对疫苗免疫起始日龄过早或过晚也会导致很多问题，过早易受母源抗体的干扰，而过晚会出现抗体空白期；接种次数过多会干扰免疫抗体消长规律；免疫剂量过大，易造成免疫麻痹或免疫抑制等。还有的养猪场制定免疫程序时选用的疫苗多而全，几乎将市场上商业化疫苗全部使用，这种做法既浪费资金，又增加人工劳动量，还增加了猪群应激反应和疫苗毒扩散的风险。也有的猪场为了减少“麻烦”，将两种或更多种不能联用的疫苗联合使用，导致疫苗免疫干扰、抑制，影响免疫效果。接种两种以上病毒活疫苗时，可能先接种的疫苗诱导产生的干扰素抑制后接种疫苗的免疫效果，故不同病毒活疫苗之间免疫间隔 5～7 d。

多种疫苗都需要免疫时,免疫的次序就显得尤其重要。根据季节性、当地疫病流行情况、本场目前的免疫流程来进行合理安排,确定哪些是首要接种的,哪些是次要的。重大疫病疫苗的免疫次数,应确定哪些疫苗需要多次免疫来维持猪群的持续高效的抗体保护力。

4.3.2.3 影响免疫程序制定的因素

目前大多数猪场采取集约化养殖的形式,具有较大的规模,同时也可能发生多种疫病;另外,不同的疫苗、不同的饲养管理方式等决定了猪场免疫程序是不可能相同的,要达到免疫程序和实施方案的科学合理,应根据猪群的免疫基础、疫病的流行情况、各种疫苗的免疫特性和猪场的饲养管理水平等制定切合实际的免疫程序。

免疫程序制定前,需要了解国家或地方疾病控制规划,当地疫病的流行种类、强度、特点因素等情况,有针对性地做好疫苗准备工作。对于常见病、多发病,有疫苗可以预防的应着重安排,而对于本地从未发生过的疫病,即使有疫苗可预防也应当慎重使用。此外,注意接种时机,应在疫病流行季节之前1～2个月进行预防接种,如夏初流行的疫病,应在春季免疫接种。

1.免疫基础

各个猪场猪群间的免疫基础即母猪的免疫状况决定了仔猪的母源抗体水平,母源抗体虽然在体内存在时间较短,但在免疫中起到重要作用,免疫基础决定了疫苗首次免疫的日龄。

2.疫苗特性

疫苗的类型多样,且不同厂家生产的疫苗免疫期及产生的免疫力时间也有所不同,所以疫苗的选择上应结合猪场需求、疫苗起效期、疫苗免疫持续期;疫苗的免疫原性、反应性、产生理想免疫应答的免疫次数、间隔时间、免疫效果和几种疫苗共同接种的反应性、猪只免疫系统发育的完善程度及母体胎传抗体的消失时间等诸多因素综合考虑。一般情况下应首选毒力较弱的疫苗作为基础免疫,后期再用毒力较强的疫苗进行加强免疫。此外不同疫苗之间、疫苗与其他疫病之间存在相互干扰现象,所以不同疫苗接种时间需要设定间隔期,避免相互干扰和免疫应激。

3.猪场的饲养管理水平

猪场的饲养管理水平高低关键在于管理制度是否严格。管理制度严格的猪场,各种防疫措施落实有力,饲养环境控制好的猪场,各类疫病感染的机会相对减少。反之,管理制度松散,防疫措施不能有效落实,各种疫病就会多发。而这两种不同类型猪场的免疫程序制定和疫苗的选择将会截然不同。

4.免疫监测

适时做好猪场的免疫水平监测,是确保猪场安全防疫的关键。为保证免疫程序更科学、更合理，通过实际的免疫有效抗体监测来检验免疫程序，可及时修正免疫程序，确保免疫程序最优化。

4.3.2.4 免疫程序的内容

1. 初次免疫日龄

初次免疫日龄需要同时考虑 2 个因素：产生理想免疫应答的最小日龄，受疾病侵袭的最小日龄。初次免疫起始的最佳日龄是有发病危险性而对疫苗能产生充分免疫应答能力的最低日龄。但免疫效果受免疫系统发育状况和母源抗体等因素的影响，所以必须结合养殖场的实际情况来确定，不可随意照搬。

2. 接种剂量

疫苗接种应当选择适宜的剂量，若剂量过大，超过猪只机体免疫反应的承受能力，造成免疫麻痹或免疫抑制，反而会抑制抗体的产生加重反应。若剂量过低，抗原量不足以刺激机体免疫系统产生良好的免疫应答，无法产生足量的有保护水平的特异性抗体，造成免疫失败。因此，猪场实际操作时应按照说明书和抗体监测结果确定免疫剂量，同时尽量少用联苗，防止疫苗间产生相互干扰。

3. 接种次数

不同的疫苗有不同的接种次数。灭活疫苗接种一次仅起到动员抗体产生的作用，必须要接种 2～3 次才可以获得高水平抗体和牢固的免疫。但是活疫苗一般接种一次即可产生比较理想的免疫效果。

4. 接种间隔

多次免疫接种，每次之间要有一定间隔时间，间隔长短会影响免疫效果。一般来说，适当的长间隔会产生更好的免疫应答效果。但是，如果间隔过长，则会推迟机体产生保护性抗体的时间，增加暴露于病原威胁下的机会。所以，每次免疫之间的间隔长短应适当。间隔过长中断者，无须重新开始或增加次数。间隔过短，超前的一次（包括起始提前）不应作为程序中的一次，应认为无效接种。

5. 加强免疫

疫苗产生的免疫力很少能维持终生。随着时间推移，抗体逐渐衰退。适当时间再接种一次，可刺激机体产生记忆性免疫应答，并维持较高的免疫水平。具体次数和间隔时间，需综合分析免疫持久性、猪群免疫状况和针对传染病的发病情况等因素而定，并根据情况变化做适当调整。

6. 联合免疫和几种疫苗同时接种

免疫实践研究证明，有些疫苗在不同部位同时接种，并不增加临床反应或产生抗原间干扰。因此，临床上也可将特定的几种疫苗同时接种，以减少免疫次数和猪只的应激反应，提高接种率。

4.3.2.5 影响免疫程序制定的因素

免疫程序受多种因素，尤其是母源抗体及疫苗性质的影响，因此必须予以注意，否则必然影响免疫效果。大多数疫苗都需要进行首次免疫以启动机体的保护性免疫，然后间隔一定时间进行再次免疫（强化免疫），以确保这种保护性免疫维持在足够水平。

1. 猪特定日龄发生疾病的可能性

不同的疾病发病日龄有先后，因此在设计免疫程序时，特定疾病的多发日龄就成了重要的实践依据。原则上来说，应当提前于该病多发日龄一段时间进行免疫，以保证在发病日龄开始前产生足够的抗体。

2. 猪母源抗体的影响

母源抗体水平，是影响仔猪免疫效果的一个重要因素。很多时候，免疫过早，仔猪体内母源抗体尚处于高位，疫苗被母源抗体中和，无法产生有效的免疫作用。理想情况应当在母源抗体衰减至临界点的时候进行免疫，效果最佳。在母源抗体水平高时不宜接种弱毒疫苗。例如仔猪的猪瘟免疫程序，根据猪瘟母源抗体下降规律，一般采取 25～30 日龄首免，间隔 4 周在 55～60 日龄再加强免疫一次。另外，伪狂犬病的免疫程序，需根据猪场感染压力的大小，确定是否进行 1 日龄仔猪鼻腔喷雾免疫，之后 8～10 周龄第一次免疫注射，隔 4 周后加强一次免疫注射。

3. 猪特定日龄接种疫苗后，副反应发生的可能性

弱毒疫苗在给健康的成年动物使用时通常不会带来副作用，但是对于孕畜，弱毒疫苗有可能进入胎儿体内，引起流产、死胎或畸形。当群体处在亚健康的状态下，如疾病刚恢复时，因身体的虚弱、机体免疫功能低下，这时抗体水平会参差不齐；如果猪群生病，这时就不能接种疫苗，接种疫苗后可能会加重病症。因此，临床上只能对健康猪实施免疫接种，对患病或疑似患病的猪群，可以暂缓免疫接种，待猪群恢复健康后，再进行疫苗的免疫接种。但在特殊情况下，如猪瘟疫苗、伪狂犬疫苗可以尝试进行紧急接种。

4. 疫苗的影响

疫苗的生产、保存和使用均需严格遵守规定实施。尤其活疫苗对于低温冷链运输和储存要求较高，任何一个环节出现问题都会直接影响疫苗的免疫效果。

5. 饲养管理水平的影响

猪只的养殖条件太差，无法提供生长所需的营养物质的话，会导致猪体内激素含量的变化，免疫器官发育不全，易受病原体侵害，从而影响免疫效果。

4.3.3　猪场常见疫病的基础免疫参考程序

猪场常见疫病的基础免疫参考程序实例分别见表 4-1 至表 4-4。

表 4-1　某规模化猪场免疫程序实例一

猪群	疫苗	免疫时间	备注
种公猪	猪瘟弱毒疫苗	4 月、10 月各免疫 1 次，1 头份	每隔 6 个月免疫 1 次
	猪伪狂犬弱毒疫苗	4 月、10 月各免疫 1 次，1 头份	每隔 6 个月免疫 1 次
	猪乙型脑炎减毒活疫苗	4 月、10 月各免疫 1 次，1 头份	每隔 6 个月免疫 1 次
	猪口蹄疫灭活疫苗	3 月、6 月、9 月、12 月各免疫 1 次，1 头份	每隔 3 个月免疫 1 次
种母猪	猪瘟弱毒疫苗	4 月、10 月、产后 15 d 各免疫一次，1 头份	
	猪伪狂犬弱毒疫苗	4 月、10 月、产后 15 d 各免疫一次，1 头份	
	猪乙型脑炎减毒活疫苗	4 月、10 月各免疫 1 次，1 头份	每隔 6 个月免疫 1 次
	猪口蹄疫灭活疫苗	3 月、9 月、产后 21 d 各免疫 1 次	
	猪流行性腹泻弱毒疫苗	妊娠 73 d 免疫 1 次，1 头份	
	猪大肠杆菌灭活疫苗	妊娠 73 d 和 100 d 各免疫 1 次，1 头份	
	猪流行性腹泻灭活疫苗	产后 15 d 免疫 1 次，1 头份	
后备猪	猪圆环灭活疫苗	130 日龄免疫 1 次，1 头份	
	猪支原体肺炎灭活疫苗	130 日龄免疫 1 次，1 头份	
	猪瘟弱毒疫苗	140 日龄免疫 1 次，1 头份	
	猪伪狂犬弱毒疫苗	140 日龄免疫 1 次，1 头份	
	猪乙型脑炎减毒活疫苗	140 日龄、168 日龄各免疫 1 次，1 头份	
	猪细小病毒灭活疫苗	147 日龄、168 日龄各免疫 1 次，1 头份	
	猪口蹄疫灭活疫苗	154 日龄免疫 1 次，1 头份	
	猪伪狂犬弱毒疫苗	161 日龄免疫 1 次，1 头份	
哺乳仔猪	猪支原体肺炎灭活疫苗	7 日龄、23 日龄各免疫 1 次，1 头份	
	猪圆环灭活疫苗	23 日龄免疫 1 次，1 头份	
保育仔猪	猪瘟弱毒疫苗	42 日龄、70 日龄各免疫 1 次，1 头份	
	猪伪狂犬弱毒疫苗	42 日龄、70 日龄各免疫 1 次，1 头份	
	猪口蹄疫灭活疫苗	63 日龄免疫 1 次，1 头份	
育肥猪	猪伪狂犬弱毒疫苗	90 日龄免疫 1 次，1 头份	
	猪口蹄疫灭活疫苗	105 日龄、200 日龄各免疫 1 次，1 头份	

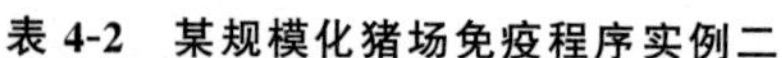

表 4-2　某规模化猪场免疫程序实例二

猪群	疫苗	免疫时间	备注
妊娠母猪	猪伪狂犬弱毒疫苗	妊娠 45 d、妊娠 90 d 各免疫 1 次，1 头份	
	猪流行性腹泻灭活疫苗	妊娠 75 d、妊娠 95 d 各免疫 1 次，1 头份	
	猪口蹄疫灭活疫苗	妊娠 85 d 免疫 1 次，1 头份	
产房母猪	猪乙型脑炎减毒活疫苗	产后 15 d 免疫 1 次，1 头份	只免疫 1 胎
	猪细小病毒灭活疫苗	产后 15 d 免疫 1 次，1 头份	只免疫 1 胎
	猪瘟/猪丹毒/猪肺疫三联疫苗	产后 18 d 免疫 1 次，1 头份	
哺乳仔猪	猪伪狂犬弱毒疫苗	1 日龄免疫 1 次，1 头份	滴鼻免疫
	猪支原体肺炎灭活疫苗	14 日龄免疫 1 次，1 头份	
	猪圆环灭活疫苗	14 日龄免疫 1 次，1 头份	
	猪副伤寒活疫苗	18 日龄免疫 1 次，0.5 头份	口服
保育仔猪	猪蓝耳灭活疫苗	21 日龄免疫 1 次，1 头份	
	猪瘟弱毒疫苗	35 日龄、65 日龄各免疫 1 次，1 头份	
	猪口蹄疫灭活疫苗	55 日龄免疫 1 次，1 头份	
	猪伪狂犬弱毒疫苗	60 日龄免疫 1 次，1 头份	
	猪支原体肺炎灭活疫苗	70 日龄免疫 1 次，1 头份	
	猪圆环灭活疫苗	75 日龄免疫 1 次，1 头份	
育肥猪	猪伪狂犬弱毒疫苗	85 日龄免疫 1 次，1 头份	
	猪口蹄疫灭活疫苗	95 日龄、140 日龄各免疫 1 次，1 头份	

表 4-3　某规模化猪场免疫程序实例三

猪群	疫苗	免疫时间	备注
种公猪	猪伪狂犬弱毒疫苗	5 月、8 月、11 月、2 月各免疫 1 次，1 头份	每隔 3 个月免疫 1 次
	猪丹毒灭活疫苗	6 月免疫 1 次，1 头份	
	猪口蹄疫灭活疫苗	6 月、10 月、2 月各免疫 1 次，1 头份	每隔 4 个月免疫 1 次
	猪细小病毒灭活疫苗	6 月、7 月各免疫 1 次，1 头份	
	猪瘟弱毒疫苗	6 月免疫 1 次，1 头份	
	猪圆环灭活疫苗	6 月、10 月、2 月各免疫 1 次，1 头份	每隔 4 个月免疫 1 次
	猪支原体肺炎灭活疫苗	6 月免疫 1 次，1 头份	

续表4-3

猪群	疫苗	免疫时间	备注
种母猪	猪伪狂犬弱毒疫苗	5月、8月、11月、2月各免疫1次，1头份	每隔3个月免疫1次
	猪丹毒灭活疫苗	6月免疫1次，1头份	
	猪口蹄疫灭活疫苗	6月、10月、2月各免疫1次，1头份	每隔4个月免疫1次
	猪瘟弱毒疫苗	6月免疫1次，1头份	
	猪圆环灭活疫苗	6月、10月、2月各免1次，1头份	每隔4个月免疫1次
	猪支原体肺炎灭活疫苗	6月免疫1次，1头份	
	猪细小病毒灭活疫苗	配种前5周、配种前2周、产后7 d各免疫1次，1头份	
	猪大肠杆菌灭活疫苗	分娩前6周和分娩前3周各免疫1次，1头份	
后备猪	猪瘟弱毒疫苗	35日龄、56日龄、150日龄、240日龄各免疫1次，1头份	
	猪伪狂犬弱毒疫苗	56日龄、70日龄、170日龄各免疫1次，1头份	
	猪口蹄疫灭活疫苗	70日龄、90日龄、210日龄各免疫1次，1头份	
	猪细小病毒灭活疫苗	200日龄、220日龄各免疫1次，1头份	
哺乳仔猪	猪支原体肺炎灭活疫苗	7日龄、21日龄各免疫1次，1头份	
	猪圆环灭活疫苗	7日龄、21日龄各免疫1次，1头份	

表4-4　某规模化猪场免疫程序实例四

猪群	疫苗	免疫时间	备注
自繁自养商品猪	猪伪狂犬弱毒疫苗	1日龄、35日龄、85日龄各免疫1次，1头份	
	猪圆环灭活疫苗	7～10日龄免疫1次，1头份	
	猪瘟弱毒疫苗	25日龄、55日龄各免疫1次，1头份	
	猪口蹄疫灭活疫苗	70日龄免疫1次，1头份	
后备猪	猪瘟弱毒疫苗	21日龄、70日龄、配种前25天各免疫1次，1头份	
	猪伪狂犬弱毒疫苗	配种前20 d免疫1次，1头份	
	猪乙型脑炎减毒活疫苗	配种前30 d免疫1次，1头份	
	猪细小病毒灭活疫苗	150日龄、180日龄各免疫1次，1头份	
	猪口蹄疫灭活疫苗	45～50日龄、100日龄、150日龄各免疫1次，1头份	
产房母猪	猪圆环灭活疫苗	产后14 d免疫1次，1头份	
	猪瘟弱毒疫苗	产后21 d免疫1次，1头份	

4.4 免疫抗体监测

4.4.1 免疫抗体监测的概念

随着我国养猪业的快速发展，猪传染病的暴发造成养猪业的重大损失，甚至影响社会的生活和稳定。因此，预防传染病的发生对于养猪业的健康发展有着重要意义。免疫抗体监测是指针对某一地区动物机体内病原抗体水平的长期检测和分析，为动物疫病发生提供预警，避免疫病大规模扩散，同时为动物防疫部门提供重要的疫病防控科学依据。

4.4.2 样品采集

免疫抗体监测工作，需要采集猪的血液来进行抗体水平检测和分析，其中血液的采集是抗体监测的前提性工作，为后续工作的开展提供基础。样品的采集工作对采样对象、采样数量均有一定的要求。

4.4.2.1 采样对象

对于各阶段的猪均需要采取 3～5 份血样，如种公猪，怀孕前、中、后期母猪，哺乳期母猪以及哺乳仔猪，保育猪，生长猪和育肥猪。

4.4.2.2 采样数量

为了反映养猪场整体的抗体水平，需要采集一定数量的样本。对于大型养猪场(万头以上)一般每年进行 4 次免疫抗体检测，中小规模养殖场至少每年在 4 月和 10 月检测 2 次。每次检测采集样本的数量应根据猪场养殖规模不同按一定比例采集，且各阶段的猪群采样不少于 3 份。

4.4.2.3 采样方法

采样原则遵循采集健康猪，不采集病猪，随机采样。猪的前腔静脉采血是猪采血中常用的方法，熟练掌握后，能节约时间，且采血量多。

1. 成年猪的采血

采用站立式保定。对于母猪，将母猪的上颌骨吊起，向前用力；对于中大猪，用鼻捻或金属保定器套住猪的上颌骨，捻紧鼻捻圈套或收紧金属保定器环，向前方用力将上颌骨稍稍吊起，以前蹄刚着地为准，暴露两侧胸前窝。使用 75% 的酒精棉球消毒左侧或右侧胸前窝(一般为右侧胸前窝)，采血人员用一次性注射器(选用 16×50 mm 针头)，朝右侧胸前窝最低且垂直凹底部方向进针，直至前腔静脉血液呈直线状射入注射器(一般 5 mL)即可。取出采血针,用干棉球按压止血后,解除保定即可。

2.仔猪和小猪的采血

采取仰卧保定方式。将 30 kg 以下的猪,一人用手将下颌骨下压,使头部贴地,并使两前肢与体中线基本垂直。此时,两侧第一对肋骨与胸骨结合处的前侧方呈两个明显的凹陷窝。使用75%的酒精棉球消毒右侧凹陷窝,采血人员用 9 号针头的一次性注射器向右侧凹陷窝处,由上而下,稍偏向中央及胸腔方向刺入,见有回血,采血 5 mL。取出采血针,用干棉球按压止血后,解除保定。

4.4.2.4　采样注意事项

为了保证采样的顺利进行,采样过程中需要注意以下几点。

(1)选用合适的注射器及针头:由于猪只的大小不同,采样时使用的针头大小也应不一样,针头过大和过小均影响采样的顺利进行。

(2)做好保定,注意安全:由于猪只的大小不同,保定所采用的方式也不同,保定后应使猪相对安定,充分暴露胸前窝。保定猪时动作不易粗暴,以免被咬伤或使猪受伤。

(3)选准进针部位:小猪的采血部位应选择两前肢与器官交会处,成年猪可选颈部最低凹处。进针时要掌握好一定的方向、角度和深度,要及时调整。对于仔猪,切记不能太深,以免伤及心脏。

(4)处理好所采的血液:采集血液后,将血液注入贮藏容器中倾斜放好,或者直接倾斜放置后送检。若需抗凝全血,注射器内应预先加入抗凝剂;如需要血清,夏天常温放置析出,冬天在 25～37 ℃温水中放置析出。

4.4.2.5　样品送检

采集的样品需做好标记编号,记好数据,如日龄、胎龄、猪群种类、健康状况、最后免疫时间和疫苗的来源等。编号最好具有规律,以便统计。送检时,在保温箱加适量的冰块防止血液变质,尽量防止剧烈震动。

4.4.3　抗体检测

4.4.3.1　抗体检测的原理

当疫苗抗原进入动物机体后,会激活机体的免疫系统,产生相应的免疫应答,生成与之相对应的特异性抗体。抗体能够与抗原发生特异性的结合,中和病毒从而使病毒丧失感染性。抗体检测应用的是免疫学原理,即抗原抗体特异性结合反应,通过已知抗原检测相对应抗体的含量,从而掌握动物机体的疫苗免疫状况及感染情况。

4.4.3.2 猪场抗体检测的常用方法

猪场抗体检测的方法很多，每种检测方法都有一定优势和局限性，临床上根据自身条件选择使用合适的方法，或将几种方法联合应用。本节介绍几种常用的抗体检测方法。

1. 间接血凝试验

将抗原包被于红细胞表面，成为致敏载体，然后与相应的抗体结合，从而使红细胞积聚在一起，出现肉眼可见的凝集现象。常应用于猪瘟、猪气喘病、猪繁殖与呼吸综合征、口蹄疫等病的抗体检测。

操作步骤如下。

(1)载体动物的红细胞均匀一致，表面能吸附多种抗原，因此常使用动物的红细胞作为载体，如绵羊、家兔和鸡的红细胞。可溶性多糖类抗原可直接吸附于新鲜的红细胞上，但蛋白质抗原吸附能力差，需要先将红细胞醛化后，再将蛋白质抗原吸附在红细胞上。

(2)致敏用的抗原要求纯度高，并保持良好的免疫活性。采用直接法或间接法将抗原与红细胞表面结合而达到致敏的目的。

(3)血凝试验在血凝板上进行，将待检血清进行 2 倍的递增稀释，同时设不含待检血清的稀释液为对照孔。向待检血清及对照孔中加入一定量的致敏抗原，经一段时间后判定结果。先观察抗原对照孔，红细胞应全部沉入孔底，无凝集现象(－)或呈轻度凝集(＋)为合格。在以上抗原对照孔合格的前提下，观察待检血清各孔的凝集程度，以呈“＋＋”凝集的待检血清最大稀释度为其血凝效价(血凝价)。－表示红细胞 100%沉于孔底，完全不凝集；＋表示约有 25%的红细胞发生凝集；＋＋表示 50%的红细胞出现凝集；＋＋＋表示 75%的红细胞凝集；＋＋＋＋表示 90%～100%的红细胞凝集。

优点：操作简单、检测快速、不需要仪器设备。

缺点：抗原制备过程烦琐、质量不齐；实验稳定性和重复性较差；血清需灭活，影响结果；肉眼判断、误差大。

2. 中和试验

病毒与特异性抗体进行免疫反应，使病毒失去感染性，在细胞培养和活的机体内不出现病变的试验。常用细胞培养进行中和试验，如果特异性抗体能中和病毒，使之失去感染性，则不出现致细胞病变效应(CPE)，可用于检查血清中抗体情况。

操作步骤如下。

(1)将每份被检血清进行 1∶4、1∶8、1∶16 稀释，每个稀释度做 5 个孔，每孔加各稀释度血清 50 μL。

(2)第1孔作为血清毒性对照,加入稀释液50 μL和细胞悬液100 μL(3×10^5个细胞/mL)。

(3)第2～4孔为正式试验孔,每孔加入病毒悬液50 μL(100 $TCID_{50}$/50 μL),振荡3～5 min置于37 ℃中和1 h,加细胞悬液100 μL(3×10^5个细胞/mL)。

(4)置于5% CO_2培养箱中,37 ℃培养24 h后逐天观察CPE并进行记录。

(5)结果判定:当病毒对照在100～300 $TCID_{50}$/50 μL出现CPE,阳性、阴性、正常细胞、血清毒性对照全部成立时,才能进行判定。判定时间为72～168 h,被检血清孔50%出现保护判为阳性,低于50%判为阴性。当某份血清的某一稀释度出现50%或50%以上保护时,该血清稀释度即为该份血清的中和抗体滴度。

优点:特异性和敏感性高。

缺点:需要培养细胞,需要特殊的仪器和设备,且对操作人员的技术水平要求较高;操作步骤烦琐,所需时间长,不利于基层的推广使用。

3.酶联免疫吸附试验(ELISA)

将已知的可溶性抗原吸附在聚苯乙烯等固相载体上,利用抗原抗体特异性结合进行免疫反应的定性和定量检测方法。ELISA检测方法是目前猪场检测抗体常用的方法,具有敏感性和特异性强、操作简单、检测快速、高通量、无辐射、价格低廉等特点,适合具有基本实验条件的基层实验室。目前,常用的有间接ELISA、阻断(竞争)ELISA、斑点ELISA等。

基本原理:①使抗原结合到某种固相载体表面,并保持其免疫活性。②使抗体与某种酶连接成酶标抗体,这种酶标抗体既保留其免疫活性,又保留酶的活性。在测定时,把受检标本(测定其中的抗体)和酶标抗体按不同的步骤与固相载体表面的抗原起反应。用洗涤的方法使固相载体上形成的抗原-抗体复合物与其他物质分开,最后结合在固相载体上的酶量与标本中受检物质的量成一定的比例。加入酶反应的底物后,底物被酶催化变为有色产物,产物的量与标本中受检物质的量直接相关,故可根据反应颜色的深浅有无进行定性或定量分析。由于酶的催化效率很高,可极大地放大反应效果,从而使测定方法达到很高的敏感度。

(1)间接ELISA:是检测抗体最常用的方法,其原理是利用酶标记的二抗检测已与固相载体表面抗原结合的受检抗体。间接ELISA法可以通过更换固相载体表面的抗原,从而达到检测相对应的抗体的目的。

操作步骤如下。

①将特异性抗原与固相载体连接,形成固相抗原,洗涤除去未结合的抗原及杂质。

②加稀释的待检血清,其中的特异抗体与抗原结合,形成固相抗原-抗体复合

物。经洗涤后，固相载体上只留下特异性抗体。其他免疫球蛋白及血清中的杂质由于不能与固相抗原结合，在洗涤过程中被洗去。

③加酶标二抗，酶标二抗可以与固相载体上结合的特异性抗体结合，从而使酶标二抗也固定在固相载体上，形成抗原-特异性抗体-酶标二抗的复合体结构，使特异性抗体间接地标记上酶，酶的含量就代表特异性抗体的量。经洗涤后，固相载体上只留下抗原-特异性抗体-酶标二抗的复合体。例如检测猪对某种传染病的抗体，可用酶标鼠抗猪 IgG 抗体。

④加底物显色，酶可以催化底物显色，根据颜色的深浅就可以判定待检血清中抗体的量。

优势：二抗能够加强信号，增强灵敏度。不加酶标记的一抗则能保存受检抗体最多的免疫反应性。

缺陷：交互反应发生的概率较高。

(2)阻断(竞争)ELISA：也是检测抗体常用的方法，其原理是受检抗体和酶标抗体竞争性的与固相抗原结合，致使结合于固相抗原上的酶标抗体量与受检抗体的量呈反比。

操作步骤如下。

①将特异性抗原与固相载体连接，形成固相抗原，洗涤除去未结合的抗原及杂质。

②待检孔中加受检样本和一定量酶标抗体的混合溶液，使之与固相抗原反应。如受检标本中无抗体，则酶标抗体能顺利地与固相抗原结合。如受检标本中含有抗体，则与酶标抗体以同样的机会与固相抗原结合，竞争性地占去了酶标抗体与固相载体结合的机会，使酶标抗体与固相抗原的结合量减少。对照孔中只加酶标抗原，反应后，酶标抗原与固相抗原的结合可达最大量。其他免疫球蛋白、样本中的杂质以及未能结合的酶标抗体，在洗涤过程中被洗去。

③加底物显色，对照孔中由于结合的酶标抗体最多，加底物显色后颜色最深。对照孔颜色深度与待检管颜色深度之差，代表受检标本抗体的量。待检管颜色越深，表示标本中抗体含量越少。

优势：可适用不纯的样本，并且数据再现性很高。

缺陷：适用于小分子或只有一个抗原表位或重复抗原表位的抗原。

(3)斑点 ELISA(Dot-ELISA)：是以硝酸纤维素薄膜(NC 膜)作为固相载体，取代了间接 ELISA 和阻断(竞争)ELISA 所使用的聚苯乙烯反应板，从而克服了 ELISA 方法中包被好的酶标板保存运送不便及检测需酶标仪等缺点。将抗原包被在 NC 膜上，依次滴加待测抗体(一抗)、酶结合物(酶标二抗)，加底物显色，出现棕色斑点者为阳性，无色者为阴性。

操作步骤如下。

①在 NC 膜上用铅笔划成 4 mm×4 mm 的小格，将抗原包被在 NC 膜上的小格中(1～2 μL)，用封闭液进行封闭。

②加稀释的待检血清，其中的特异抗体与抗原结合，形成固相抗原-抗体复合物。经洗涤后，NC 膜上只留下特异性抗体。

③加酶标二抗，酶标二抗可以与固相载体上结合的特异性抗体结合，从而使酶标二抗也固定在固相载体上，形成抗原-特异性抗体-酶标二抗的复合体结构，使特异性抗体间接地标记上酶，酶的含量就代表特异性抗体的量。经洗涤后，NC 膜上只留下抗原-特异性抗体-酶标二抗的复合体。

④加底物显色，酶催化底物形成不溶性有色沉淀的底物，如在膜上出现染色斑点，即为阳性反应。

优点：快速、节省抗原，结果可长期保存，在同一张 NC 膜上包被多种抗原，与同一份样本检测后，可同时获得多种疾病的诊断结果。

缺点：肉眼判定误差大，洗涤操作不方便，特异性较差。

4.胶体金技术

胶体金是一种特定大小的稳定的金颗粒，在弱碱环境下带负电荷，可与蛋白质分子的正电荷基团形成牢固的结合，由于这种结合是静电结合，所以不影响蛋白质的生物特性。由于胶体金颗粒对蛋白质有很强的吸附功能，因此可与蛋白质抗原非共价结合，利用特异性抗原-抗体反应，通过带颜色的胶体金颗粒来放大免疫反应系统，使反应结果在固相载体上直接显示出来，从而达到用于检测待测样品中抗体的目的。临床上常用的有斑点免疫金渗滤法和胶体金免疫层析法。

(1)斑点免疫金渗滤法(DIGFA)　此方法不同于斑点 ELISA 法用酶作为标记物，该方法用胶体金标记物代替酶，省去底物显色的步骤，且不影响蛋白质的生物活性，性质较为稳定。试验方法是以微孔滤膜(如 NC 膜)作为载体，先将抗原滴加在膜上，封闭后加待检样本，洗涤后用胶体金标记的二抗检测相应的抗体。全过程可于数分钟内完成，阳性结果在膜上呈红色斑点。

操作步骤如下。

①在渗滤装置孔中的 NC 膜上点加 1～2 mL 特异性抗原，室温自然干燥。

②在小孔的 NC 膜上，滴加 2 滴(约 100 mL)封闭液。

③待其渗入盒内，在 NC 膜上加待检标本 1 滴(约 50 mL)。

④待其渗入盒内，在 NC 膜上滴加 2 滴(约 100 mL)洗涤液。

⑤待其渗入盒内，在 NC 膜上加金标抗体 1 滴(约 50 mL)，使其与 NC 膜上吸附的检品发生反应。

⑥待其渗入盒内，在 NC 膜上滴加 2 滴(约 100 mL)洗涤液。

⑦至洗涤液完全渗入盒内。在小孔 NC 膜上出现红色反应时为阳性反应，阴性反应不着色。

优点：微量，敏感，快速，效果直观，特异性强。

缺点：肉眼判定误差大，不能定量。

(2)胶体金免疫层析法(GICT)　将特异性的抗原以条带状固定在膜上，胶体金标记试剂(SPA 等)吸附在结合垫上。当待检样本加到试纸条一端的样本垫上后，通过毛细作用向前移动，与固定在结合垫上的金标 SPA 结合，形成复合物，经毛细管层析移动至检测条的检测区，被固定在硝酸纤维素膜上的特异性的抗原捕获，聚集在检测带上，形成一条阳性色带。未被结合的金标 SPA 移动至检测条的对照区，与包被在此的抗 SPA 的抗体结合，形成另一色带。该法现已发展成为诊断试纸条，不需要特殊仪器设备，操作简便、检测时间短，适合基层兽医部门和养殖户使用。

操作步骤如下。

①在检测卡的加样孔内加入 2 滴(100 μL)待检血清或血液样品。

②将检测卡平放于桌面上，在室温下静置 5～20 min 内判定结果。超过判定时间，结果只能作为参考。

结果判定标准如下。

①阳性：在观察孔内，检测线区(T)及对照线区(C)出现紫红色线。抗体滴度越高，检测线(T)颜色越深。

②弱阳性：在观察孔内，检测线区(T)及对照线区(C)出现紫红色线，但检测线区(T)出现的颜色很浅。

③阴性：在观察孔内，只有对照线区(C)出现一条紫红色线。

④失效：在观察孔内，对照线区(C)和检测线区(T)都不出现色线；或仅检测线区(T)出现色线。

优点：快捷迅速，安全简便，灵敏准确，成本低廉，结果可长期保存。

缺点：肉眼判定，仅能定性，准确度受抗体质量的影响。

4.4.3.3　猪场 4 种重要传染病的免疫抗体检测案例

某猪场有基础母猪 500 头，计划对猪场猪瘟病毒(CSFV)、猪繁殖与呼吸综合征病毒(PRRSV)、伪狂犬病毒(PRV-gE、PRV-gB)和 O 型口蹄疫病毒(FMDV)的抗体进行检测和分析，所采用的方法步骤和原则如下。

1. 检测种类

猪瘟抗体、猪繁殖与呼吸综合征抗体、伪狂犬病 gB/gE 抗体和口蹄疫抗体(O 型)进行检测评价。

2. 检测方法

猪繁殖与呼吸综合征间接酶联免疫吸附试验方法、伪狂犬病病毒 gE 蛋白酶联免疫吸附试验方法(gE-ELISA)、伪狂犬病病毒 gB 蛋白酶联免疫吸附试验方法(gB-ELISA)、猪瘟病毒抗体酶联免疫吸附试验方法、口蹄疫病毒酶联免疫吸附试验方法。

3.采样要求

①同一组样本所有检测均为随机抽取;②仔猪至少检测首次免疫前 3 d 左右,二次免疫后 30 d 左右;③公猪和母猪抽检按照统计学原则 5%比例,或同一类别不低于 20 头(表 4-5);④哺乳仔猪抽检每窝不超过 2 头,保育猪和育肥猪抽检每栏不超过 2 头;⑤用无菌注射器或者真空采血管采集血液样品,每份 3~5 mL 前腔静脉或耳静脉血液,离心,编号备用。

表 4-5 不同群体采样数量 头

类别	100 头	300 头	500 头	1 000 头	1 500 头	2 000 头	3 000 头
公猪	4	6	10	10	10	10	10
后备母猪	5	10	15	30	30	30	30
经产母猪	8	15	20	30	30	30	30
哺乳仔猪	10	16	20	30	30	30	30
保育猪	10	16	20	30	30	30	30
育肥猪	10	16	20	30	30	30	30

4.样品保存与运输

①送检样本外观完整、洁净、无污染;②运输样本用胶带固定后倾斜 45°(注射器针头端向上)放置在保温箱或泡沫箱内;③建议箱体内放置 4 个冰袋(上、下、左、右各 1 个),剩余空间用报纸泡沫等填充;④样本要求当天检测或者 4 ℃保存第 2 天检测。

5.结果判定

(1)猪瘟抗体(实际应用参考相应检测试剂盒说明书判定标准)

某公司试剂盒:如果被检样本的阻断率≥40%,该样本就可以被判为阳性(有 CSFV 抗体存在)。如果被检样本的阻断率≤30%,该样本就可以被判为阴性(无抗 CSFV 抗体存在)。如果被检样本的阻断率在 30%~40%之间,就应在数天后再对该动物进行复测。

如果复测结果仍为可疑,就应用荧光抗体病毒中和试验(FVNT)方法鉴定,请参照国家有关规范、标准等指导文件。

(2)猪繁殖与呼吸综合征(PRRS)抗体(实际应用参考相应检测试剂盒说明书判定标准)

某公司试剂盒:PRRSV 抗体的有无(阳性/阴性)通过计算每个样品的 S/P 值判定。如果 S/P<0.4,样品应判定为 PRRSV 抗体阴性;如果 S/P≥0.4,样品应判定为 PRRSV 抗体阳性。

(3)伪狂犬病(PR)gE 抗体(实际应用参考相应检测试剂盒说明书判定标准)

某公司试剂盒:若 S/N≤0.60,样品为 PRV 抗体阳性;若 0.60<S/N≤0.70,该样品必须被重测。如果结果相同,则过一段时间后重新从动物取样进行检测;若 S/N≥0.70,样品则为 PRV 抗体阴性。

(4)伪狂犬病 gB 抗体(实际应用参考相应检测试剂盒说明书判定标准)

某公司试剂盒:S/P≥0.5,阳性;S/P<0.5,阴性;0.5≤S/P<1.1,免疫效果欠佳;1.1≤S/P≤3.1,免疫效果合格;S/P>3.1,怀疑感染(商品猪);S/P>4.5,怀疑感染(种猪)。

(5)口蹄疫抗体(实际应用参考相应检测试剂盒说明书判定标准)

某公司试剂盒:S/N≤0.6,阳性;S/N>0.6,阴性。

ELISA 操作方法以及结果判定参照试剂盒说明书进行。实验室温度控制在 20～25 ℃。

6.结果与分析

(1)规模猪场主要疫病抗体监测结果与分析

抗体阳性率是指猪场免疫猪只出现阳性抗体结果的百分率。抗体阳性率越高说明猪群抵抗某一病原感染的能力越好,发生此传染病的概率越低。抗体离散度是指所测的样品平均值的距离,距离越大,离散度越大,是衡量一个猪群检测值均匀度的一个重要指标,其高低可以反映猪群在免疫后抗体水平的整齐度,也是评价规模化猪场整体免疫效果的重要指标。

猪瘟:由表 4-6 可知,猪场猪瘟病毒(CSFV)的抗体总阳性率为 44%,表明猪场猪瘟免疫抗体总体上不好,约一半的猪只猪瘟免疫抗体水平不达标,提示该猪场有较大的感染风险,应及时调整免疫程序和生物防控措施。猪场猪瘟病毒的抗体离散度为 60%,提示应从疫苗品质、免疫程序、免疫方法、操作方式、猪只日龄等因素查找原因,应逐一排除。此外,对于猪瘟免疫抗体偏低猪群应进行补免,如补免后抗体水平依旧无法提高,提示可能存在免疫抑制性疾病或饲养管理中可能存在问题。

猪繁殖与呼吸综合征(PRRS):由表 4-6 可知,猪繁殖与呼吸综合征病毒(PRRSV)的抗体总阳性率为 0。由于该猪场没有免疫 PRRS 疫苗,说明该猪场是 PRRS 阴性场,表明该猪场 PRRS 的生物安全防控做得扎实,应继续保持。对于该场如果 PRRS 抗体检测呈现阳性,则表明该猪场存在 PRRSV 野毒感染。另外,PRRS 检测 S/P 值大小不能完全作为评判免疫效果的标准,要综合参考抗体离散度。PRRS的抗体水平超过正常范围且离散度超过30%,该猪场就存在野毒感染的风险。PRRS抗体水平偏低,不具有较强的保护力,也容易因为抗体依赖性增强作用,导致野毒的加速传播及变异。

表4-6　规模猪场主要疫病抗体监测汇总

项目	CSFV(阻断率/%)	PRRSV(S/P)	PRV-gE(S/N)	PRV-gB(S/P)	FMDV(S/N)
样本数/份	200	200	200	200	200
抗体均值	50	0.01	0.95	1.98	0.40
标准差(SD)	30	0.04	0.08	1.07	0.24
离散度/%	60	400	8	54	60
阳性率/%	44	0	0	89	72.5

伪狂犬病:由表4-6可知,伪狂犬病PRV-gE和PRV-gB的抗体总阳性率分别为0和89%。该猪场PRV-gE的抗体阳性率为0,说明该猪场是伪狂犬病阴性场,应继续保持。PRV-gB的抗体阳性率为89%,表明猪场伪狂犬病免疫抗体水平较高。总体来看,该猪场对于伪狂犬病的生物安全防控和疫苗免疫做得较好,应继续保持。另如果该场伪狂犬病病毒gE抗体出现阳性,证明该猪只正处于感染状态或者有既往野毒感染史。为了实施伪狂犬病净化工作,对于gE抗体阳性的种猪,考虑淘汰处理。

O型口蹄疫:由表4-6可知,O型口蹄疫病毒(FMDV)的抗体总阳性率为72.5%,表明猪场O型口蹄疫总抗体水平相对较好,抵抗野毒能力较强,应做好定期监测。另口蹄疫的抗体离散度一般应低于40%才能达到抗体水平均匀和整齐度的要求。该猪场的O型口蹄疫抗体离散度较大,提示免疫程序和管理水平可能存在一定的问题,应逐一排查。规模化养猪场应根据抗体监测结果适时调整免疫程序。

(2)猪瘟抗体水平监测结果与分析

表4-7的结果显示,母猪猪瘟抗体水平比较高,整齐度比较理想。但从表4-6的结果可看出,猪瘟总抗体水平不高,仅为44%,这与仔猪阶段抽样量占比大有关。由表4-7可以看出,21～49日龄猪只猪瘟抗体水平低且数量多,因此导致猪瘟总抗体水平不高。从监测结果可看出仔猪母源抗体的消长规律,21日龄仔猪的母源抗体阳性率为45%,此时是进行疫苗免疫的最佳时机。通过21日龄仔猪的母源抗体结果来看早已符合抗体阳性率低于60%、离散度大于25%、阻断率低于50%要求,建议猪瘟首免应提前到18日龄左右为最佳。该场的免疫程序是在28日龄左右进行猪瘟的第1次免疫,但免疫后抗体水平还在持续下降,一直到60日龄抗体水平才有所上升,这可能与免疫抑制或其他疫苗干扰有关。那么21～60日龄是

本猪场猪瘟抗体的空白期，这段时间的猪只被野毒感染风险加大，该时间段应做好生物安全防控，注意最好不要转群、混群和随意调动猪群。此外，应通过抗体监测结果，适当调整猪瘟免疫程序，降低母源抗体的干扰，缩短猪瘟抗体空白期。

表 4-7 猪瘟抗体水平分析

项目	母猪	7 日龄	14 日龄	21 日龄	28 日龄	35 日龄	42 日龄	49 日龄	60 日龄	90 日龄
样本数/份	20	20	20	20	20	20	20	20	20	20
阳性率/%	90	80	60	45	25	20	20	10	65	85
离散度/%	27	35	46	63	96	85	83	75	60	30
阻断率平均值/%	65.7	63.7	50.3	39.8	24.2	23.9	21.6	17.9	57.6	75.5

(3)猪繁殖与呼吸综合征抗体监测结果与分析

由表 4-8 可知，该猪场的各阶段抽样猪只的猪繁殖与呼吸综合征(又称蓝耳病)抗体水平均为阴性，而且该猪场未免疫猪繁殖与呼吸综合征的疫苗，结合实际生产情况，可初步判定该猪场为猪繁殖与呼吸综合征抗体阴性场，只要继续做好生物安全防控，暴发猪繁殖与呼吸综合征的概率就较低，应继续保持猪繁殖与呼吸综合征的防控措施，强化生物安全，尤其是转群、并群环节，人员出入，进猪、转猪和出猪都按照严格的隔离措施进行，保持猪场猪繁殖与呼吸综合征的净化。

表 4-8 蓝耳病抗体水平分析

项目	母猪	7 日龄	14 日龄	21 日龄	28 日龄	35 日龄	42 日龄	49 日龄	60 日龄
样本数/份	20	20	20	20	20	20	20	20	20
阳性率/%	0	0	0	0	0	0	0	0	0
离散度/%	253	183	730	165	652	532	163	132	683
S/P 平均值	0.01	0.03	0	0.02	0	0	0.01	0.03	0

(4)猪伪狂犬病(gE/gB)抗体监测结果与分析

由表 4-9 可知，该猪场的各阶段抽样猪只的伪狂犬病 gE 抗体水平均为阴性，结合实际生产情况，初步判定该猪场为伪狂犬病 gE 抗体阴性场(因未全群采样，仅能初步判定)，继续做好生物安全防控，降低猪伪狂犬病的感染概率。由于伪狂犬病(gE)基因缺失疫苗免疫后不会产生针对 gE 的抗体，如 PRV-gE 抗体为阳性，可以判定为野毒感染。该猪场应继续保持猪伪狂犬病的防控措施，强化生物安全，应从环境消毒、积极灭鼠和犬猫等生物安全角度控制该病的发生，定期监测 gE 抗体，发现阳性立即淘汰，做好伪狂犬病的控制和净化工作。

表 4-9 伪狂犬病(gE)抗体水平分析

项目	母猪	7 日龄	14 日龄	21 日龄	28 日龄	35 日龄	42 日龄	49 日龄	60 日龄	90 日龄
样本数/份	20	20	20	20	20	20	20	20	20	20
阳性率/%	0	0	0	0	0	0	0	0	0	0
离散度/%	10	17	4	8	6	7	5	6	11	6
S/N 平均值	0.84	0.86	1.06	0.95	0.92	1.05	1.03	1.01	0.80	0.98

表 4-10 的结果显示，母猪 PRV-gB 抗体水平比较高，整齐度较好。从表 4-6 的结果可看出，猪伪狂犬病总抗体水平高，提示猪群抗伪狂犬病能力强，发生野毒感染的风险小。从监测结果来看，仔猪母源抗体阳性率均高于 70%，抗体水平较高，说明猪只有较强的保护力。42～60 日龄仔猪的母源抗体逐步下降。该时间段应做好生物安全防控，注意最好不要转群、混群和随意调动猪群。伪狂犬病 gB 抗体数值大小可以作为免疫效果的参考，但不具有严格线性关系，实际操作也要参考抗体离散度。

表 4-10 伪狂犬病(gB)抗体水平分析

项目	母猪	7 日龄	14 日龄	21 日龄	28 日龄	35 日龄	42 日龄	49 日龄	60 日龄	90 日龄
样本数/份	20	20	20	20	20	20	20	20	20	20
阳性率/%	100	100	100	100	75	85	80	75	75	100
离散度/%	35	50	55	59	75	73	78	73	29	13
S/P 平均值	3.03	3.11	2.82	2.16	1.58	1.36	1.03	0.76	0.59	2.96

(5)猪 O 型口蹄疫抗体监测结果与分析

某猪场的免疫程序是 35 日龄、65 日龄免疫，从表 4-11 的监测结果来看，一免后抗体水平持续下降，49 日龄左右降到低谷，说明免疫时机不合适，受到了母源抗体的干扰，阳性率为 50%时是初免的最佳时机，所以建议 45 日龄初免最为合适；二免后的抗体水平到 90 日龄已不是很理想，所以最好在 95～110 日龄再次免疫。口蹄疫抗体数值大小可以作为免疫效果的参考，但不具有严格的线性关系，实际操作也要参考抗体离散度。

表 4-11 O 型口蹄疫抗体水平分析

项目	母猪	7 日龄	14 日龄	21 日龄	28 日龄	35 日龄	42 日龄	49 日龄	60 日龄	90 日龄
样本数/份	20	20	20	20	20	20	20	20	20	20
阳性率/%	80	95	100	85	75	75	55	40	55	65
离散度/%	96	90	95	91	71	59	35	35	20	8
S/N 平均值	0.31	0.19	0.21	0.32	0.33	0.35	0.52	0.65	0.62	0.51

4.4.3.4 抗体检测结果的分析与应用

1. 未接种某种传染病的疫苗却检测出相对应的抗体

对于成年猪，没有接种疫苗却检测出抗体说明猪只近期感染了某种病原。如果猪只没有症状，有可能是隐性感染，也有可能是尚未发病，应及时对猪群进行疫苗紧急免疫接种。对于仔猪，没有接种疫苗却检测出抗体，有可能为母源抗体，但也有可能为野毒感染产生的抗体，需要进行二次检测确诊，即 1 周后再次进行抗体检测，如果抗体滴度下降则为母源抗体；如抗体滴度未下降甚至持续升高则表明为野毒感染。

2. 疫苗免疫后抗体水平高，整齐度高

这说明疫苗质量有保证，免疫时间和免疫程序合适，免疫效果好，猪体健康状况良好，抗病能力较强，发生野毒感染的概率较小，无须修订免疫程序。但仍需定期进行抗体检测，确保猪群具有较高的抗体水平和整齐度。

3. 疫苗免疫后抗体水平低，整齐度低

这说明疫苗免疫后，免疫效果不理想，疫苗免疫失败。造成此种现象的原因可能是疫苗质量差，疫苗保存、运输不当造成疫苗失效，接种时间、接种程序不合理，操作人员操作不规范，疫苗免疫的剂量、剂次不足等，应及时对猪群进行疫苗补种，若补免后抗体水平依旧无法提高，表明该猪群可能存在免疫抑制性疾病，或存在饲养管理漏洞，预示可能将要发生动物传染病。此时应尽快排查一切可能原因，尽早采取有效的预防控制措施。

4. 疫苗免疫后抗体水平高，整齐度低

抗体水平高说明免疫时间和程序是比较合理的，整齐度低与多种因素密切相关。常见的因素有注射的疫苗质量不一、疫苗剂量不等、注射部位和注射方法不一致以及动物个体存在差异、是否应激等。针对此种现象，首先应排查动物个体，检查是否存在免疫抑制性疾病病原体的感染，如蓝耳病病毒、圆环病毒 2 型、伪狂犬病毒、细小病毒等。长期滥用抗生素，饲喂发霉饲料，饲料中缺少维生素和微量元素等也能引起免疫抑制。还应检查接种的动物是否存在应激反应等。除此之外，应检查疫苗方面的原因，如未使用同一家厂商生产的疫苗或未使用同一批次的疫苗，疫苗在保存、运输和使用中长时间的高温、日晒，免疫剂量不等，存在少注、漏注，注射方法与注射部位是否准确一致。通过排查，找出疫苗免疫效果不理想的具体原因，及时加强饲养管理及修订免疫操作方法。

5. 疫苗免疫后抗体水平低，整齐度高

可能原因有疫苗本身存在问题和免疫程序制定不合理。疫苗方面，如疫苗抗原量不足，质量差；疫苗没有在冷冻条件下运输与保管，造成疫苗失效；稀释液不合格;疫苗稀释后放置时间过长等。免疫程序方面,如免疫程序制定不合理、不科学。免疫时间不合理、母源抗体干扰、免疫注射剂量不足、两种疫苗免疫间隔时间过短造成干扰现象及操作技术失误等均能引起抗体水平低。根据具体原因,及时解决疫苗问题及修订免疫程序,确定合适的免疫时机进行补免。

4.4.4 免疫监测的重要性

4.4.4.1 疫病诊断

根据抗体水平检测结果,结合临床诊断结果及区域内疫病流行的实际情况,基本能做出正确的疫病诊断。因此,抗体水平监测对疫病的流行诊断具有重要作用。大部分情况下,抗体检测虽难以区分母源抗体、疫苗免疫与野毒感染,但是通过结合猪只日龄、疫苗的免疫史、病原的流行病学、病猪的临床症状和病理变化等临床情况可为综合诊断疫病提供参考。例如,根据相同群体的动物血清来进行对比检测,按照对比检测结果判别疫病情况,可初步诊断。或者利用相同群体中健康动物血清来进行对照,把疑似病例与健康动物血清的抗体水平进行差异化比对,观察两者的差异性,最后结合临床症状综合判定动物疫病诊断结果。另外,部分疫苗免疫后可通过抗体水平诊断疫病,如猪伪狂犬病病毒基因缺失疫苗。部分疫苗免疫后也可通过检测病毒的非结构蛋白抗体水平诊断疫病,如猪细小病毒灭活疫苗免疫后,通过检测非结构蛋白 NS1 蛋白的抗体水平来诊断是否野毒感染。

4.4.4.2 疫情预警

随着我国养猪行业向着集约化、规模化发展,传染病的发生与流行关乎养殖企业的生死,快速掌握本场猪群的整体免疫状态对于预防疫病的暴发至关重要。动物抗体水平与疫苗免疫或野毒感染存在密切联系,若猪群未接种过相应的疫苗,但在抗体监测中发现检测对象有较高的疫病抗体水平,便可为疫情的暴发提供预警信号,此时需严密监控此类疫病的发生,加强日常饲养管理及消毒工作,必要时投喂相应的药物进行预防。此外,针对某一地区、某一时间段内猪群体内病原抗体的监测,也能了解当地猪群传染病的感染与流行情况,为疫病的暴发预警和制定合理的防控措施提供参考依据。

4.4.4.3 评估疫苗免疫效果,减少免疫失败发生

部分养殖场在进行疫苗免疫接种后,免疫效果不理想,甚至接种了疫苗后猪群仍然暴发该疾病。疫苗生产厂家多,且疫苗的保存、运输、使用等过程易受影响,造成不同疫苗的免疫效果不一样,抗体监测结果可判定疫苗质量的高低,指导猪场疫

苗的选择。此外，通过动态采样对抗体水平进行监测，能了解猪群中到底存在哪些疫病，同时掌握检测出的疫病感染程度，什么时间、什么疫病感染了哪个阶段的猪群，这样才能适时而正确地选择疫苗接种的种类和接种疫苗的时机。同时疫苗免疫后机体抗体水平的高低也能反映疫苗的免疫效果，可评估是否可以抵抗病原的感染。对于出现抗体滴度不合格的猪只，应及时给予补免，从而减少因免疫失败感染该疫病的可能。

4.4.4.4 制定和修改免疫程序

猪场每年要对多种疫病进行疫苗免疫接种，以防止猪传染病的发生。由于接种疫苗的种类多，为防止疫苗之间的干扰作用，猪场需要制定一个科学合理的免疫程序，从而提高对猪群的免疫效果，增强猪群对疫病的抵抗能力。免疫程序受母源抗体和自身抗体水平高低、接种时间、接种方法、接种次数、疫苗类型和当地疫病流行情况等因素的影响。良好免疫效果的获得依赖于首次免疫和再次免疫时机是否合适，母源抗体水平决定首次免疫的时间，上次免疫时体内的残留抗体水平决定再次免疫的时间。通过抗体监测可以及时了解猪体内抗体水平的动态变化，选择恰当的免疫时机，制定科学合理的免疫程序。对于已有的免疫程序，抗体监测可及时了解猪体内的抗体水平，指导免疫程序的调整，制定出符合本场的免疫程序，使疫苗免疫接种效果达到最佳水平。

总之，猪场的疫病免疫监测是一项十分重要的、必需的日常工作。通过抗体监测及时评估猪群的免疫状态，动态掌握疫病的流行和某一病原体的感染状况，指导养猪场的疫病防控，有针对性地制定和调整免疫程序，达到预防与控制疫病的目的，对发展生态健康养猪，提高猪场的生产效益与经济效益均具有重要的实际意义。

4.5 免疫失败

疫苗接种是预防动物传染病的有效方法之一，但是免疫接种是否成功，除取决于接种疫苗的质量、接种途径和免疫程序等外部条件，还取决于机体的免疫应答能力等。正确使用疫苗是保证免疫效果的关键。在实际生产过程中，经常有猪群免疫接种后，仍有传染病的发生和流行，给养殖业造成了很大的经济损失。根据生产实践和调查结果，造成免疫失败的因素主要表现在以下几个方面。究其原因主要是猪群没有获得足够的免疫力，抗体没有达到应有的保护水平，以致机体抵御病原体侵袭的能力大大降低。

4.5.1　免疫失败的原因分析

4.5.1.1　动物机体因素

1.遗传因素

动物机体对接种抗原的免疫应答在一定程度上是受遗传控制的，不同品种甚至是同一品种的不同动物个体，对于同一种抗原的免疫反应强弱也有差别。有的动物个体甚至有先天性免疫缺陷，从而导致免疫失败。一般来讲，在接种疫苗的动物群体中，不同个体免疫应答的强弱呈现正态分布。绝大多数动物接种疫苗后能产生较强的免疫应答，但因个体差异，少数动物应答能力差，仅产生很弱的免疫应答，个别动物应答能力很强。

群体中无应答动物的比例会因疫苗不同而异，其重要性则又取决于疾病的性质。对于像口蹄疫这种高度传染性疾病，群体免疫力很差且传播迅速，部分未获得免疫保护的个体的存在将会使疾病扩散蔓延，从而破坏防控工作。

2.营养不全

动物的营养状况也直接影响机体的免疫应答效果。猪只生长发育需要一些必需的营养物质，若缺乏时影响机体的免疫力。蛋白质含量不足导致免疫球蛋白不足；维生素（尤其是维生素 A、维生素 B、维生素 D、维生素 E）、多种微量元素及氨基酸的缺乏等均会使得机体的免疫功能下降，导致动物淋巴器官的萎缩，淋巴细胞的分化增殖及活化，产生抗体的能力降低，因此营养状况是不可忽视的。尤其是夏季维生素容易氧化或被还原，所以应饲喂新鲜饲料，注意添加多维素。

3.母源抗体的干扰

母源抗体在猪群的抗病免疫中具有重要意义，但是对疫苗接种后机体的免疫应答也有严重干扰，因而对免疫程序有巨大影响，应当引起注意。

在母源抗体高时进行接种，对机体产生免疫力有明显的影响，这些抗体能抑制弱毒疫苗，使其不能在体内增殖，从而使免疫失败。如果母源抗体水平低，其对接种的疫苗通常能发生良好的反应，给母源抗体参差不齐的动物进行免疫接种时，其中高母源抗体的动物可能无法产生足够的主动免疫力，而随着母源抗体的下降，这部分仔猪将对其他成功免疫的仔猪排出的疫苗病毒变得更为敏感，导致免疫失败。

4.5.1.2　疾病的影响

1.免疫抑制性疾病的影响

随着生猪养殖规模的扩大，猪病的危害日趋突出，尤其免疫抑制性疾病，其严重损害机体免疫系统，导致机体抗病能力降低而继发其他疾病，大大增加了猪病防控的难度，为养殖业带来的经济损失甚为惨重。免疫抑制性疾病将会严重影响疫苗的免疫效果，如猪圆环病毒 2 型、猪繁殖与呼吸综合征病毒、猪瘟病毒、猪流感病毒以及猪伪狂犬病病毒、沙门菌、胸膜肺炎放线杆菌以及副猪嗜血杆菌，其他还有附红细胞体以及支原体。这些病原微生物能够侵入脾脏、扁桃体、胸腺、淋巴结等免疫器官，进而产生免疫抑制，导致免疫失败。

2.地方流行病原与疫苗血清型不符合

动物感染的病原与使用的疫苗毒株，在抗原上可能存在较大差异或不属于一个血清(亚)型，从而导致免疫失败。

3.野毒早期感染或强毒株感染

猪群接种疫苗后需要一定时间才能产生免疫力，这段时间内一旦有强毒株入侵或者机体尚未完全产生抗体之前感染强毒株，就会导致疾病的发生，造成疫苗免疫失败。

4.5.1.3 疫苗因素

1.疫苗选择不当

选择不同的血清型，如 O 型口蹄疫疫苗只对一种血清型产生保护力，而对 A 型口蹄疫不产生保护力。此外，变异的狂犬病病毒毒力增强，病毒扩散，普通经典 K61 疫苗不能完全保护，需要用最新毒株免疫。应选免疫原性好的毒株或当地流行毒株；疫苗与当地流行病原的血清型应该相同；对多血清型病原应该考虑使用多价疫苗。

2.疫苗质量

市场上疫苗产品种类众多，产地各异，生产工艺不尽相同，价格不等，质量难辨。抗原含量直接决定疫苗接种的免疫效果，如弱毒疫苗中必须含有足够量的有活力的弱毒株，而灭活疫苗没有在体内繁殖的过程，因此必须含有足够含量的抗原。如使用了假冒、伪劣及来源不明、标识不清、非法生产和非法进口的疫苗，或使用了过期、失效或破损的疫苗，就必然会影响免疫效果，有的还会造成感染而发病。应选择高质量的疫苗，使用农业农村部指定或批准的生物药品厂家生产的疫苗，并要检查疫苗是否在有效期内，包装有无破损，瓶口、瓶盖是否封严。

此外，疫苗稀释剂的合格与否也直接影响疫苗的免疫效果。例如猪瘟兔化弱毒疫苗对 pH 非常敏感，稀释液 pH 不得超过 7.0，否则影响猪只的免疫应答效果。未经过灭菌或者受到污染后将杂质带进疫苗，未使用专用稀释剂，使用热稀释液稀释疫苗，稀释后的疫苗未按照要求振荡均匀再抽取使用，疫苗稀释后未在规定时间内使用完毕等，这些均会造成免疫失败。

3.疫苗的保存

疫苗保存与运送是免疫预防工作中非常重要的环节，保存与运送不当，会使疫苗质量下降甚至失效，从而降低免疫效果或造成免疫失败。

不同类型的疫苗对保存条件的要求不一样。灭活疫苗保存于 2～15 ℃的阴暗处。弱毒疫苗保存于－15～－20 ℃的冰箱中，避免反复冻融。弱毒活菌疫苗保存于 2～8 ℃的冰箱中，不宜结冰保存。细胞结合疫苗需要保存于液氮中。疫苗在运输或携带过程中，也要保证适宜的温度，尤其要避免高温和阳光直射。

4. 疫苗的使用

在疫苗的使用过程中，多种因素影响其免疫效果。例如疫苗的稀释方法，饮水免疫、气雾免疫等接种途径未按照疫苗厂家的说明书严格执行，随意改动，都会造成免疫失败。

采用滴鼻点眼免疫时，疫苗未能进入眼内和鼻腔中；肌内注射接种疫苗时，出现“飞针”，疫苗根本没有注射进去或注入的疫苗从注射孔流出，造成疫苗的注射量不足，不能达到应有的免疫效果。当注射用针头太粗时，有可能拔针之后疫苗从注射孔流出。对于那些处于半免疫状态的临床感染的猪只（无临床症状），若此时按往常仅仅接种 1 头份猪瘟活疫苗，不但不能产生免疫力，反而刺激引发非典型猪瘟。

4.5.1.4　免疫程序的影响

以猪瘟为例，母猪于配种前后接种疫苗者，所产仔猪在 20 日龄以前对猪瘟具有较强的免疫力，30 日龄以后母源抗体急剧衰减，至 40 日龄以后几乎完全丧失。哺乳仔猪在 20 日龄左右首次免疫接种猪瘟弱毒疫苗，至 65 日龄左右进行第二次免疫接种，这是目前国内认为较合适的猪瘟免疫程序。另据报道，初生仔猪在吃初乳以前接种猪瘟弱毒疫苗，可免受母源抗体的影响而获得可靠免疫。

将两种或两种以上互相干扰的活疫苗同时接种，会降低机体对某种疫苗的免疫应答反应，如猪瘟疫苗和猪蓝耳病疫苗，两种活疫苗相互干扰，影响猪只的免疫应答。干扰的原因主要有两方面：一是两种病毒感染的受体蛋白相似或相等，产生竞争作用；二是病毒感染细胞后产生干扰素，从而影响另一种病毒的复制。因此，尽量避免疫苗的联合使用，两种疫苗接种间隔时间在 7 d 以上较为适宜。

有些疫苗需按一定间隔时间连续接种多次才有效。接种后产生的保护性抗体不是永久性的，以后必须再加强注射。

4.5.1.5　环境因素

1. 应激反应

动物机体的免疫功能在一定程度上受到神经、体液和内分泌的调节，在妊娠、过度疲劳、环境温度过高过低、湿度过大、通风不良、饲养密度过高、突然改变饲料类型、运输、转群、阉割、疫病等应激因素的影响下，猪只的肾上腺皮质激素分泌增加，会显著损伤 T 细胞，对巨噬细胞有抑制作用。所以，当动物机体处于应激反应的敏感期时接种疫苗，就会减弱其免疫应答效果。

2. 卫生状况

猪舍的环境卫生太差，通风不良，在使用疫苗期间猪只已受到病原的感染，都会影响疫苗的效果,导致免疫失败。实践中发现,即使抗体水平较高的猪群,当环境中有大量的病原微生物时,也存在发病的可能性。

3.其他影响因素

(1)饲养管理不当:饲喂霉变的饲料或者垫料发霉,猪舍的通风和防寒、防暑工作不当,未及时提供充足的清洁饮水,猪舍过度潮湿等饲养管理不当,导致霉菌毒素等有毒有害物质对饲料及饮水造成污染,无法达到应有的免疫效果。另外,母猪的饲养管理状况决定着仔猪的质量。仔猪夏季要防暑降温,冬天要防寒保暖。

(2)化学物质的影响:重金属如铅、镉、汞和砷等均可抑制免疫应答而导致免疫失败。某些卤化物、农药等可引起动物免疫器官部分甚至全部萎缩以及活性细胞的破坏,进而导致免疫失败。

(3)滥用药物:如卡那霉素、庆大霉素等许多药物对机体的B细胞增殖有一定的抑制作用,影响疫苗的免疫效果。

(4)免疫器械和用具消毒不严　免疫接种时未按照要求消毒注射器、针头、刺种针及饮水器等,使得免疫接种变成带菌带毒传播,引发疫病的流行。

4.5.2 免疫失败的解决方案

4.5.2.1 提供充足营养,加强养殖管理

动物机体的健康水平与疫苗的免疫效果息息相关,只有猪只健康才能达到良好的免疫效果,而饲养管理是猪只健康的基础。在猪群养殖过程中,要注意猪群的养殖密度,保证猪只有相对充足的活动空间。同时严格控制饲料质量,为了避免猪只因营养不良发生免疫失败的情况,还需要根据猪群不同生长发育阶段,科学搭配饲料日粮,配制营养全面的饲料配方。在仔猪阶段、母猪怀孕期或哺乳期等关键时期,应向饲料中添加维生素和有机微量元素来补充容易缺乏的营养成分,满足猪只生长发育的需要,促使机体免疫力尽快提高,同时严禁向猪只投喂发霉变质的饲料。另外,做好猪场免疫抑制性疾病的监控,及时采取措施净化疫病,防止疫病的扩散。

4.5.2.2 制定合理的免疫程序

应结合猪场猪群疾病流行情况和抗体监测结果,结合自身的实际情况制定出一套具有针对性、科学性和规范化的免疫程序,并按照免疫程序科学使用疫苗,严禁照抄照搬其他养殖场的免疫程序,不合理的免疫程序往往导致免疫失败。免疫程序的制定应考虑流行病学情况、免疫间隔时间、动物发病日龄、母源抗体等因素,针对不同生长阶段的猪群,制定相应的免疫程序来提高疫苗的效果。例如,猪瘟疫苗的免疫接种,需要考虑仔猪体内的母源抗体情况,因此不建议在20日龄前给仔猪免疫接种猪瘟疫苗,否则母源抗体就会消减疫苗抗原的作用,引起免疫失败,但

是还应尽量缩短疫苗空白期，防止仔猪体内猪瘟病毒抗体衰退，丧失对猪瘟病毒的抵抗力。此外，不同的接种途径也会导致不同的免疫反应，应根据疫苗厂家的要求，制定正确的免疫途径。通过抗体监测，及时调整和修改本场的免疫程序，对于暂不能接种疫苗的猪只，待其健康后应及时补充免疫。

4.5.2.3 减少应激情况

管理过程中，应尽量减少应激情况的发生。例如，尽量减少长途运输、更换饲料等应激情况，舍内应控制好噪声、通风、温度、湿度和养殖密度。加强营养，饲料中可适当添加促进免疫系统的营养物质以及维生素 C 或维生素 E 等抗应激物质，有利于减缓应激带来的影响，增强免疫效果。

4.5.2.4 科学选择药物

在免疫前后尽量不使用或添加能够杀灭活菌苗或引起免疫抑制的药物，避免影响免疫效果。如需使用药物，应选择一些对疫苗没有影响的药物，切忌使用一些具有免疫抑制作用的药物，避免影响免疫应答反应而引起免疫失败。严禁使用霉变饲料，为提高疫苗免疫效果，可适当添加免疫增效剂或提高免疫力的中草药。

4.5.2.5 合理选择疫苗

疫苗是一种特殊的生物制品，疫苗质量直接决定疫苗免疫效果。目前市场上疫苗种类繁多，质量参差不齐。选择疫苗时应选择信誉好、正规厂家生产的疫苗，最好选择农业农村部批准的或国家重点生产商生产的疫苗。此外，应结合当地疫病的流行情况，选择相应的血清型。在免疫接种之前需要做好各项检查工作，检查疫苗标签是否完整，包装瓶是否破损，封口是否封闭严实，是否失去真空，疫苗是否在有效期内等情况，一旦发现问题不得使用。

4.5.2.6 规范运输、贮藏流程

疫苗运输和保存过程中，严格按照相关要求进行冷藏保存或冷冻保存，尽量缩短运输时间。储存过程中，避免阳光直射与高温环境。使用中，稀释好的疫苗应放置在阴凉处，避免阳光照射，且在规定的时间内尽快使用完毕。

4.5.2.7 强化技术培训

疫苗由工作人员进行接种，不合规范或粗暴的操作可能导致疫苗的免疫效果差。加强疫苗接种人员的专业技能水平，使操作人员熟悉不同疫苗的具体使用方法，明确疫苗免疫接种的注意事项，有利于减少出现因操作人员专业技能较差而引起疫苗免疫效果下降的情况。

（邢　钊　孙彦婷　董　望）

思考题

1. 为什么疫苗要冷链储运？如何进行疫苗的安全保存及运输？

2. 猪常用免疫接种方法有哪些？疫苗接种的注意事项有哪些？

3. 规模化猪场免疫程序制定的内容包含哪几个方面？影响免疫程序制定的因素有哪些？

4. 抗体检测的原理是什么？猪场常用的抗体检测技术有哪些？

5. 猪场抗体检测的结果有哪些？这些结果反映出疫苗免疫的哪些问题？

6. 生产中造成猪群免疫失败的原因有哪些？如何科学有效地解决免疫失败？

第5章

猪常见病疫苗

【本章提要】本章主要介绍常见的 25 种猪病的疫苗种类及其应用，分病毒性疾病疫苗和细菌性疾病疫苗 2 节。每种病包括疾病与病原、疫苗与免疫、问题与展望 3 部分，疾病与病原部分主要介绍疾病概况、病原的培养特性以及抗原性与血清型。疫苗与免疫部分结合疫苗的研究与应用实际，重点介绍当前疫苗的种类、规定的简要制备要点及其应用。最后在详细了解相关信息资料的基础上，提出当前疫苗存在的问题及发展趋势。

5.1 病毒性疾病疫苗

5.1.1 猪瘟

5.1.1.1 疾病与病原

猪瘟(classical swine fever，CSF)俗称“烂肠瘟”，为区别于非洲猪瘟，又称古典猪瘟。猪瘟(CSF)是由猪瘟病毒(*Classical swine fever virus*，CSFV)引起的一种急性、热性和高度接触性传染病。猪瘟传染性极强，可感染各种年龄的猪只，一年四季都可发生，其特征为发病急、高热稽留和细小血管壁变性，引起全身泛发性小点出血，脾梗死。急性猪瘟由强毒株引起，发病率和死亡率很高；而弱毒株感染常因猪只不表现临床症状则可能不被觉察。CSF 在各国都有不同程度的流行，发病率和死亡率均很高，危害极大，本病是威胁养猪业最重要的传染病之一。我国将其定为一类烈性传染病。目前，其表现形式有急性、亚急性、慢性、非典型性等类型，给诊断带来很大困难。

猪瘟病毒(CSFV)在病毒分类上属于黄病毒科瘟病毒属,是单股正链 RNA 病毒,病毒颗粒直径 30～55 nm,平均直径 44 nm。形态近似于球形,有核衣壳,内部核心直径 24～30 nm,有囊膜,囊膜表面有囊膜糖蛋白纤突,直径 6～8 nm。组成 CSFV 的蛋白有 4 种,即 C 蛋白(也称 P14)、E^{rns}/E0、E1、E2。其中 C 蛋白是衣壳蛋白,E^{rns}/E0、E1、E2 为囊膜糖蛋白,E^{rns}/E0 蛋白 C 末端存在一个抗原表位,该表位具有鉴别诊断 CSFV、BVDV、BDV 的作用,该蛋白也是防治 CSFV 的一种靶蛋白。E2 能诱导机体产生中和抗体,是 CSFV 的主要保护性蛋白。

CSFV 可在猪肾细胞和猪睾丸细胞内增殖。此外,猪骨髓、肺、脾及白细胞均可增殖 CSFV。CSFV 在细胞培养物中不产生肉眼可见的病变,其中 SK6 细胞易感染,增殖滴度高,病毒含量一般在 10^5～10^7 $TCID_{50}$/mL。蛋白酶抑制剂能抑制 CSFV 在细胞中的增殖,犊牛血清中含有一定量的蛋白酶抑制剂,对 CSFV 的细胞培养具有一定的抑制作用。CSFV 感染淋巴细胞时,对细胞基因组的 DNA 有直接的损伤作用,表现为细胞基因组 DNA 的断裂。CSFV 在细胞中增殖时,暴露在细胞表面的抗原较少,常用间接免疫荧光技术进行检测。

最开始,人们都认为 CSFV 只有 1 个血清型。但自 1976 年以来,美国和日本的一些学者证明 CSFV 有血清学变种,法国也证明存在血清学变种。1999 年,Sakoda 将 CSFV 分为 3 群:CSFV-1 称为古典猪瘟,以 Brescia 株(荷兰)为代表;CSFV-2 以 Alfort 株(法国)为代表;CSFV-3 与上述 2 个群均有较大差异,包括 20 世纪 70～90 年代日本、泰国等地的流行毒株。CSFV 的抗原性、血清型和毒力备受研究人员的关注。目前,国内流行的 CSFV 确实存在着毒力、致病性、抗原性和基因结构方面的多样性、复杂性和可变性,所有 CSFV 在基因结构学上可分为 2 个基因组 6 个基因亚组,但从我国的猪瘟兔化弱毒疫苗的免疫保护相关性实验结果来看,尚未出现疫苗不可抵挡的 CSFV 变异株。

5.1.1.2 疫苗与免疫

CSFV(C 株)疫苗对各个日龄段的猪均安全,可以提供有效的完全保护作用。C 株免疫原性良好,经肌内注射可产生较强的免疫力,并可维持 1～2 年;C 株可使猪快速产生免疫力,48 h 产生完全免疫力,96 h 产生较强免疫力,且安全性高,猪只接种疫苗后反应小,无明显不良反应。通常在首次免疫 2～3 周后才能检测到中和抗体,但免疫 1 周后,疫苗就可以对外来的 CSFV 感染起到完全保护作用。接种过疫苗的猪,中和抗体滴度大于 25 时才具有保护作用,主要通过减少感染性病毒颗粒的分布和向体外排毒来实现。也有报道指出,中和抗体单独就可以提供保护作用。仔猪如果具有较高的母源中和抗体水平(>29),对于 CSFV 感染具有被动保护作用。

CSFV 疫苗可分为活疫苗和灭活疫苗两大类。用于活疫苗的毒株主要包括

Raker 株、Kopramskc 株、Hadson 株、GPE-株、Thiveosal 株、ROVAC 株、M. L. V 株、S. F. A 株，用于灭活疫苗的 Rb-03 株及我国使用的“54-Ⅲ系”(C 株)。

1. 猪瘟活疫苗

【制造要点】目前国家批准的猪瘟活疫苗有 3 种工艺，包括传代细胞苗、原代细胞苗和脾淋苗，其制造要点有所不同。传代细胞苗是采用猪瘟兔化弱毒株，按照 3%～5%的培养体积量感染易感传代细胞，培养 4～5 d 后收获病毒上清液，补加新鲜的病毒维持液继续培养，4 d 后第二次收获，以后每隔 4 d 收获一次，共收获 5 次。收获的病毒培养物，进行病毒兔体感染量(RID)的测定，病毒含量合格的病毒液去除细胞碎片后，加适宜的冻干保护剂，经过真空冷冻干燥工艺制成冻干疫苗。原代细胞苗是用猪瘟兔化弱毒株的脾淋毒，按照 0.2%～0.3%的体积比接种牛睾丸(或羊肾)原代细胞，培养 4～5 d 后收获病毒上清液，同时加入新鲜的培养液继续培养，同传代细胞苗抗原制造工艺一样，可以连续收获 5 次。取病毒含量合格的病毒液去除细胞碎片后，加入脱脂奶保护剂进行冷冻干燥制成。脾淋苗是将猪瘟兔化弱毒株进行 500～1 000 倍稀释后接种易感家兔，收获家兔的脾脏和淋巴组织进行研磨后过滤去除组织块，加入脱脂奶保护剂进行冷冻干燥制成的。目前原代细胞苗和脾淋苗已很少使用。

【安全检验】①用生理盐水将疫苗稀释成 5 头份/mL，0.2 mL 皮下注射 5 只小鼠，0.2 mL 肌内注射 2 只豚鼠，观察 10 d，应全部健活。②用生理盐水将疫苗稀释成 6 头份/mL，5 mL 肌内注射 4 头猪。注射疫苗后，每天测体温 2 次，观察 21 d。体温升高超过 0.5～1 ℃，不超过 2 d 或减食不超过 1 d，疫苗可判为合格。如 1 头猪体温超过常温 1～1.5 ℃，疫苗也可判为合格。如有 1 头猪的反应超过上述标准可用 4 头猪重检 1 次。重检的猪仍出现同样反应，疫苗应判为不合格。也可在猪高温期采血复归猪 2 头，每头肌内注射可疑猪原血 5 mL，测温观察 16 d。如均无反应，疫苗可判为合格。如第 1 次检验结果已确证疫苗不安全，则不重检。

【效力检验】用灭菌生理盐水将每头份疫苗稀释 150～7 500 倍，1 mL 耳静脉注射 2 只家兔，48 h 后，每 6 h 测体温 1 次。体温呈上升趋势且 3 次以上体温高于正常体温 1 ℃且攻毒无反应为定型热。体温呈上升趋势且 2 次以上体温高于正常体温 0.5～1 ℃为轻热。注苗后 2 只均呈定型热或 1 只呈定型热另 1 只呈轻热，疫苗判定合格。

用灭菌生理盐水将疫苗按实含病毒量稀释 150～3 000 倍，1 mL 肌内注射健康易感猪 2 头。10～14 d 后，连同 3 头对照猪，注射猪瘟病毒石门系血毒 1 mL (10^5 最小致死量)，观察 16 d。对照猪全部发病，且至少死亡 2 头，免疫猪全部健活或稍有体温反应，但无猪瘟临床症状，疫苗可判定为合格。如对照猪死亡少于 2 头，可重检，重检后应符合规定。

【性状】淡红色或乳白色海绵状疏松团块，加稀释液后迅速溶解，传统的脱脂奶保护剂呈现均匀的混悬液状态，耐热冻干保护剂一般呈清亮透明的液体。

【用途】用于预防猪瘟。注射 4 d 后，即可产生免疫力。断奶后无母源抗体的仔猪的免疫期为 12 个月。

【用法】按瓶签注明头份加生理盐水或厂家提供的专用稀释液将疫苗稀释，肌内或皮下注射。大、小猪均为 1 mL 每头份。有疫情的地区，仔猪于 21～30 日龄和 65 日龄左右各注射 1 次。断奶前仔猪可接种 4 头份剂量的疫苗，以防止母源抗体干扰。

【免疫期】12 个月。

【保存期】−15 ℃以下保存期为 18～24 个月。

【注意事项】①注射疫苗后注意观察，如猪只出现过敏反应，应及时注射抗过敏药物。②疫苗应在 8 ℃以下的冷链运输。③疫苗保存环境在 8～25 ℃时，从接到疫苗时起算，应在 10 d 内用完。④使用单位所在地区的气温在 25 ℃以上时，如无冷藏条件，应采用冰瓶领取疫苗，随领随用。⑤疫苗稀释后如气温在 1 ℃以下，6 h 内用完；如气温在 15～27 ℃，则应在 3 h 内用完。

2. 猪瘟病毒(Rb-03 株)灭活疫苗

【制造要点】本品用猪瘟病毒 E2 蛋白重组杆状病毒 Rb-03 株接种于 Sf9 昆虫细胞，培养后，收获重组杆状病毒，再将重组杆状病毒接种于 High Five 昆虫细胞来表达猪瘟病毒 E2 蛋白，去除细胞碎片后，经二乙烯亚胺(BEI)灭活后，加适宜的佐剂乳化制成猪瘟病毒 E2 蛋白灭活疫苗。

【安全检验】用 21～30 日龄仔猪 5 头，4 mL 耳后颈部肌内注射疫苗，连续观察 14 d，并每天测温，体温升高不超过 0.5 ℃，所有仔猪应不出现任何不良反应和死亡。

【效力检验】①免疫攻毒法：用 4～5 周龄仔猪 10 头，5 头耳后部肌内注射 2 mL，5 头不注射作为对照，同等条件下隔离饲养，21 d 后以相同途径与相同剂量进行二免，14 d 后，同对照猪各注射猪瘟病毒石门系血毒 1 mL，连续观察 16 d，对照猪全发病，且至少死亡 3 头，免疫猪应全部健活或稍有体温反应(体温升高不超过 1 ℃；偶有猪只超过 1 ℃，但不超过 1.5 ℃)，但无临床症状。

②中和抗体法：用 4～5 周龄健康易感仔猪(猪瘟病毒中和抗体阴性)10 头，5 头颈部肌内注射 2 mL 疫苗，另设 5 头空白对照，在同等条件下隔离饲养，免疫后 21 d，以相同途径与相同剂量二免，二免后 14 d 采血，分离血清，采用猪瘟兔化弱毒细胞适应株测定猪血清中的中和抗体效价。免疫猪中和抗体效价均应不低于 1∶32，对照猪中和抗体效价均应不高于 1∶4。

【性状】乳白色或微黄色略带黏性均一乳状液，用吸管将疫苗滴于水面，不易扩散，呈油包水剂型。

【用途】用于预防猪瘟，一般2～3周后产生免疫保护力。

【用法】肌内或皮下注射。

【保存期】在2～8℃保存，有效期为12个月。

5.1.1.3　问题与展望

目前，世界各养猪国家控制猪瘟最有效的办法仍然是疫苗免疫。多年来，应用C株制备的CSFV疫苗免疫猪只，收到了较好的免疫效果，我国的猪瘟得到了很好的控制。西方发达国家已采用扑杀的方法代替疫苗免疫，我国基于国情还做不到这一点，因此，猪瘟净化之路还很长。近些年，我国在研制一些基因工程活载体疫苗、基因工程亚单位疫苗、基因缺失疫苗、DNA疫苗、合成肽疫苗、抗独特型抗体疫苗等，这些疫苗的商品化还有很多问题需要解决。目前已商品化的猪瘟亚单位疫苗，具有易鉴别诊断的优势，但应用时间尚短，同时也存在一些缺陷，例如，E2亚单位灭活疫苗免疫后产生具有保护水平的抗体需要的时间比活疫苗长，这就要求现阶段充分做好活疫苗与灭活疫苗的组合应用，将猪群的抗体水平整体提升，借助高水平且整齐的母源抗体，逐步实现仔猪断奶后只免疫灭活疫苗就可以安全度过风险期。近年来，CSF的流行在世界范围内发生了很大的变化，呈现周期性、波浪形的地区散发性流行，其特点是无名高热，症状不典型，持续性感染。因此，根据流行特点研制可克服传统疫苗不足之处的新型疫苗是十分必要的。

（王延辉）

5.1.2　猪伪狂犬病

5.1.2.1　疾病与病原

猪伪狂犬病（porcine pseudorabies，PR）是由猪伪狂犬病病毒（*Pseudorabies virus*，PRV）引起的猪急性传染病。该病在猪群呈暴发性流行，可引起妊娠母猪流产、死胎和木乃伊胎，不育、不发情、返情等繁殖障碍；公猪不育；新生仔猪发病后有明显的神经症状，急性经过，能引起大量死亡，1周龄以内仔猪发病率及致死率近100%；育肥猪呼吸困难、生长停滞等，是危害全球养猪业的重大疾病之一。

PRV属于疱疹病毒科、甲型疱疹病毒亚科的猪疱疹病毒Ⅰ型。成熟的病毒颗粒呈球形，直径150～180 nm，核衣壳直径105～110 nm。病毒颗粒的最外层是病毒囊膜，囊膜表面有长8～10 nm呈放射状排列的纤突。该病毒对外界环境抵抗力较强，55℃处理50 min、80℃处理3 min或100℃瞬间才能将病毒杀灭。在低温潮湿环境下，pH为6～8时病毒能稳定存活；在干燥条件下，特别是阳光直射时，病毒很快失活。该病毒对乙醚、氯仿、甲醛等各种化学消毒剂敏感。PRV 囊膜蛋白在病毒吸附、穿入、囊膜形成及出芽等增殖过程，以及在细胞间扩散、诱导机体产生保护性免疫反应和免疫逃避中起重要作用。该病毒共编码 16 种膜蛋白，其中有 11 种为糖蛋白，分别是 gB、gC、gD、gE、gG、gH、gI、gK、gL、gM 和 gN，这些糖蛋白除了 gG 分泌到细胞外，其余均位于囊膜上。gB、gD、gH、gL 对于病毒复制是必需的，gC、gE、gG、gI、gM 和 gN 对病毒复制是非必需的，gB、gC、gD、gE 和 gI 与病毒的毒力有关，gB、gC、gD 在免疫诱导方面最为重要，能诱导机体产生中和抗体和激活细胞免疫应答。

PRV 可在多种细胞中增殖，如鸡胚成纤维细胞（CEF）、猪睾丸传代细胞（ST）、猪肾传代细胞（PK-15）、非洲绿猴肾传代细胞（Vero）和仓鼠肾传代细胞（BHK-21）等，该病毒主要在兔源和猪源肾原代细胞和传代细胞中增殖。病毒在细胞内增殖引起的致细胞病变（CPE）很明显，其中多以 PK-15 细胞增殖该病毒，细胞变圆、核固缩、细胞折光率增强，形成合胞体，继而出现细胞溶解及脱落。细胞培养物经苏木素-伊红染色后，可见典型的核内嗜酸性包涵体，合胞体内有时出现嗜碱性核内包涵体。Harknes（1985）利用 PRV 可以致细胞出现合胞体这一特征，对英国 9 株 PRV 进行分类，发现毒株毒力越弱，合胞体出现越少而且其直径也越小，这对区分 PRV 强弱毒株有意义。接种 PRV 后，细胞病变最明显的时期为接种后 24～48 h，这时维持液中病毒含量最高且恒定，此后 PRV 的滴度则逐渐下降，这对选择适当的收毒时间有一定的指导意义。实验动物也可用于病毒的分离，伪狂犬病病毒在兔、1 日龄小鼠和组织培养之间的敏感性无显著差异，但成年鼠对伪狂犬病病毒较新生鼠有较强的抵抗性。虽然鸡胚对伪狂犬病病毒不很敏感，但应用鸡胚进行绒毛尿囊膜接种是最早用于病毒增殖和传代的方法，卵黄囊和尿囊腔接种途径，同样可用于病毒的增殖培养。

PRV 只有一种血清型，世界各地的分离株呈现一致的血清学反应，但不同的分离株之间毒力有一定的差异。采用限制性内切酶对病毒的基因组进行酶切是区分强毒株和弱毒株常用的办法。近年来，我国不断分离出新的 PRV 毒株，且现有疫苗不能有效防控新 PR 的流行。余腾等在 2016 年对新分离株测序获得全基因序列，与国外 700 多个 PRV 基因片段序列比对分析，发现 PRV 毒株分为 Ⅰ 型（国外毒株）和 Ⅱ 型（国内新分离株）。诊断 PRV 常用的血清学方法包括中和试验（SN）、琼脂凝胶免疫扩散试验（AGID）和酶联免疫吸附试验（ELISA），其中 SN 被许多国家列为伪狂犬病的诊断方法，具有法律依据，适用于技术条件比较好的实验室和诊断中心应用；AGID 操作简单，结果准确，不需要特殊的设备，与 SN 有很高的可比性，适用于基层兽医单位或大型猪场；与 SN 和 AGID 相比，ELISA 敏感度和检出率更高，适用于大规模的流行病学调查和抗体水平的监测等。Tetsu 等(1989)和殷震等(1997)研究发现，PRV 能凝集小鼠的红细胞，对其他动物的红细胞均不凝集，血凝效果最好的是 BABL/c 小白鼠。

5.1.2.2　疫苗与免疫

本病的免疫机制尚未完全了解，PRV 感染动物后可引起潜伏感染和免疫抑制，任何年龄段的猪在耐过 PRV 急性感染后都能在体内建立潜伏感染，并终生潜伏，且不表现临床症状。血清中的中和抗体对 PRV 感染有一定的保护作用，但不能防止病毒在上呼吸道增殖和排出。细胞免疫在抗伪狂犬病病毒的感染中也具有重要作用。目前防治 PRV 最有效的方法还是疫苗免疫。

目前，伪狂犬病免疫接种的疫苗主要有弱毒疫苗和灭活疫苗两大类。用于活疫苗制造的毒株包括 Bartha-K61 株、BUK 株、TK200、TK900、NIA-4 株、MK25 株、Alfort26 株、B-kal68 株、Dessau 株、Govacc 株和 VGNKI 等；用于制备基因缺失疫苗的毒株包括国际上已经批准的 BUK-d13、783、Marker-Gold、Tolvid、Begonia、Omnimark、Omnivac 和我国的 SA215、HB-98、HB-2000 株。我国用于灭活疫苗制造的毒株包括鄂 A 株和 HN1201-ΔgE 株。

1. *活疫苗*

(1)猪伪狂犬病毒活疫苗

【制造要点】①种毒 Bartha-K61 弱毒株或基因缺失弱毒株(HB-98、HB-2000、SA215 等)接种 CEF 或 Marc-145 细胞，CPE 达到 75%以上时收获病毒液。②制苗种毒按适当比例稀释后接种 CEF 或 Marc-145 细胞单层，37 ℃培养 24～48 h，CPE 达到 75%以上时收获病毒液。加适宜的保护剂，经冷冻真空干燥制成。用 CEF 或 Marc-145 细胞测定疫苗毒价应≥$10^{5.0}$ $TCID_{50}$/头份。

【安全检验】按瓶签标注头份用生理盐水或疫苗专用稀释液稀释疫苗，用 6～18 月龄 PRV 抗体阴性绵羊 2 只或 18～28 日龄健康易感仔猪 2～5 头，肌内注射或滴鼻接种疫苗 2～10 头份，连续观察 7～14 d，应无临床反应。

【效力检验】按瓶签标注头份将疫苗用稀释液稀释为 1 头份/mL，肌内注射或滴鼻 6～18 月龄 PRV 抗体阴性的绵羊或 1 日龄健康易感仔猪 4 头，每头 1 mL。观察 7～14 d 后，于同源对照绵羊或仔猪 3 头，同时攻击 1 mL 强毒。连续观察 7～14 d 后，注射疫苗羊或猪应该全部健活，对照羊或猪至少 2 只发病死亡。

【性状】乳白色或淡黄色海绵状疏松团块，易与瓶壁脱离，加稀释液后迅速溶解。稀释后呈均匀混悬液或清澈透明液体。

【用途】用于预防猪伪狂犬病。本疫苗在注射后 6～7 d 产生免疫力。

【用法】按瓶签注明的头份加稀释液稀释至每毫升含 1 头份，肌内注射。PRV

抗体阴性仔猪，在出生后 1 周内滴鼻或肌内注射；具有 PRV 母源抗体的仔猪，在 45 日龄左右肌内注射；经产母猪每 4 个月免疫 1 次；后备母猪 6 月龄左右肌内注射免疫 1 次，间隔 1 个月后加强免疫 1 次，产前 1 个月左右再免疫 1 次；种公猪每年春、秋季各免疫 1 次。

【免疫期】免疫期为 6～12 个月，仔猪被动免疫的免疫期为 21～28 d。

【保存期】2～8 ℃保存，有效期为 6～12 个月；－20 ℃以下保存，有效期为 12～18 个月。

【注意事项】①本品仅用于接种健康动物。②在贮藏和运输过程，应防止高温、消毒剂和阳光直射。③疫苗稀释后应充分溶解，应立即使用。④接种时，应执行常规无菌操作，使用过的疫苗瓶或未用完的疫苗应及时进行消毒处理。

2. 灭活疫苗

(1)猪伪狂犬病毒灭活疫苗

【制造要点】①种毒鄂 A 株或基因缺失 HN1201-ΔgE 株在 BHK-21 细胞或 PK-15 细胞培养毒价 $\geqslant 10^{-8.5}$ $TCID_{50}$/mL。②制苗种毒按病毒感染复数(MOI) 0.005～0.05 接种 BHK-21 细胞或 PK-15 细胞单层，37 ℃培养 24～48 h，CPE 达到 75%以上时收获病毒液。过滤去除细胞碎片，加入 0.1%甲醛溶液灭活，加适宜的佐剂乳化即制成灭活疫苗。

【性状】乳白色略带黏滞性乳状液。

【用途】用于预防猪伪狂犬病。

【用法】颈部肌内注射，2 mL/头。断奶仔猪免疫 1 次，种猪每 4 个月免疫 1 次，妊娠母猪产前 1 个月加强免疫 1 次。

【免疫期】免疫期为 4～6 个月。

【保存期】2～8 ℃保存，有效期为 12～18 个月。

【注意事项】①仅用于接种健康猪。②使用前摇匀，使疫苗的温度恢复到室温。③启封后应当天用完。④切勿冻结。⑤应对注射部位进行严格消毒。⑥剩余的疫苗及用具，应经消毒处理后废弃。

5.1.2.3 问题与展望

PRV 具有泛嗜性、神经侵袭性、潜伏感染、免疫逃避等特性，因此本病控制难度大，造成的危害巨大。发病耐过猪能终生潜伏带毒，成为本病的传染源，需将其检出并淘汰，才能有效控制和净化该病。在 PRV 分子生物学研究的基础上，通过缺失与病毒毒力相关且为病毒复制非必需的基因而构建的基因缺失弱毒疫苗株，在 PR 的根除和净化中起到重要作用。然而，无论是主动免疫还是被动免疫均只能提高免疫动物的抵抗力，而不能具备完全抵抗病毒感染的能力，不能阻止后期感染病毒在体内的复制、潜伏感染的形成和后期复发性感染。因此,进一步深入研究病毒分子生物学特征,阐明病毒与宿主相互作用的分子机制、宿主抗病毒免疫与病毒免疫逃避策略的互作机制及病毒潜伏感染机理,对于研发更加有效的、能完全抗病毒感染的新型高效疫苗,以及抗病毒治疗方法具有重要意义。

(王延辉)

5.1.3 猪繁殖与呼吸综合征

5.1.3.1 疾病与病原

猪繁殖与呼吸综合征(porcine reproductive and respiratory syndrome, PRRS),又称"猪蓝耳病",是由猪繁殖与呼吸综合征病毒(PRRSV)引起的一种高度接触性传染病。临床表现为以妊娠母猪发热流产和死胎、弱仔等繁殖障碍及各种年龄猪特别是仔猪发热、呼吸道症状、免疫抑制,且易继发感染其他病原为特征。本病于 20 世纪 80 年代在美国发现,并于 90 年代初扩散到欧洲,之后传播到世界各地,目前已成为危害全球养猪业最为严重的传染病之一。2006 年,我国暴发高致病性蓝耳病,以发病率高、死亡率高及传播迅速为特征。Zhao 与 Song 等报道我国先后分离 NADC30-like PRRSV 与 NADC34-like PRRSV 毒株,表明近年该病呈现变异速度快与重组频率高的特点,给养猪业造成巨大经济损失与防控压力。

PRRSV 为动脉炎病毒科、动脉炎病毒属成员,病毒呈球形,有囊膜,直径 45~65 nm。病毒核衣壳直径 25~35 nm,呈二十一面体。在蔗糖和氯化铯中的浮密度分别为 1.14 g/cm^3 和 1.19 g/cm^3。病毒不耐热,56 ℃处理 15~20 min,37 ℃处理 10~24 h,20 ℃放置 6 d 或 4 ℃保存 1 个月,病毒滴度将下降为原来的 1/10。56 ℃处理 45 min,或 37 ℃处理 48 h,病毒将被彻底灭活。该病毒对 pH 敏感,在 pH 为 6.5~7.5 的环境中稳定,在 pH 低于 6.0 或高于 8.0 的环境中,其感染性将损失 90%以上。自然分离到的病毒没有血凝特性。

PRRSV 为单股、正链、不分节段的病毒,基因组大小为 15.4 kb。其 5′末端有帽状前导序列,3′末端有 poly(A)尾序列,该结构对于病毒感染性是必需的。PRRSV 的复制酶复合体将基因组 RNA 复制为负链中间体,作为产生子代基因组 RNA 的模板,并产生一系列负链亚基因组 RNA(several subgenomic mRNAs, sg-mRNAs),含有 9 个相互重叠的开放阅读框,从 5′端到 3′端依次是:ORF1、ORF2a、ORF2b、ORF3、ORF4、ORF5a 和 ORF5~ORF7。ORF1 编码病毒的 RNA 复制酶和聚合酶,占基因组全长的 80%。ORF2a、ORF2b、ORF3、ORF4、ORF5a、ORF5、ORF6 和 ORF7 分别编码病毒的结构蛋白 GP2、E、GP3、GP4、

ORF5a、GP5、基质蛋白 M 和核衣壳蛋白 N,其中 GP5 蛋白、M 蛋白和 N 蛋白为病毒的主要结构蛋白。

PRRSV 可在单核细胞、神经胶质细胞、猪睾丸细胞以及源于 MA-104 的几个亚细胞系(Marc-145、CL2621、HS2H、CRL1171)中增殖。猪肺泡巨噬细胞(PAM)对 PRRSV 敏感性高,其产毒量和毒价也较高。PAM 细胞感染 PRRSV 后致细胞病变(CPE)出现较早(1～4 d),主要表现为细胞圆缩、聚集,最后崩解脱落。接种病毒 6 h 后,可见核衣壳从光面内质网出芽,9 h 后在光面内质网池和高尔基体内见到成熟的有囊膜的病毒颗粒。病毒的复制在胞浆中进行,在感染 9～12 h 后,成熟的病毒颗粒通过细胞的胞吐作用从感染细胞释放。不同 PRRSV 毒株对细胞的敏感性不一样。PRRSV 在传代细胞系中增殖缓慢,但是 2006 年中国分离的高致病性 PRRSV 对 Marc-145 细胞嗜性增强,该传代细胞系也是目前分离毒株常用的细胞。近年来,有人从 Marc-145 细胞中克隆出更敏感的 HS2H 细胞用于 PRRSV 的分离。

PRRSV 只有 1 种血清型,2 种基因型,基因Ⅰ型为欧洲型,代表毒株为 Lelystand virus(LV);基因Ⅱ型为北美洲型,代表毒株为 VR-2332。两种基因型的 PRRSV 具有相同的复制转录机制,并且感染后引起的临床症状也相同,但北美洲型毒株的毒力和致病性较欧洲型强。北美洲型 PPRSV 具有高度遗传多样性,根据 ORF5 基因序列,将Ⅱ型 PPRSV 分为 9 个 Lineage(1～9),每个 Lineage 还可分为若干 sublineage。我国Ⅱ型 PRRSV 目前属于多种 PRRSV 亚型共存的状态,毒株多样性复杂,重组频繁,主要包括 sublineage8.7、Lineage3 和 Lineage1。我国最初分离的 CH-1a 株和 2006 年分离的 HP-PRRSV 均划分为 sublineage8.7。2010 年,我国南方地区分离的 PRRSV-QYYZ 株以及早期台湾与香港分离毒株均可划分为 Lineage3。2012 年后,我国分离到的 NADC30-like PRRSV 毒株划分为 sublineage1。Zhou 等报道 PRRSV 重组发生在野毒与减毒活疫苗之间,导致新基因型 PRRSV 毒株的出现,并且 PRRSV 的毒力也不断发生变异,造成国内 PRRSV 的防控压力不断升级。各基因型 PRRSV 毒株之间存在部分交叉保护力,经典株或致弱株可以减轻 PRRSV 流行毒株引起的临床症状和病理变化。PRRSV 存在抗体依赖性增强作用现象,是疫苗研发障碍,导致疫苗免疫失败。

5.1.3.2 疫苗与免疫

疫苗接种是防控 PRRS 的主要措施,可以有效预防 PRRS 暴发和阻隔病毒在猪群内传播。目前预防本病的疫苗包括灭活疫苗和弱毒活疫苗两类。蓝耳病阴性猪场应不免疫或选用灭活疫苗;蓝耳病阳性或周边猪场呈蓝耳病阳性的猪场应选择蓝耳病自然弱毒活疫苗。

1. 活疫苗

PRRSV 弱毒活疫苗分为经典弱毒活疫苗与高致病性猪蓝耳弱毒活疫苗两

类，其中经典弱毒活疫苗毒株包括：CH-1R 株、R98 株、VR-2332 株；高致病性猪蓝耳弱毒活疫苗毒株包括：JXA1-R 株、HuN4-F112 株、TJM-F92 株、GDr180 株与 PC 株。经典毒株的弱毒活疫苗又分为人工致弱活疫苗和自然弱毒活疫苗 2 种。

自然弱毒株活疫苗毒株是从自然界筛选出的免疫抗原性好的无致病力毒株，经克隆纯化做成疫苗种毒，无毒力返强风险，如 R98 株，适用于 7 日龄以上健康猪，接种后 7～14 d 产生免疫力，免疫期为 4 个月；发病时可进行紧急预防注射。不宜用于 PRRS 阴性猪场、种公猪及怀孕 30 d 内母猪。研究数据显示，R98 株减毒活疫苗对 NADC30-like PRRSV FJ1402 株攻击，动物仅表现轻微临床症状，并显著降低肺脏损伤，表明 R98 株减毒活疫苗可提供部分免疫保护，抵御 NADC30-like PRRSV 毒株的攻击。

人工致弱的经典毒株疫苗，如 CH-1R 株、VR-2332 株等，建议用于 3 周龄以上健康猪，免疫期为 4 个月。仅用于对 PRRS 阳性猪群中的健康猪进行接种。不要对育龄种公猪进行接种。

人工致弱的高致病性蓝耳病弱毒疫苗，如 JXA1-R 株、HuN4-F112 株、TJM-F92 株、GDr180 株与 PC 株等，免疫期为 4～6 个月，一般用于 4 周龄以上健康猪，阴性猪群、种公猪和妊娠母猪禁用，建议与猪瘟疫苗应相隔至少 1 周使用。

(1)猪繁殖与呼吸综合征活疫苗(R98 株)

【制造要点】疫苗中含猪繁殖与呼吸综合征病毒弱毒 R98 株，每头份疫苗病毒含量 $\geqslant 10^{5.0}$ $TCID_{50}$。

【性状】微黄色海绵状疏松团块，易与瓶壁脱离，加生理盐水后迅速溶解。

【用途】用于预防猪繁殖与呼吸综合征(猪蓝耳病)，适用于 7 日龄以上健康猪。接种后 7～14 d 产生免疫力。

【用法】按瓶签注明头份，用灭菌生理盐水将疫苗稀释为每头份 1 mL，7 日龄以上仔猪肌内注射或滴鼻，1 mL/头；后备母猪和配种前母猪肌内注射，2 mL/头。

【免疫期】免疫期为 4 个月。

【保存期】－20 ℃以下保存，有效期为 15 个月。

【注意事项】①本品不宜用于 PRRS 阴性猪场及怀孕 30 d 内母猪和种公猪；发生本病时可进行紧急预防注射；对体质瘦弱和患有其他疾病的猪不应使用。②目前尚未进行该疫苗对高致病性猪蓝耳病的免疫效力试验，故尚不能确定该疫苗对高致病性猪蓝耳病的免疫效果。③本品稀释后应放置于冷暗处，限 1 h 内用完。④用过的疫苗瓶、器具和未用完的疫苗等应进行无害化处理。⑤本品应在 8 ℃以下的冷藏条件下运输。

(2)猪繁殖与呼吸综合征病毒活疫苗(CH-1R 株)

【制造要点】疫苗中含有猪繁殖与呼吸综合征病毒,每头份疫苗病毒含量≥$10^{5.0}$ $TCID_{50}$。

【性状】黄白色海绵状疏松团块,加稀释液后迅速溶解,并呈均匀的混悬液。

【用途】用于预防猪繁殖与呼吸综合征。

【用法】颈部肌内注射。3～4 周龄仔猪免疫,1 头份/头;母猪于配种前 1 周免疫,2 头份/头。

【免疫期】免疫持续期为 4 个月。

【保存期】-20 ℃以下保存,有效期为 18 个月。

【注意事项】①初次应用本疫苗的猪场,应先做小群试验。②种公猪应慎用。③注射部位应严格消毒。④使用后的疫苗瓶和相关器具应严格消毒。⑤屠宰前 30 d 内禁用。⑥应在兽医的指导下使用。⑦目前尚未进行该疫苗对变异株的免疫效力试验,尚不能确定疫苗对变异株的效果。

(3)猪繁殖与呼吸综合征活疫苗(VR-2332 株)

【制造要点】疫苗中含猪繁殖与呼吸综合征病毒(ATCC VR-2332 株),至少 $10^{4.8}$ $TCID_{50}$/头份。

【性状】乳白色海绵状疏松团块,加稀释液后迅速溶解。

【用途】用于 3 周龄以上健康猪,预防猪繁殖与呼吸综合征。

【用法】按标签上注明的头份数,用专用稀释液进行稀释,充分摇匀后,每头猪肌内注射 1 头份(2 mL)。育肥猪在 3 周龄或 3 周龄以上时接种;母猪和后备母猪在配种前 3～4 周进行接种,此后,每次配种前进行加强接种。

【免疫期】免疫期为 4 个月。

【保存期】2～8 ℃保存期为 24 个月。

【注意事项】①仅用于对 PRRS 阳性猪群中的健康猪进行接种。不要对育龄种公猪进行接种。②疫苗严禁冻结。③疫苗中含有新霉素。④稀释后的疫苗应立即使用。⑤接种过程中应采用常规无菌操作方法。⑥使用后的疫苗瓶及剩余疫苗应焚毁。⑦屠宰前 21 d 内禁用。⑧若误将疫苗接种到人体内,请立即寻求医疗帮助。

(4)高致病性猪繁殖与呼吸综合征活疫苗(JXA1-R 株)

【制造要点】用高致病性猪繁殖与呼吸综合征病毒 NVDC-JXA1 株经传代致弱的 JXA1-R 株,每头份病毒含量≥$10^{5.5}$ $TCID_{50}$。

【性状】微黄色海绵状疏松团块,易与瓶壁脱离,加稀释液后迅速溶解。

【用途】用于预防高致病性猪繁殖与呼吸综合征。

【用法】耳根后部肌内注射。按瓶签注明头份,用灭菌生理盐水稀释,仔猪断奶前后接种，母猪配种前接种，每头 1 头份。

【免疫期】免疫保护期为 4 个月。

【保存期】－15 ℃保存，有效期为 18 个月。

【注意事项】①初次应用本品的猪场，应先做小群试验。②阴性猪群、种公猪和妊娠母猪禁用。③本品仅用于接种健康猪。④本品不应用于紧急免疫接种。⑤疫苗在运输、保存、使用过程中应防止高温、消毒剂和阳光照射。⑥接种用器具应无菌，注射部位应严格消毒。⑦疫苗稀释后应避免高温，限 1 h 内用完。⑧偶尔可能引起过敏反应，可用肾上腺素等治疗。⑨剩余的疫苗及用具，应经消毒处理后废弃。⑩屠宰前 30 d 内禁用。

(5)高致病性猪繁殖与呼吸综合征活疫苗(TJM-F92 株)

【制造要点】每头份疫苗含高致病性猪繁殖与呼吸综合征病毒弱毒 TJM-F92 株≥$10^{5.0}$ $TCID_{50}$。

【性状】白色海绵状疏松团块，易于瓶壁分离，加稀释液后迅速溶解。

【用途】用于预防高致病性猪繁殖与呼吸综合征(即高致病性猪蓝耳病)。

【用法】颈部肌内注射。按标签注明头份，用灭菌生理盐水将疫苗稀释成 1 头份 1 mL，每头接种 1.0 mL。

【免疫期】免疫期为 6 个月。

【保存期】2～8 ℃保存期为 18 个月。

【注意事项】①仅用于接种 4 周龄以上健康猪。②阴性猪群、种猪和怀孕母猪禁用。③屠宰前 30 d 内禁用。④疫苗经稀释后充分摇均，限 1 次用完。⑤应使用无菌注射器进行接种。⑥注射部位应严格消毒。⑦使用后的疫苗瓶和相关器具应严格消毒。⑧应在兽医指导下使用。

(6)高致病性猪繁殖与呼吸综合征活疫苗(GDr180 株)

【制造要点】每头份疫苗含猪繁殖与呼吸综合征病毒(PRRSV)GDr180 株≥$10^{5.0}$ $TCID_{50}$。

【性状】灰白色或淡黄色海绵状疏松团块，易与瓶壁脱离，加稀释液后迅速溶解。

【用途】用于预防高致病性猪繁殖与呼吸综合征(即高致病性猪蓝耳病)。

【用法】颈部肌内注射。按瓶签注明头份，用无菌生理盐水稀释，仔猪断奶前后接种，母猪配种前接种，每头 1 头份。

【免疫期】免疫期为 6 个月。

【保存期】－15 ℃以下保存，有效期为 18 个月。

【注意事项】①初次应用本品的大型猪场，应先做小群试验。②阴性猪群、种公猪和怀孕母猪禁用。③本品仅用于接种 4 周龄以上健康猪。④接种用器具应无菌，注射部位应严格消毒。⑤疫苗稀释后应避免高温，限 1 h 内用完。⑥偶尔可能引起过敏反应，可用肾上腺素等治疗。

(7)高致病性猪繁殖与呼吸综合征活疫苗(HuN4-F112 株)

【制造要点】疫苗中含有猪繁殖与呼吸综合征病毒 HuN4-F112 株，每头份病毒含量应≥$10^{4.5}$ $TCID_{50}$。

【性状】微黄色海绵状疏松团块，易与瓶壁分离，加稀释液后迅速溶解。

【用途】用于预防高致病性猪繁殖与呼吸综合征(即高致病性猪蓝耳病)。

【用法】颈部肌内注射。按瓶签注明头份，用无菌生理盐水将疫苗稀释成每头份 1 mL，每头接种 1 mL。

【免疫期】免疫持续期为 4 个月。

【保存期】−20 ℃以下保存，有效期为 18 个月。

【注意事项】①本品只用于接种 3 周龄以上健康猪。②本品与猪瘟疫苗应相隔至少 1 周使用。③阴性猪群、种猪和怀孕母猪禁用。④疫苗在运输、保存、使用过程中应防止高温、消毒剂和阳光照射。⑤疫苗稀释后应避免高温，限 1 h 用完。⑥接种后，个别猪偶尔可能出现过敏现象，可使用抗过敏药物进行治疗。⑦接种用器具应无菌，注射部位应严格消毒。⑧剩余疫苗、疫苗瓶及使用过的注射器具等应进行消毒处理。⑨屠宰前 21 d 内禁用。

(8)猪繁殖与呼吸综合征嵌合病毒活疫苗(PC 株)

【制造要点】疫苗中含有猪繁殖与呼吸综合征嵌合病毒 PC 株，每头份病毒含量≥$10^{5.0}$ $TCID_{50}$。

【性状】乳白色或淡黄色海绵状疏松团块，易与瓶壁分离，加稀释液后迅速溶解。

【用途】用于预防高致病性猪繁殖与呼吸综合征。

【用法】断奶仔猪颈部肌内注射。按瓶签注明头份，用无菌生理盐水将疫苗稀释成 1 头份/mL，每头接种 1.0 mL。

【免疫期】免疫期 4 个月。

【保存期】−15 ℃以下保存，有效期为 18 个月。

【注意事项】①本品仅用于接种健康猪。②疫苗在运输、保存、使用过程中应防止高温、消毒剂和阳光照射。③接种时，应进行局部消毒处理。④稀释后，应避免高温，限 1 h 内用完。⑤用过的疫苗瓶、器具和未用完的疫苗等应进行无害化处理。

2. 灭活疫苗

猪繁殖与呼吸综合征灭活疫苗具有安全性高，无排毒散毒的风险，可抑制猪群病毒血症，降低载毒量，减弱肺部的病变；但是不能阻止病毒感染，必须采用注射的方式，应激大，需要多次接种。当前商品化灭活疫苗毒株包括 CH-1a 株与 M-2 株；尚无预防猪高致病性蓝耳病的试验依据。

(1)猪繁殖与呼吸综合征灭活疫苗(CH-1a 株)

【制造要点】疫苗中含有灭活的猪繁殖与呼吸综合征病毒 CH-1a 株。

【性状】乳白色乳剂。

【用途】用于预防猪繁殖与呼吸综合征。

【用法】颈部肌内注射。母猪在怀孕 40 日内进行初次免疫接种，间隔 20 d 后进行第 2 次接种，以后每隔 6 个月接种 1 次，每次每头 4 mL。种公猪初次接种与母猪同时进行，间隔 20 d 后进行第 2 次接种，以后每间隔 6 个月接种 1 次，每次每头为 4 mL。仔猪 21 日龄接种 1 次，每头 2 mL。

【免疫期】免疫期为 6 个月。

【保存期】2～8 ℃保存，有效期为 10 个月。

【注意事项】①疫苗使用前应恢复至室温，并摇匀。②注射部位应严格消毒。③对妊娠母猪进行接种时，要注意保定，避免引起机械性流产。④本疫苗接种后，有少数猪只接种部位出现轻度肿胀，21 d 后基本消失。⑤屠宰前 21 d 不得进行接种。⑥应在兽医的指导下使用。注射该疫苗时，有个别猪只会出现局部肿胀，可在短时间内消失。

(2)猪繁殖与呼吸综合征灭活疫苗(M-2 株)

【制造要点】主要成分为猪繁殖与呼吸综合征病毒 M-2 株抗原，灭活前每 0.1 mL 病毒含量至少为 $10^{5.5}$ $TCID_{50}$。

【性状】乳白色乳剂。

【用途】用于预防猪繁殖与呼吸综合征。

【用法】后备母猪及公猪在 6～7 月龄或配种前 30 d 进行间隔 21 d 的 2 次免疫，每次深部肌内注射 2 mL/头，以后每隔 6 个月接种 1 次，每次 2 mL/头。经产母猪和成年公猪每 6 个月进行间隔 21 d 的 2 次免疫，每次深部肌内注射 2 mL/头。2 月龄内的猪进行间隔 21 d 的 2 次免疫，每次深部肌内注射 2 mL/头。

【免疫期】免疫期为 6 个月。

【保存期】2～8 ℃保存，有效期为 12 个月。

【注意事项】①本品尚无预防猪高致病性蓝耳病的试验依据。②疫苗使用前应了解当地确无疫病流行，被接种猪应健康，体质瘦弱或患有疾病猪只不得使用。③疫苗使用前应认真检查，如出现破乳、变色、疫苗瓶有裂纹等均不得使用。④疫苗应在标明的有效期内使用。使用前必须摇匀，疫苗瓶一旦开启，限 4 h 内用完。⑤切勿冻结和高热。⑥怀孕母猪不宜使用。

5.1.3.3 问题与展望

猪繁殖与呼吸综合征疫苗包含已上市的灭活疫苗和弱毒活疫苗，以及研究阶段的基因工程疫苗。灭活疫苗为经典株灭活疫苗，具有安全性高、母源抗体干扰小的优点。但是该类疫苗同时存在中和抗体水平低与保护效果有限等缺点。弱毒活疫苗具有抗体产生早、免疫时间长等优点，总体安全性高，但是仍然存在 JXA1-R 株毒力返强的报道，出现母猪繁殖性能降低，仔猪消瘦、腹式呼吸等临床症状，以及活疫苗针对相同基因型毒株保护效果良好，对其他基因型毒株仅表现出部分保护效果，故养殖场的 PRRSV 防控需要首先确定流行毒株基因型。此外，有报道表示弱毒活疫苗与灭活疫苗的联合使用，有更好的保护效果。

基因工程疫苗是当前 PRRSV 防控研究的热点，包含亚单位疫苗、活载体疫苗、核酸疫苗等。亚单位疫苗是通过基因重组技术，将外源病原基因导入受体细胞或细菌中，使外源基因在其内高效表达有抗原性的成分，加入适当的乳化剂制备而成的。该类疫苗针对 GP3、GP4、GP5 或 M 蛋白开发，虽可以产生较高水平的中和抗体，并诱导强烈的细胞免疫应答，但是存在攻毒保护率低、抗原用量大、成本高的缺点。此外，还有核酸疫苗与活载体疫苗开发，这些疫苗仅处于开发阶段，距离商品化量产还有一定差距。当前常规疫苗的种类和毒株众多，交叉保护效果差，促使开发新型疫苗，解决常规毒株保护效果的缺陷。

（刘云涛）

5.1.4 猪圆环病毒病

5.1.4.1 疾病与病原

猪圆环病毒病（porcine circovirus diseases，PCVD）主要是由猪圆环病毒引起的传染病，主要感染 6～12 周龄猪，其特征是引起淋巴系统疾病、渐进性消瘦、呼吸道症状，造成患猪免疫机能下降、生产性能降低。引起断奶仔猪多系统消耗综合征（PMWS）、猪皮炎肾病综合征（PNDS）、猪呼吸系统综合疾病、繁殖障碍症。主要临床症状为仔猪先天性震颤、断奶猪消瘦、呼吸急促、咳喘、黄疸、腹泻、贫血等，仔猪发病率较高，病猪发育明显受阻，降低经济价值。病理变化表现为淋巴结炎，脾脏和胸腺萎缩，肠炎、肾炎、间质性支气管炎等。

猪圆环病毒属圆环病毒科圆环病毒属，直径为 12～23 nm，无囊膜，为环状单股负链 DNA 病毒。核衣壳呈二十面体对称型。三维立体实验显示其多角形轮廓中含有 60 个衣壳蛋白，组装成 12 个轻微突出的由 5 部分组成的单元，整个直径约 20.5 nm。对外界环境的抵抗力较强，可在酸性（pH 3.0）环境中和氯仿中存活较长时间,高温(70 ℃)可存活 15 min,56 ℃不能将其灭活。

PCV2 可在 PK-15 细胞上生长,但不产生 CPE,*D*-氨基葡萄糖能够促进其增殖。无 PCV 污染的 PK-15 细胞常用于猪圆环病毒的分离与鉴定。可取死亡猪的肺脏、淋巴结、肾脏、血清等作为病原的分离材料。

现已知 PCV 有 4 个血清型,即 PCV1、PCV2、PCV3 和 PCV4。PCV1 为非致病性的病毒,PCV2 为致病性的病毒,PCV3 和 PCV4 的致病性尚无明确报道。PCV1 于 1974 年首次被发现并被证实对猪无致病性,命名为 1 型圆环病毒(PCV1),PCV1 基因组含有 1 759 个核苷酸。PCV2 自 1998 年首次被发现后就一直受到世界的关注,与临床疾病相关,命名为 2 型圆环病毒(PCV2)。PCV2 基因组含 1 767～1 768 个核苷酸。根据 PCV2 的 ORF2 基因序列的差异,PCV2 可以分为 2 个基因群,进而还可分为 1a、1b、1c、2a、2b、2c、2d、2e 等基因亚型。前期研究表明,PCV2b 为我国流行的主要基因亚型,具有致病性;国内外学者通过基因序列分析发现 PCV2 流行的主要基因亚型有从 PCV2b 向 PCV2d 转变的趋势。PCV2 基因组有 11 个开放阅读框(ORF),大部分 ORF 是相互嵌套重叠的,并且其利用基因组的互补链获得其所需蛋白。PCV3 于 2016 年首次在美国患病猪中被发现,基因组全长 2 000 bp,目前已在世界范围内广泛传播。2019 年 4 月,周继勇团队从患有严重临床疾病的猪群中发现 PCV4,PCV4 含有 1 770 个核苷酸。

5.1.4.2 疫苗与免疫

Reynaud 等早在 2004 年就报道疫苗免疫可以降低断奶后多系统衰竭综合征(PMWS)危害农场的疫病发生率。实验性 PCV2 疫苗,包括灭活疫苗、重组疫苗、DNA 疫苗及嵌合感染性 DNA 克隆,当动物经 PCV2 攻毒后,基于生长率和直肠温度的评估表明,这些疫苗显示出了显著的保护性。目前市场上疫苗种类较多,根据生产方式不同主要可以分为全病毒灭活疫苗和基因工程疫苗。用于全病毒灭活疫苗制备的毒株有 ZJ/C 株、SH 株、LG 株、WH 株、DBN-SX07 株,均属于 PCV2b。基因工程疫苗又分为基因工程亚单位疫苗和基因嵌合疫苗。

1. 全病毒灭活疫苗

全病毒灭活疫苗是将 PCV2 病毒经过增殖培养、纯化灭活后,制备成的疫苗。优点是免疫原性好,免疫后抗体水平高,保护效果好;缺点是 PCV2 增殖缓慢,生产周期长,培养困难,培养成本高,灭活工艺复杂。

研究数据显示,利用悬浮培养技术生产猪圆环病毒 2 型灭活疫苗(ZJ/C 株)灭活前抗原含量不低于 $10^{8.3}$ $TCID_{50}$/mL,普免母猪可产生高水平保护性抗体,并传递给仔猪且持续至断奶;免疫仔猪保护性抗体可持续至出栏(表 5-1)。

表 5-1　仔猪免疫猪圆环病毒 2 型灭活疫苗(ZJ/C 株)后中和抗体监测结果

免疫疫苗种类(14 日龄免疫)	中和抗体水平/[$-\log_2$(TCID$_{50}$)]				
	免疫前	免疫后 1 个月	免疫后 2 个月	免疫后 3 个月	免疫后 4 个月
猪圆环病毒 2 型灭活疫苗(ZJ/C 株)	6.26	5.60	5.17	6.42	6.03
空白对照	5.63	4.25	2.75	2.50	2.50

(1)猪圆环病毒 2 型灭活疫苗(ZJ/C 株)

【制造要点】疫苗中含灭活的猪圆环病毒 2 型 ZJ/C 株,灭活前每毫升病毒含量应≥$10^{7.3}$ TCID$_{50}$。

【性状】淡粉红色或淡黄色乳状液。

【用途】用于预防猪圆环病毒 2 型感染引起的疾病。

【用法】14 日龄以上猪,颈部肌内注射,2.0 mL/头。

【免疫期】免疫期为 4 个月。

【保存期】2～8 ℃保存,有效期为 18 个月。

【注意事项】①适用于健康猪群预防接种。②瘦弱、体温或食欲不正常的猪只不宜注射疫苗。③使用前需仔细检查包装,如发现破损、残缺、疫苗瓶有裂纹及混有异物等均不得使用。④疫苗应冷藏运输和保存,切勿冻结,发生破乳、变色现象者应废弃。⑤疫苗使用前应恢复至室温,使用前和使用中应充分振摇,严格消毒,开封后应当天用完。⑥注苗后猪只可能出现一过性体温升高、减食现象,一般可在 2 d 内自行恢复。⑦如有个别猪只发生过敏反应,可用肾上腺素救治。⑧接种工作完毕,应立即洗净双手并消毒,疫苗瓶及剩余的疫苗应以燃烧或煮沸等方法进行无害化处理。

(2)猪圆环病毒 2 型灭活疫苗(LG 株)

【制造要点】灭活前每毫升含猪圆环病毒 2 型 LG 株≥$10^{5.0}$ TCID$_{50}$。

【性状】粉白色乳状液。

【用途】用于预防猪圆环病毒 2 型感染引起的相关疾病,适用于 3 周龄以上仔猪和成年猪。

【用法】颈部肌内注射。新生仔猪,3～4 周龄首免,间隔 3 周加强免疫 1 次,1 mL/头。后备母猪,配种前进行基础免疫 2 次,间隔 3 周,产前 1 个月加强免疫 1 次,2 mL/头。经产母猪跟胎免疫,产前 1 个月接种 1 次,2 mL/头。其他成年猪实施普免,每半年 1 次,2 mL/头。

【保存期】2～8 ℃避光保存,有效期为 18 个月。

【注意事项】同猪圆环病毒 2 型灭活疫苗(ZJ/C 株)的注意事项。

(3)猪圆环病毒 2 型灭活疫苗(SH 株)

【制造要点】疫苗中含有灭活的猪圆环病毒 2 型 SH 株,灭活前每毫升病毒含量至少为 $10^{5.0}$ $TCID_{50}$。

【性状】乳白色或淡粉红色均匀乳状液。

【用途】用于预防由猪圆环病毒 2 型感染引起的疾病。

【用法】颈部皮下或肌内注射。仔猪 14～21 日龄首免,1 mL/头,间隔 2 周后以同样剂量加强免疫 1 次。

【免疫期】免疫期为 3 个月。

【保存期】2～8 ℃保存,有效期为 12 个月。

【注意事项】同猪圆环病毒 2 型灭活疫苗(ZJ/C 株)的注意事项。

(4)猪圆环病毒 2 型灭活疫苗(YZ 株)

【制造要点】疫苗中含灭活的猪圆环病毒 2 型 YZ 株。灭活前每毫升病毒含量 $\geqslant 10^{5.5}$ $TCID_{50}$。

【性状】乳白色或淡粉红色均匀乳状液。

【用途】用于预防由猪圆环病毒 2 型感染引起的疾病。

【用法】颈部肌内注射。3～5 周龄仔猪,1.0 mL/头,3 周后以相同方法加强免疫 1 次。

【免疫期】免疫期为 6 个月。

【保存期】2～8 ℃保存,有效期为 12 个月。

【注意事项】同猪圆环病毒 2 型灭活疫苗(ZJ/C 株)的注意事项。

(5)猪圆环病毒 2 型灭活疫苗(1010 株)

【制造要点】疫苗中含有灭活的猪圆环病毒 2 型 1010 株,1 mL 抗原悬液含 PCV2 抗原应 $\geqslant 2.28\log_{10}$ ELISA 单位,即将 1 瓶抗原悬液与 1 瓶乳剂混合后,1 mL 混合好的疫苗含 PCV2 抗原应 $\geqslant 1.8\log_{10}$ ELISA 单位。

【性状】抗原悬液为乳白色均匀液体;乳剂为白色均匀乳剂。

【用途】用于预防由猪圆环病毒 2 型感染引起的疾病。

【用法】免疫接种前,将 1 瓶抗原悬液和 1 瓶乳剂充分混匀后使用。颈部肌内注射。3 周龄以上猪,每头 0.5 mL。

【免疫期】免疫期为 14 周。

【保存期】2～8 ℃保存,有效期为 24 个月。

【注意事项】同猪圆环病毒 2 型灭活疫苗(ZJ/C 株)的注意事项。

(6)猪圆环病毒 2 型灭活疫苗(DBN-SX07 株)

【制造要点】含灭活的猪圆环病毒 2 型 DBN-SX07 株,灭活前每毫升病毒含量至少为 $\geqslant 10^{5.5}$ $TCID_{50}$。

【性状】均匀乳白色或淡粉红色乳剂。

【用途】用于预防由猪圆环病毒 2 型感染引起的疾病。

【用法】颈部肌内注射。健康仔猪,14～21 日龄首免,间隔 14 d,加强免疫 1 次,每次每头 1.0 mL。

【免疫期】免疫期为 4 个月。

【保存期】2～8 ℃保存,有效期为 12 个月。

【注意事项】同猪圆环病毒 2 型灭活疫苗(ZJ/C 株)的注意事项。

(7)猪圆环病毒 2 型灭活疫苗(WH 株)

【制造要点】疫苗中含有主要成分为猪圆环病毒 2 型。灭活前每头份病毒含量应≥$10^{7.0}$ $TCID_{50}$。

【性状】外观为乳白色乳剂。剂型为油包水型。

【用途】用于预防由猪圆环病毒 2 型感染引起的疾病。

【用法】颈部肌内注射,2 mL/头。

【免疫期】免疫期为 3 个月。

【保存期】2～8 ℃保存,有效期为 12 个月。

【注意事项】同猪圆环病毒 2 型灭活疫苗(ZJ/C 株)的注意事项。

(8)猪圆环病毒 2 型、猪肺炎支原体二联灭活疫苗(SH 株+HN0613 株)

【制造要点】疫苗中含灭活的猪圆环病毒 2 型 SH 株,至少 $1.0\times10^{6.0}$ $TCID_{50}$/头份;灭活的猪肺炎支原体 HN0613 株,至少 $4.0\times10^{8.0}$ CCU/头份。

【性状】淡黄色水溶性混悬液,久置后底部有少量沉淀,振荡后呈均匀水溶性混悬液。

【用途】用于预防猪圆环病毒病和猪支原体肺炎。

【用法】颈部肌内注射,2 mL/头。仔猪 14～21 日龄首免,2 周后以相同剂量加强免疫 1 次。

【免疫期】免疫期为 4 个月。

【保存期】2～8 ℃保存,有效期为 18 个月。

【注意事项】同猪圆环病毒 2 型灭活疫苗(ZJ/C 株)的注意事项。

(9)圆环病毒 2 型、副猪嗜血杆菌二联灭活疫苗(SH 株+4 型 JS 株+5 型 ZJ 株)

【制造要点】每头份(2 mL)疫苗中含灭活的猪圆环病毒 2 型 SH 株 $10^{6.0}$ $TCID_{50}$、副猪嗜血杆菌 4 型 JS 株 3.6×10^{9} CFU、副猪嗜血杆菌 5 型 ZJ 株 3.6×10^{9} CFU。

【性状】淡黄色混悬液,久置后底部有少量沉淀,振荡后呈均匀混悬液。

【用途】用于预防猪圆环病毒病和副猪嗜血杆菌 4 型、5 型引起的副猪嗜血杆菌病。

【用法】颈部肌内注射。新生仔猪在2～3周龄首免，每头2 mL，3周后相同剂量加强免疫1次；母猪在产前6～7周首免，每头4 mL，3周后相同剂量加强免疫1次。

【免疫期】免疫期4个月。

【保存期】2～8 ℃保存，有效期为18个月。

【注意事项】同猪圆环病毒2型灭活疫苗(ZJ/C株)的注意事项。

2. 基因工程亚单位疫苗

基因工程亚单位疫苗是用原核表达系统或者真核表达系统获得具备免疫原性的PCV2核衣壳蛋白(Cap蛋白)，再将其制备成疫苗。原核表达系统易产生没有蛋白活性的包涵体，需要通过蛋白复性提高疫苗免疫效果；真核表达系统对培养工艺和条件有较高的要求。总体来说，基因工程亚单位疫苗优点是有效抗原纯度高、安全；缺点是携带抗原信息单一，免疫后抗体水平低，保护效果差。

(1)猪圆环病毒2型杆状病毒载体灭活疫苗

【制造要点】含灭活的表达猪圆环病毒2型ORF2的杆状病毒，每头份相对效力≥1.0。

【性状】无色至微黄色混悬液。

【用途】用于预防猪圆环病毒2型感染。免疫后2周产生免疫力。

【用法】2周龄或2周龄以上猪，肌内注射每头1头份(1 mL)。

【免疫期】免疫期为4个月。

【保存期】2～8 ℃保存，有效期为24个月。

【注意事项】①切勿冻结。②开封后立即使用。③避光保存。④置于儿童接触不到的地方。

(2)猪圆环病毒2型基因工程亚单位疫苗

【制造要点】含表达的猪圆环病毒2型Cap蛋白抗原，Cap蛋白的琼脂凝胶免疫扩散试验效价≥1∶2，Cap蛋白含量≥100 μg/mL。

【性状】静置时上层为无色透明液体，下层为灰白色沉淀，振荡后呈灰白色均匀混悬液。

【用途】用于预防猪圆环病毒2型感染引起的疾病。

【用法】颈部肌内注射。仔猪在2～4周龄免疫，2.0 mL/头；母猪在配种前免疫，2.0 mL/头；种公猪每4个月免疫1次，2.0 mL/次。

【免疫期】免疫期为4个月。

【保存期】2～8 ℃保存，有效期为18个月。

【注意事项】①本品只用于接种健康猪群。②疫苗避光保存，使用前应恢复至室温，充分摇匀后使用。③疫苗启封后，限当天用完。④疫苗严禁冻结。⑤接种时，应执行常规无菌操作。⑥用过的疫苗瓶、器具和未用完的疫苗等应进行无害化处理。⑦本品应在兽医指导下使用。

(3)猪圆环病毒2型杆状病毒载体灭活疫苗(CP08株)

【制造要点】疫苗主要成分为表达的猪圆环病毒2型Cap蛋白，每头份相对效力≥1.0。

【性状】淡黄色或浅白色混悬液。

【用途】用于预防由猪圆环病毒2型感染引起的疾病。

【用法】颈部肌内注射。每次每头1.0 mL。仔猪在2～3周龄免疫1次；母猪配种前3～4周免疫1次，产前35～40 d加强免疫1次。

【免疫期】免疫期为4个月。

【保存期】2～8 ℃保存，有效期为24个月。

【注意事项】同猪圆环病毒2型基因工程亚单位疫苗的注意事项。

(4)猪圆环病毒2型基因工程亚单位疫苗(大肠杆菌源)

【制造要点】每头份(1 mL)疫苗中含猪圆环病毒2型Cap蛋白量不低于40 μg。

【性状】白色混悬液。久置后底部有少量沉淀，振荡后呈均匀混悬液。

【用途】用于预防由猪圆环病毒2型感染引起的疾病。

【用法】颈部肌内注射。仔猪在2～4周龄免疫，1 mL/头；母猪在产前4～5周免疫，2 mL/头。

【免疫期】免疫期为4个月。

【保存期】2～8 ℃保存，有效期为18个月。

【注意事项】同猪圆环病毒2型基因工程亚单位疫苗的注意事项。

(5)猪圆环病毒2型、猪肺炎支原体二联灭活疫苗(重组杆状病毒CP08株+JM株)

【制造要点】疫苗主要成分为表达的猪圆环病毒2型Cap蛋白和灭活的猪肺炎支原体，每头份的相对效力均≥1.0。

【性状】淡黄色或浅白色混悬液。久置后瓶底有微量灰白色沉淀。

【用途】用于预防由猪圆环病毒感染引起的疾病和猪支原体肺炎。

【用法】颈部肌内注射，每次每头2.0 mL。仔猪在2～3周龄免疫1次。

【免疫期】免疫期为4个月。

【保存期】2～8 ℃保存，有效期为24个月。

【注意事项】同猪圆环病毒2型基因工程亚单位疫苗的注意事项。

(6)猪圆环病毒2型、猪肺炎支原体二联灭活疫苗(Cap蛋白+SY株)

【制造要点】疫苗中含灭活的猪圆环病毒2型Cap蛋白和猪肺炎支原体SY株,配苗前每毫升PCV2 Cap蛋白抗原琼脂凝胶免疫扩散试验效价为1∶16,猪肺炎支原体SY株每毫升活菌数为10^9 CCU。

【性状】乳白色液体。

【用途】用于预防猪圆环病毒2型和猪肺炎支原体感染引起的疾病。

【用法】颈部肌内注射,2.0 mL/头份。仔猪在14～21日龄首次免疫,间隔14 d加强免疫1次。

【免疫期】免疫期为5个月。

【保存期】2～8 ℃保存,有效期为15个月。

【注意事项】同猪圆环病毒2型基因工程亚单位疫苗的注意事项。

3.基因嵌合疫苗

基因嵌合疫苗是把无致病性的PCV1-CAP蛋白基因替换为具有免疫原性的PCV2-CAP基因,通过细胞培养繁殖嵌合病毒,病毒液经灭活、乳化制备而成的疫苗。

(1)猪圆环病毒1～2型嵌合体灭活疫苗

【制造要点】每头份疫苗中含有猪圆环病毒1～2型嵌合体抗原RP≥1.0。

【性状】白色至淡粉色不透明液体。

【用途】用于预防猪圆环病毒2型感染引起的相关疾病。接种2 mL(含1头份)后3周产生免疫力。

【用法】用于3周龄或3周龄以上的健康猪。肌内注射,每头猪2 mL。

【免疫期】免疫期为4个月。

【保存期】2～8 ℃保存,有效期为24个月。

【注意事项】①仅用于接种健康猪。②在使用前应摇匀,并放至室温。③避免冻结。④疫苗开封后,应一次用完。⑤接种时,应执行常规无菌操作。⑥疫苗中含有庆大霉素和硫柳汞。⑦屠宰前21 d内禁用。⑧用过的疫苗瓶、用具和未用完的疫苗等应进行无害化处理。

(2)猪圆环病毒1～2型嵌合体、支原体肺炎二联灭活疫苗

【制造要点】每头份疫苗中含有猪圆环病毒1～2型嵌合体和猪肺炎支原体(P-5722-3株)抗原相对效力(RP值)不低于1.0。

【性状】淡粉色至灰白色至浅褐色溶液。

【用途】用于预防猪圆环病毒2型引起的感染,减少因猪肺炎支原体感染引起的肺炎。

【用法】用于3周龄或3周龄以上的健康猪。肌内注射,每头猪2 mL。

【保存期】2～8 ℃保存，有效期为 24 个月。

【注意事项】同猪圆环病毒 1～2 型嵌合体灭活疫苗的注意事项。

4. 合成肽苗

(1)猪圆环病毒 2 型合成肽疫苗(多肽 0803+0806)

【制造要点】疫苗含猪圆环病毒 2 型特异性合成肽抗原 0803、0806，每毫升疫苗 0803、0806 合成肽抗原含量均为 30 μg。

【性状】乳白色黏滞性乳状液。

【用途】用于预防由猪圆环病毒 2 型感染引起的猪圆环病毒病。

【用法】颈部肌内注射。14～21 日龄仔猪首免，间隔 2 周后二免，每头 1 mL。怀孕母猪分娩前 40～45 日首免，间隔 3 周后二免，每头 4 mL。

【免疫期】免疫期为 4 个月。

【保存期】2～8 ℃保存，有效期为 15 个月。

【注意事项】同猪圆环病毒 1～2 型嵌合体灭活疫苗的注意事项。

5.1.4.3 问题与展望

尽管国内外对 PCV 和 PCV2 疫苗进行了大量的研究，现有商业化的疫苗也取得了良好的临床效果，但猪圆环病毒相关疾病仍是当今危害养猪业的一大难题。近年来，学者对 PCV2 的致病机理提出了各种假设，但确切的机理还是不清楚，其中仍有很多问题需要进一步研究。PCV 的理化性质、生物学特征、基因型的突变等，导致其现在仍在猪群中持续流行，这些问题增加了 PCV 疫苗研制的难度。而 PCV 的流行也使得高效廉价疫苗的研制变得更加迫切。

(郑朝朝)

5.1.5 口蹄疫

5.1.5.1 疾病与病原

口蹄疫(foot and mouth disease，FMD)是由口蹄疫病毒(*Foot and mouth disease virus*，FMDV)引起的一种急性、热性、高度接触传染性动物疫病，可快速、远距离传播。主要侵害偶蹄类动物，如猪、牛、羊等家畜及鹿、骆驼等野生动物，易感动物达 80 余种。典型的口蹄疫病例，病畜体温升高，精神沉郁，在口腔黏膜、舌面、蹄部、乳房、阴唇、阴囊等部位有水疱产生，水疱破裂形成溃疡、烂斑，极易导致继发感染。口蹄疫的发病率高，但大部分成年家畜可以康复；幼畜则经常不见症状而猝死，死因主要为心肌炎，死亡率因病毒株而异，严重时可达 100%。口蹄疫是世界动物卫生组织(World Organization for Animal Health，OIE)法定报告的动物传染病之一。依据《中华人民共和国动物防疫法》第四条，我国将口蹄疫列为一类疫病。

口蹄疫病毒(*Foot-and-mouth disease virus*,FMDV),属于小 RNA 病毒科,口蹄疫病毒属,共有 7 种血清型,不同血清型间无交叉保护力。病毒基因组为一条单股正链 RNA,长约 8 400 bp。口蹄疫病毒颗粒呈二十面体对称的圆形,表面光滑无囊膜,直径为 27～30 nm。蛋白衣壳包裹基因组 RNA 组成完整的病毒核衣壳。病毒衣壳由 60 个 VP1、VP2、VP3 和 VP4 分子组成。完整病毒颗粒在蔗糖密度梯度中的相对沉降系数为 146S,分子质量为 8.08×10^{3} ku,完整病毒颗粒 146S 或 75S 空衣壳在酸性、碱性或一定温度条件下降解为 12S 和 5S 粒子,降解后小分子无免疫原性。

病毒抗原生产方式主要有 2 种:BHK-21 细胞单层转瓶培养法和 BHK-21 细胞悬浮培养法。采用单层转瓶细胞培养病毒抗原时,不同来源及血清型的口蹄疫病毒出现 CPE(致细胞病变)的时间不同。一般情况下产生细胞病变从 2～4 h 开始,8～10 h 细胞病变量达到 50%～75%,10 h 以上细胞病变量达到 80%以上。当细胞病变达 90%以上时,即可收取病毒液,病毒液在取样后冻存,样品经菌检及效检合格后,方可进入下一环节。实践证明,病毒液经反复冻融使细胞破裂,充分释放细胞中的病毒颗粒,可提高半成品效价。这种方法属劳动密集型生产系统,较难控制污染且容易散毒,但生产的病毒液效价比较高。

悬浮培养法增殖病毒,当反应器中的细胞数达到 3×10^{7} 个/mL 时即可接毒,20～30 h 后收毒,病毒液的效价可达到配苗要求。悬浮培养属技术密集型生产系统,较易控制污染,制备病毒方便快捷,病毒相对不易扩散。

FMD 的流行病学特征表现为传播快,途径广,易感动物多,发病率高,无明显的季节性和周期性。自 1546 年首次记载到 1897 年确定病原,迄今为止仍未在全球范围内得到有效控制和根除,并一直威胁着世界各国畜牧业的发展。我国陆地边境线长达 22 000 多 km,与多国陆路相通,隔海相望,周边国家或地区 FMD 疫情不断,造成了渗透式入侵和高压式威胁,使我国成为 FMD 疫情比较严重的国家之一。近年来,在全球 FMD 控制策略指导下,我国采取全覆盖免疫接种,并结合强化监测等诸多措施,我国 FMD 的防控工作取得了显著成效,我国的 FMD 官方控制计划得到了 OIE 的认可。即便如此,我国周边国家 FMD 的疫情严峻,血清型多样、流行毒株复杂,且传入我国的风险日趋加大等,所以我国 FMD 防控工作依然严峻。

O 型 FMDV 广泛分布于世界 FMD 流行区,只要流行 FMD 的地方,就有 O 型 FMDV 的存在,在世界 FMD 疫情报告中 O 型 FMDV 所引发的疫情占 80%以上,且近年来在世界无疫国家或地区出现的疫情大多由 O 型 FMDV 引发。2018 年,我国累计共报告发生 27 次 FMD 疫情,其中 O 型 26 次、A 型 1 次,又因流行毒株多而复杂,致使疫情有日渐增多的趋势,由此可见,O 型 FMDV 引发的 FMD 依然是我国防控的重点与难点。目前，在我国O型FMDV主要流行3个拓扑型(topotype)，即ME-SA(中东-南亚型)、SEA(东南亚型)、CATHAY(中国型)。根据我国近几年的FMD疫情报告可以看出，O型FMDV存在MYA98、CATHAY、Ind2001和ME-SA/PanAsia谱系，这4个基因型毒株共同循环流行，且以Mya98谱系毒株流行最为广泛。泛亚(PanAsia)谱系也呈全球性流行，2011年3月，我国贵州省天柱县首次发现该谱系毒株引起的疫情，经核酸序列比对，与2010年东南亚国家流行的FMDV毒株同源性高达99%，但与我国曾流行的ME-SA/PanAsia毒株并无显著遗传进化关系，所以本次流行的毒株应该也是由东南亚国家引入的。CATHAY型毒株也称为中国型毒株，1970年在香港首次分离到CATHAY型毒株，1997年在台湾引起了感染猪而牛无临床症状的大规模暴发，造成了巨大经济损失。该毒株通过40多年演变进化，形成了3个分支，包括旧猪毒(1970—1993年OZK/93和OR88代表毒株)、新猪毒-1(1992—2005年OTW/97和ON92代表毒株)和新猪毒-2。2017年，O/ME-SA/Ind2001d亚群病毒传入我国，引发新的疫情，主要以感染牛为主。该病毒是东南亚和东亚一些国家近年来的主要O型毒株，因这些国家FMD防控技术薄弱，经济发展受限，在控制这种疾病方面做得很少。

5.1.5.2 疫苗与免疫

随着现代分子生物学和免疫学技术的发展，新时期口蹄疫防控形势的不断变化以及动物疫病净化的需求，疫苗的研制不断深入和改进，已从弱毒疫苗、灭活疫苗等传统疫苗向合成肽疫苗、亚单位疫苗、可饲疫苗、病毒活载体疫苗、核酸疫苗等新型疫苗方向发展，旨在应用现代生物技术提供一种更安全、更高效的疫苗来推动口蹄疫防控进入更高阶段。

目前大量使用和具有较好发展前景的口蹄疫疫苗主要有：合成肽疫苗、灭活疫苗和病毒样颗粒疫苗。

1. 口蹄疫O型、A型二价3B蛋白表位缺失灭活疫苗(O/rV-1株+A/rV-2株)

【主要成分与含量】含灭活口蹄疫O型标记病毒O/rV-1株和A型标记病毒A/rV-2株。灭活前O/rV-1株和A/rV-2株每毫升病毒含量均应≥$10^{7.0}$ $TCID_{50}$，或O/rV-1株和A/rV-2株每0.2 mL病毒含量均应≥$10^{6.0}$ LD_{50}。

【性状】淡粉红色或乳白色略带黏滞性乳状液。

【作用与用途】用于预防猪、牛的O型和A型口蹄疫。免疫期为6个月，疫苗多次免疫后不产生非结构蛋白3B抗体。

【用法与用量】猪耳根后肌内注射。体重10～25 kg，每头1 mL(1/2头份)；25 kg以上，每头2 mL(1头份)。牛肌内注射，每头2 mL(1头份)。

【不良反应】一般反应：注射部位肿胀，一过性体温反应，减食或停食1～2 d，随着时间延长，症状逐渐减轻，一般注苗3 d后即可恢复正常。严重反应：因品种、个体的差异，个别动物接种后可能出现急性过敏反应，如焦躁不安、呼吸加快、肌肉震颤、可视黏膜充血、呕吐、鼻腔出血等，抢救不及时可造成死亡；极个别怀孕母畜可能会出现流产。

【注意事项】①疫苗应在 2～8 ℃条件下运输，严禁冻结。运输和使用过程中，应避免日光直接照射，使用前应将疫苗恢复至室温并充分摇匀。②注射前检查疫苗性状是否正常，并对免疫动物严格进行体态检查，对于患病、体弱、临产怀孕母畜，长途运输后处于应激状态动物应先隔离观察，待其恢复正常后再注射，注射器械、吸苗操作及注射部位均应严格消毒，保证一头动物更换一次针头；注射时，入针深度要适中，确保疫苗注入肌肉（注射剂量大时应考虑使用肌肉内多点注射法）。③疫苗接种必须由专业人员进行，防止打飞针，注苗人员要严把三关：免疫动物的体态检查，消毒及注射深度、接种后观察。④疫苗在疫区使用时，必须遵守先接种安全区（群），然后接种受威胁区（群），最后接种疫区（群）的原则；并在注苗过程中，做好环境卫生消毒工作，注苗 21 d 后方可进行调运。⑤注射疫苗前必须对人员予以技术培训，严格遵守操作规程，曾接触过病畜的人员，在更换衣服、鞋、帽和进行必要的消毒之后，方可参与疫苗注射。⑥疫苗在使用过程中做好各项记录工作。⑦使用过的疫苗瓶、器具和未使用完的疫苗等污染物必须进行无害化处理。⑧疫苗接种是防控口蹄疫的措施之一，接种疫苗同时还应采取消毒、隔离、封锁等生物安全防范措施。⑨怀孕后期的母畜慎用。⑩发生严重过敏反应时，可用肾上腺素或地塞米松脱敏施救。

2. 猪口蹄疫 O 型、A 型二价灭活疫苗（Re-O/MYA98/JSCZ/2013 株＋Re-A/WH/09 株

【主要成分与含量】含有灭活口蹄疫 O 型 Re-O/MYA98/JSCZ/2013 株和 A 型 Re-A/WH/09 株病毒。每头份疫苗中含有 O 型和 A 型总 146S 含量应不低于 3.0 μg。

【性状】乳白色略带黏滞性乳状液。

【作用与用途】用于预防猪 O 型、A 型口蹄疫。免疫期为 6 个月。

【用法与用量】肌内注射。每头猪 2.0 mL。

【不良反应】正常反应：注射动物精神、食欲正常，注射局部无明显变化，仅体温一过性升高，1 d 内恢复，无其他可见临床体征变化。

一般不良反应：个别动物注射部位轻微肿胀、体温升高持续 0.5～1 ℃、减食或停食 1～2 顿，随着时间延长，症状逐渐减轻、消失。

严重不良反应：因品种、个体的差异，个别猪接种后可能会出现因过敏原引起的急性过敏反应，如焦躁不安、呼吸加快、肌肉震颤等，甚至因抢救不及时而死亡；少数怀孕动物可能出现流产。

【注意事项】同口蹄疫O型、A型二价3B蛋白表位缺失灭活疫苗的注意事项。

3. 猪口蹄疫O型、A型二价合成肽疫苗(多肽2700+2800+MM13)

【主要成分与含量】含猪口蹄疫O型病毒多肽2700、2800和猪口蹄疫A型病毒多肽MM13至少各25 μg/mL。

【性状】乳白色略带黏滞性乳状液。

【作用与用途】用于预防猪O型、A型口蹄疫。免疫期为6个月。

【用法与用量】耳根后深层肌内注射。充分摇匀后,每头猪接种1.0 mL。

【不良反应】个别猪注射后可能出现体温升高或减食1～2 d,随着时间延长,症状逐渐减轻,直至消失。

【注意事项】同口蹄疫O型、A型二价3B蛋白表位缺失灭活疫苗的注意事项。

4. 口蹄疫病毒样颗粒(VLP)疫苗

病毒样颗粒(VLP)疫苗是由病毒结构蛋白组装成与自然病毒颗粒类似的空心颗粒制备而成的疫苗。该疫苗的抗原成分(即衣壳蛋白)与灭活疫苗和弱毒疫苗相似,但不含病毒核酸,无感染性,无自主复制能力,同时结构与天然病毒类似,能与病毒相似的方式传递至免疫细胞,从而诱导机体发生免疫应答反应,但无病毒的RNA或DNA,可避免与田间野毒发生重组,与普通亚单位疫苗比较,少量免疫原便可刺激机体形成保护性抗体,也可刺激B细胞激发体液免疫应答反应,刺激T细胞激发细胞免疫应答反应,从而在免疫过程中发挥关键作用。FMD病毒样颗粒(VLP)疫苗已证实能够使免疫动物产生良好的免疫效力,疫苗抗原免疫期长、用量少、易于长期保存,属于新型基因工程苗研发中最有开发性和应用前景的候选疫苗。

目前,运用VLP技术研发高效、安全的病毒样颗粒疫苗,是FMD研究中的热点。大量的国内外学者已经对FMD VLP疫苗开展了诸多的研发工作,并获得了显著成效。Mohana等利用昆虫杆状病毒表达系统在体外成功表达和组装出了O型FMD VLP,与ISA206佐剂混合乳化制备疫苗,动物免疫后能够刺激产生特异性中和抗体,并对病毒有一定的抵御能力。Li等在蚕蛹中顺利表达并组装而成的FMD VLP与佐剂乳化后制备的疫苗对牛进行免疫,结果证明产生的FMDV特异性抗体能够完全保护牛被10 000 BID_{50}剂量的FMDV强毒攻击。这一系列的研究都为FMD VLP疫苗的研究指引了方向。Lee等利用大肠杆菌原核表达系统将FMDV VP0、VP1、VP3基因插入SUMO表达载体,获得可溶性FMDV衣壳蛋白组分,去除SUMO后在体外组装形成FMDV VLP,该项研究为FMD VLP疫苗的规模化生产打开了新的思路。中国在2005年开始研究FMD病毒样颗粒疫苗,近年来取得了显著进步,尤其是利用泛素化原核表达系统,证实了VLP疫苗与目前市面销售的灭活疫苗免疫效力相当,达到了OIE与中国FMD疫苗质量标准的要求。在未来研究中如何高效扩大生产工艺、提升组装率以及降低生产成本等是急需解决的问题。

5.1.5.3　问题与展望

合成肽疫苗具有无明显免疫副反应、安全性高等优点，很早被认为是动物传染病预防用的终极疫苗。然而多年的研究结果表明，合成肽疫苗免疫动物后所起的免疫保护作用并没有像人们当初设想的那样理想。在诱导机体产生免疫的过程中，单一的中和抗原表位是远远不够的，增加中和抗原表位的数目和引入细胞抗原表位将起到必不可少的辅助协同作用。若想提高合成肽疫苗的免疫效果，在搞清合成肽疫苗的免疫机理并在如何利用有限的抗原表位诱导强有力的免疫保护作用等方面需要做进一步深入的研究。

口蹄疫灭活疫苗的有效抗原成分是完整的病毒颗粒，含有口蹄疫病毒所有的中和位点，保留病毒的天然构象，能够刺激机体产生强有力的体液免疫和细胞免疫，全方位诱导免疫反应，对易感动物的保护力更强。口蹄疫病毒非常容易变异，一旦发生变异，疫苗对变异株的保护力会下降甚至无保护力。因此，根据流行形势的变化运用新技术对疫苗种毒进行改造、更换，以便与最新流行毒株匹配和提高疫苗免疫效力势在必行。首先，提高疫苗效力（PD_{50}），由原来的≥3 个 PD_{50} 提高到≥6 个 PD_{50}。其次，基因改造的灭活疫苗是对种毒的基因进行改造，使种毒生物学特性、免疫特性、安全性等关键技术指标达到要求。灭活疫苗毒株的基因改造又可分为 2 种，一种为反向遗传技术构建的疫苗毒株。利用反向遗传技术构建疫苗种毒是口蹄疫疫苗创制技术的重大创新和发明，能够解决常规技术难以解决的问题，为继续提升制苗种毒的多种性能（如提升产能、诱导早期免疫应答、延长免疫保护期、降低和消除致病性和免疫抑制等）和创制与流行毒株相匹配的疫苗奠定了坚实的基础。另一种为基因标记疫苗，通过缺失和改造病毒的非结构蛋白优势表位基因，能实现自然感染与疫苗免疫动物的精准区分，解决了常规灭活疫苗无法实现鉴别诊断的问题，推动了我国免疫无疫区的建设，对口蹄疫的净化起到了关键作用，如口蹄疫 O 型、A 型二价 3B 蛋白表位缺失灭活疫苗（O/rV-1 株＋A/rV-2 株）。

（肖　龙）

5.1.6　流行性乙型脑炎

5.1.6.1　疾病与病原

流行性乙型脑炎（epidemic encephalitis type B，JE），简称乙脑，是由流行性乙型脑炎病毒引起的蚊媒性人兽共患传染病。该病属于自然疫源性疾病，多种动物均可感染，其中人、猴、马和驴感染后出现明显的脑炎症状，病死率较高。猪群感染最普遍，且大多不表现临床症状，发病率为 20%～30%，死亡率较低，怀孕母猪可表现为高热、流产、死胎和木乃伊胎，公猪则出现睾丸炎。其他动物多为隐性感染。目前JE在亚洲、西太平洋和澳大利亚北部等20余个国家和地区传播流行，超过30亿人面临被感染的危险。据估计，在24个国家和地区中每年约有67 900例乙脑病例发生。其中50%的病例发生在中国，在这些病例中，大约75%发生在14岁以下儿童。大多数人感染是无症状的，每1 000例感染中有1例具有临床症状。病死率为20%～30%，30%～50%的幸存者存在长期的神经或精神后遗症。在自然界中乙脑病毒通过蚊、某些种类的野生（如鹭科鸟类）和家养鸟类以及猪之间传播循环得以维持。猪是本病毒的主要增殖宿主和传染源。鸟类也是JEV重要的贮藏宿主，并且可能在流行病中充当放大器的作用。本病由蚊虫传播，具有明显的季节性，每年夏、秋季多发。本病分布很广，1871年首次在日本发现，1934年分离到病毒。它是世界上流行广、危害人类健康最严重的一种虫媒性病毒疾病，被世界卫生组织列为需要重点控制的传染病。

乙型脑炎病毒属于黄病毒科（*Flaviviridae*）黄病毒属（*Flavivirus*）。病毒颗粒呈球形，直径30～40 nm。二十面体对称，是一种有囊膜的蚊媒黄病毒。基因组为单股正链RNA，长约11 kb，含有单一的开放阅读框，编码一个聚合蛋白，经蛋白水解后产生10种蛋白，即衣壳蛋白（C）、膜蛋白（M，其前体为prM）和囊膜蛋白（E）等3种结构蛋白以及NS1、NS2a、NS2b、NS3、NS4a、NS4b和NS5等7种非结构蛋白。JEV基因组排序为5′-C-prM/M-E-NS1-NS2a-NS2b-NS3-NS4a-NS4b-NS5-3′。prM/M蛋白和E蛋白是JEV的主要结构蛋白，E蛋白是诱发机体产生中和抗体的主要免疫抗原。prM蛋白是M蛋白的前体蛋白，以分子伴侣的形式辅助E蛋白正确折叠、组装和运输，是E蛋白诱发机体产生保护性免疫的重要协同成分。JEV NS1蛋白诱导机体产生的特异性抗体具有补体结合活性，通过介导细胞融合而获得中和病毒的能力，从而抵抗JEV的感染和入侵。

流行性乙型脑炎病毒适宜在鸡胚卵黄囊内繁殖，也可在多种细胞中培养增殖，如鸡胚成纤维细胞，猪、羊、猴或仓鼠肾的原代细胞和细胞系，白纹伊蚊（C6/36）细胞。病毒在金黄地鼠肾原代细胞（PHK）、猪肾原代细胞、BHK-21细胞和Vero细胞上可增殖到较高的滴度，而且有明显的致细胞病变（CPE）。目前，国内外用于增殖该病毒的细胞主要有PHK、BHK-21、Vero等细胞。

流行性乙型脑炎病毒只有一个血清型，有5种基因型，不同的基因型基于prM和（或）Env基因或全长的基因组序列差异划分。基因Ⅰ型包括来自柬埔寨、中国、韩国、泰国北部、越南、日本、印度、澳大利亚的毒株。基因Ⅱ型包括来自印度尼西亚、马来西亚、泰国南部、巴布亚新几内亚和澳大利亚的毒株。基因

Ⅲ型包含除澳大利亚地区外的已知地理范围的JEV分离株。仅在印度尼西亚发现了基因Ⅳ型分离株。在马来西亚、中国和韩国发现了基因Ⅴ型毒株。在过去20年中，很多国家和地区都发生了JEV优势基因型转换的现象，即基因Ⅰ型的毒株已经取代了基因Ⅱ型和基因Ⅲ型毒株，成为流行的优势毒株。

5.1.6.2　疫苗与免疫

目前乙脑病毒感染尚无有效药物治疗，乙脑疫苗免疫接种是预防乙脑最经济和有效的手段。目前国内外常用疫苗包括灭活疫苗和弱毒活疫苗。制备疫苗所用的JEV毒株分别为SA14-14-2株、Nakayama株、Beijing株、BMIII株、AT株或Anyang株。有单价疫苗和多价疫苗(如：乙脑、猪细小病毒二联活疫苗，乙脑、盖他病毒二联活疫苗，乙脑、流感二联疫苗或乙脑病毒细菌联苗等)之分。国内兽用疫苗主要是猪用疫苗，包括鼠脑灭活疫苗和地鼠肾细胞活疫苗2种。免疫效果与疫苗的类型、质量、免疫程序、免疫剂量相关。灭活疫苗易引起过敏反应，活疫苗免疫效果好，副反应小。

1. 猪乙型脑炎活疫苗(SA14-14-2株)

【主要成分及含量】本品含猪乙型脑炎病毒SA14-14-2株。每头份病毒含量不低于$10^{5.7}$ $TCID_{50}$。

【制造要点】种毒接种单层地鼠肾细胞，接种量为维持液含$10^{3.7}$～$10^{4.7}$ $TCID_{50}$/mL，置于35～36 ℃培养，在细胞病变达75%时，收获病毒液。每毫升病毒含量≥$10^{7.5}$ $TCID_{50}$。应无细菌、霉菌、支原体和外源病毒污染。将检验合格的病毒原液合并后，加入适宜保护剂，同时加入适宜的抗生素，充分混匀，分装，然后迅速进行冷冻真空干燥。

【安全检验】以下检验项目中，①项为必检项目，②、③和④项任择其一。

①乳猪检验：用4～8日龄健康易感(猪乙型脑炎HI效价不超过1∶4)乳猪4头，各肌内注射疫苗2.0 mL(含10头份)，观察21 d，应无因接种疫苗而出现的局部或全身不良反应。

②脑内致病力试验：用体重12～14 g的清洁级小鼠10只，各脑内接种疫苗0.03 mL(含0.15头份)。接种后72 h内出现的非特异性死亡小鼠应不超过2只。其余小鼠继续观察至接种后14 d，应全部健活。

③皮下感染入脑试验：用体重10～12 g的清洁级小鼠10只，各皮下注射疫苗0.1 mL(含0.5头份)，同时右侧脑内空刺，观察14 d，应全部健活。

④毒性试验：用体重12～14 g的清洁级小鼠4只，各腹腔注射疫苗0.5 mL(含2.5头份)，观察30 min，应无异常反应，继续观察至接种后3 d，应全部健活。若出现非特异性死亡，可重检1次。重检后，应符合上述标准，否则判为不合格。

【性状】海绵状疏松团块，易与瓶壁脱离，加稀释液后迅速溶解。

【作用与用途】用于预防猪乙型脑炎。免疫期为 12 个月。

【用法与用量】肌内注射。按瓶签注明头份，用专用稀释液稀释成每头份 1.0 mL，每头注射 1.0 mL。6～7 月龄后备种母猪和种公猪配种前 20～30 d 肌内注射 1.0 mL，以后每年春季加强免疫 1 次。经产母猪和成年种公猪，每年春季免疫 1 次，肌内注射 1.0 mL。在乙型脑炎流行地区，仔猪和其他猪群也应接种。

【注意事项】①疫苗必须冷藏保存与运输。②疫苗应现用现配，稀释液使用前最好置于 2～8 ℃预冷。③疫苗接种最好选择在 4—5 月(蚊蝇滋生季节前)。④接种猪要求健康无病，注射器具要严格消毒。⑤用过的疫苗瓶、器具和未用完的疫苗等必须进行无害化处理。

【有效期】2～8 ℃保存，有效期为 9 个月；－15 ℃以下保存，有效期为 18 个月。

2. 猪乙型脑炎灭活疫苗

本品系用猪乙型脑炎病毒 HW1 株脑内接种小白鼠，收获感染的小白鼠脑组织制成悬液，经甲醛溶液灭活后，加油佐剂混合乳化制成。

【安全检验】用体重 18～20 g 的小鼠 5 只，各皮下注射疫苗 0.2 mL。观察 14 d。小鼠应全部健活。

【效力检验】可选用小鼠免疫剂量测定法或豚鼠免疫试验法。

小鼠免疫剂量测定法：按 0.2、0.02、0.002 mL 等 3 个免疫剂量进行测定，即用 PBS(pH 7.8)将疫苗稀释成 1∶5、1∶50、1∶500 等 3 个稀释度，各腹腔注射体重 6～7 g 的小鼠 10 只，做 2 次免疫(间隔 3 d)，每次每只 0.5 mL。第二次免疫后 5 d，连同条件相同的对照鼠 10 只，用肉汤进行腹腔刺激，并每只脑内注射 0.04 mL，然后再以 10^{-5} 稀释的 P3 株强毒腹腔注射，每只 0.3 mL。观察 21 d，判定结果(3 d 内死亡不计)。对照组小鼠应全部出现脑炎症状，且至少死亡 8 只，免疫组 PD_{50} 应≤0.02 mL(即半数保护时的疫苗稀释度应高于 1∶50)。

豚鼠免疫试验法：用 HI 抗体阴性，体重 400 g 左右的豚鼠 3 只，各大腿内侧肌内注射疫苗 0.5 mL。14 d 后，连同条件相同的对照豚鼠 3 只，采血，测定其血清中的 HI 抗体效价，对照豚鼠应无抗体反应，免疫组应至少有 2 只豚鼠的血清 HI 抗体效价不低于 1∶40。

【性状】白色均匀乳剂。

【用途】用于预防猪乙型脑炎。

【用法与用量】肌内注射。种猪于 6～7 月龄(配种前)或蚊虫出现前 20～30 d 注射疫苗 2 次(间隔 10～15 d)，经产母猪及成年公猪每年注射 1 次，每次 2 mL。在乙型脑炎重疫区，为了提高防疫密度，切断传染链，对其他类型猪群也应进行预防接种。

【免疫期】10 个月。

【注意事项】疫苗用前摇匀，启封后须当天用完。

【保存期】在 2～8 ℃，有效期为 1 年。

5.1.6.3 问题与展望

疫苗接种是预防猪流行性乙型脑炎的最有效的方法。目前应用于猪的乙型脑炎疫苗主要有猪乙型脑炎灭活疫苗和减毒活疫苗两种传统疫苗。鼠脑组织灭活疫苗相对安全，但是疫苗中的明胶和残留的鼠源脑组织蛋白可导致神经系统不良反应，且抗体持续时间短，需要多次免疫，成本较高，因此市场上很少应用。乙脑减毒活疫苗采用 SA14-14-2 减毒株，免疫原性良好、神经毒力稳定，自 2005 年投入市场以来，以安全性好，保护率高的优势，在降低种猪乙脑带毒，减少种猪乙脑感染率，降低养猪业经济损失方面起到了重要作用。

传统乙型脑炎疫苗在临床上对猪乙型脑炎的免疫预防起到了很大作用，但仍然有各自的缺点，如灭活疫苗的免疫刺激大且成本高，减毒活疫苗具有返强的风险且受母源抗体干扰大等不足。为解决上述问题，科研人员在乙型脑炎新型疫苗的研制上也有很多尝试，研究方向有亚单位疫苗、合成肽疫苗、嵌合疫苗、基因工程重组活载体疫苗及核酸疫苗等，随着基因工程技术、分子生物学的发展，以及对病毒分子结构和功能的深入研究，有待开发安全长效、副反应小、廉价易得，接种程序简单的新型疫苗，以有效防控乙型脑炎。特别是新型猪用乙脑疫苗还可以进一步扩大用于仔猪的免疫，以切断猪作为乙脑病毒扩增宿主的作用，从而进一步降低或消除人群乙脑疾病。

（王和平）

5.1.7 猪细小病毒病

5.1.7.1 疾病与病原

猪细小病毒病（porcine parvovirus infection，PPI）又称猪繁殖障碍病，是由猪细小病毒（*Porcine parvovirus*，PPV）引起的一种猪繁殖障碍病，该病主要表现为胚胎和胎儿的感染和死亡，特别是初产母猪发生死胎、畸形胎和木乃伊胎，但母猪本身无明显的症状。目前，该病在世界范围内广泛分布，在大多数感染猪场呈地方性流行，猪群感染后很难净化。从而造成了持续的经济损失，严重地阻碍了全球养猪业的健康发展。

猪细小病毒属于细小病毒科（*Parvoviridae*）细小病毒属（*Paruovrius*）。病毒颗粒外观呈六角形或圆形，无囊膜，直径 20～23 nm，二十面体等轴立体对称，衣壳由 32 个壳粒组成。病毒基因组为单股线状负链 DNA，分子量为 5.0 kb 左右，其两端均有发夹结构，3′端为 Y 形结构，5′端为 U 形结构。基因组含有 2 个互不重叠的主要开放阅读框（ORF），主要编码 3 种结构蛋白（VPl、VP2、VP3）和 3 种非结构蛋白（NSl、NS2、NS3）。本病毒对温度、酸碱度有较强的抵抗力，在 56 ℃ 48 h、70 ℃ 2 h、80℃ 5 min 才失去感染力和血凝活性；在 pH 3.0～9.0 时稳定；能抗乙醚、氯仿等脂溶剂；但 0.5%漂白粉或氢氧化钠溶液 5 min 即可杀灭病毒。2%戊二醛需 20 min，短时间胰酶处理对病毒悬液感染性不仅没有影响，反而能提高其感染效价。在 pH 9.0 的甘油缓冲盐水中或在－20 ℃以下能保存 1 年以上毒力不会下降。PPV 能凝聚豚鼠、大鼠、猴、小鼠、鸡、猫和人 O 型的红细胞，不能凝集牛、绵羊、仓鼠和猪的红细胞。

本病毒一般只能在来源于猪的生长分裂旺盛的细胞（如原代猪肾、猪睾丸细胞和传代细胞 PK-15）和人的某些传代细胞（如 HeLa、KB、HEp-2、Iul32 等）中培养增殖，其中以原代猪肾细胞较为常用。其体外复制是杀细胞性的，细胞病变表现为细胞隆起、变圆、核固缩和溶解，最后许多细胞碎片黏附在一起使受感染的细胞单层外形不整，呈“破布条状”。另外，不同毒株间存在培养温度依赖性差异，从而可以解释不同分离株在猪体内的复制能力和毒力差异的现象。

猪细小病毒血清型单一，很少发生变异，所有分离株的血凝活性、抗原性、理化特性及复制装配特性等均十分相似或完全相同，而且猪细小病毒与同型的其他自主型细小病毒在结构与功能方面也存在许多相似之处。

5.1.7.2 疫苗与免疫

使用疫苗是公认预防猪细小病毒病、提高母猪抗病力和繁殖率的有效方法，已有 10 多个国家研制出了猪细小病毒（PPV）疫苗。目前用于防治猪细小病毒病的疫苗主要有弱毒活疫苗和灭活疫苗，这两种疫苗使用广泛，在世界范围内取得了较好的效果。猪细小病毒病基因工程疫苗的研究主要集中在亚单位疫苗、活载体疫苗和核酸疫苗 3 个方面。弱毒活疫苗产生的抗体滴度高，而且维持时间较长，但是由于病毒重组及弱毒返强，应用受到一定的限制。而灭活疫苗的免疫期比较短，一般只有半年。疫苗注射可选在配种前 4～6 周进行，以使怀孕母猪在易感期保持坚强的免疫力。

1. 灭活疫苗

国内已经批准注册猪细小病毒病疫苗有 9 种，均为灭活疫苗，主要毒株有 S-1 株、SC1 株、WH-1 株、NJ 株、YBF01 株、L 株、BJ-2 株、CP-99 株、CG-05 株。目前共有 19 家兽药生产企业获得猪细小病毒病疫苗的生产批准文号。下面以猪细小病毒病灭活疫苗（SC1 株、WH-1 株、YBF01 株）为例介绍。

(1)猪细小病毒病灭活疫苗(SC1 株)

【制造要点】本品是用猪细小病毒接种胎猪睾丸细胞培养,收获细胞培养物,经 AEI 灭活后,加油佐剂混合乳化制成。用于预防猪细小病毒病。

【性状】乳白色乳状液。静止后,下层略带淡黄色。

【用途】用于预防由猪细小病毒引起的母猪繁殖障碍病。

【用法与用量】①使用前将疫苗恢复到室温并摇匀。②颈部肌内注射,每头份 2 mL。③推荐免疫程序:初产母猪 5～6 月龄免疫 1 次,2～4 周后加强免疫 1 次;经产母猪于配种前 3～4 周免疫 1 次;公猪每年免疫 2 次。

【免疫期】6 个月。

【注意事项】①疫苗在运输、保存、使用过程中应防止高温、消毒剂和阳光照射。②疫苗使用前应认真检查,如出现破乳、变色、包装瓶有裂纹等均不可使用。③疫苗应在标明的有效期内使用。使用前必须摇匀。疫苗瓶开封后,应于当天用完,切勿冻结和高温。④应对注射部位进行严格消毒。⑤剩余的疫苗及用具,应经消毒处理后废弃。⑥怀孕母猪不宜使用。⑦其他注意事项见兽用生物制品一般注意事项。

(2)猪细小病毒病灭活疫苗(WH-1 株)

【制造要点】本品是用猪细小病毒 WH-1 株接种 ST 细胞培养,当致细胞病变(CPE)达到 80%以上时收获病毒液,每毫升病毒含量应≥$10^{5.5}$ $TCID_{50}$ 或血凝效价不低于 2^9。收获细胞培养物,经 AEI 灭活后,加油佐剂混合制成。用于预防猪细小病毒病。

【性状】乳白色乳剂,剂型为油包水型。

【用法与用量】免疫途径为肌内注射,每头 2 mL。推荐免疫程序:初产母猪 5～6 月龄免疫 1 次,2～4 周后加强免疫 1 次;经产母猪于配种前 3～4 周免疫 1 次;公猪每年免疫 2 次。

【免疫期】6 个月。

【注意事项】①疫苗使用前应认真检查,如出现破乳、变色、玻瓶有裂纹等均不可使用。②疫苗应在标明的有效期内使用,使用前必须摇匀,疫苗一旦开启应限当天用完。③切忌冻结和高温。④本疫苗在疫区或非疫区均可使用,不受季节限制。在阳性猪场,对 5 月龄至配种前 14 d 的后备母猪、后备公猪均可使用。⑤在阴性猪场,配种前母猪任何时候均可免疫。怀孕母猪不宜使用。⑥应对注射部位进行严格消毒。⑦剩余的疫苗及用具,应经消毒处理后废弃。

(3)猪细小病毒病灭活疫苗(YBF01 株)

【制造要点】本品是用猪细小病毒 YBF01 株接种 ST 细胞培养,收获细胞培养物,经甲醛溶液灭活后,加油佐剂混合制成。

【性状】乳白色乳剂，剂型为油包水型。

【用途】用于预防由猪细小病毒引起的母猪繁殖障碍病。

【用法与用量】深部肌内注射。母猪于配种前4～6周首免，3周后加强免疫1次，2.0 mL/头；种公猪初次免疫同母猪，以后每隔6个月免疫1次，2.0 mL/头。

【免疫期】6个月。

【注意事项】①本品仅供健康猪使用。②疫苗严禁冻结，应避免高温或阳光直射。③疫苗使用前应认真检查，如出现破乳、变色、疫苗瓶有裂纹等均不可使用。④使用前疫苗恢复至室温并摇匀，疫苗一旦开启应限当天用完。⑤怀孕母猪不宜使用。⑥使用后的疫苗瓶、器具和未用完的疫苗应进行无害化处理。

2. 弱毒疫苗

目前弱毒疫苗株主要有NADL-2株、HT株、HT-SK-C株和N株，这些弱毒疫苗主要在国外应用。弱毒疫苗免疫力较强，产生抗体快，用量少，成本低，但存在毒力返强的可能，并需要低温储存。由于PPV具有独特的生物学特性，目前商品化的PPV弱毒疫苗屈指可数。

PPV弱毒疫苗主要有NDAL-2(细胞培养适应株)、HT株(低温细胞传代育成株)、HT-SK-C(HT株经紫外线照射后再传代育成株)和N株(自然弱毒株)。早发现和应用于临床的是PPV NADL-2弱毒株。

尽管已有多株弱毒疫苗在临床上应用，但是由于PPV强毒株的大量存在，人们对病毒重组及弱毒返强的担心一直使弱毒疫苗的应用受到一定限制。

3. 基因工程疫苗

目前，猪细小病毒病基因工程疫苗的研究主要集中在亚单位疫苗、活载体疫苗和核酸疫苗3个方面。Martinez等最先将猪细小病毒的主要免疫原性基因VP2克隆到杆状病毒表达系统中并成功地在昆虫细胞中高效表达，表达产物能诱导产生免疫应答。表达的VP2多肽能自我装配成类病毒颗粒(virus like particle, VLP)，用其免疫母猪能诱导产生免疫应答。VP2基因在体外表达的蛋白能自我包装成类病毒颗粒的特性，为重组多价亚单位疫苗的研究打下了基础。吕建强等将猪细小病毒的VP2基因插入猪伪狂犬病病毒载体中，有望研制出猪细小病毒-猪伪狂犬病病毒二联重组基因工程疫苗。

活病毒载体疫苗与弱毒疫苗相似，能诱导强而持久的免疫反应，而且作为载体的活病毒已经过改造，其安全性较传统弱毒疫苗大为提高。但其生产技术复杂，成本较高，目前仍多处于实验室研究阶段。吕建强等应用猪伪狂犬病病毒基因缺失株$TK^-/gG^-/LacZ$作为活病毒载体成功构建了表达猪细小病毒VP2基因的重组伪狂犬病病毒，表达的VP2蛋白可以与猪细小病毒阳性血清反应，而且可以自行装配成病毒样颗粒。VP2基因的插入不影响重组病毒的增殖特性，其毒力与亲本株相当，为研制 PPV 活病毒载体疫苗奠定了基础。赵俊龙等用猪细小病毒的 VP1 基因和 VP2 基因分别构建了猪细小病毒的核酸疫苗，结果表明，这两种疫苗均能诱导产生较高水平的体液免疫和细胞免疫。

5.1.7.3 问题与展望

尽管 PPV 的弱毒疫苗和灭活疫苗在猪细小病毒病的防治中起到了十分重要的作用，但是各种疫苗均有不同程度的缺陷和不足。如弱毒疫苗存在发生重组及毒力返强的潜在威胁，灭活疫苗免疫效果不稳定等。因此，应用基因工程技术生产病毒载体多价疫苗、亚单位疫苗以及核酸疫苗等新型疫苗成为研究的热点。如病毒载体多价疫苗是以良好的猪伪狂犬病病毒活疫苗株作为载体，表达 PPV 的免疫原性抗原，从而达到一针两防的目的。这些疫苗的研究和开发对猪细小病毒病的控制和最终消灭具有重要的意义。

（加春生）

5.1.8 猪流行性腹泻

5.1.8.1 疾病与病原

猪流行性腹泻（porcine epidemic diarrhea，PED）是由猪流行性腹泻病毒（*Porcine epidemic diarrhea virus*，PEDV）引起的一种以腹泻、呕吐、脱水和对仔猪高致死率为主要特征的高度接触性传染病。各品种、年龄段的猪对 PEDV 均易感，且不同年龄段的猪发病症状不同。哺乳仔猪的发病症状为水样腹泻、呕吐和死亡；断奶仔猪也表现为水样腹泻与呕吐，同哺乳仔猪相比，发病症状明显减弱，死亡率急剧下降；育成猪与成年猪仅表现为一过性的腹泻，基本不会出现死亡现象。2010 年年末，我国暴发了变异 PEDV 引起的猪流行性腹泻。自 2010 年至今，PEDV 变异毒株疯狂肆虐我国猪场，根据 PED 流行病学调查可知 PEDV 已经成为猪病毒性腹泻的头号致病原，严重影响我国养猪业的发展。

PEDV 在分类上属于尼多病毒目（*Nidovirales*）、冠状病毒科（*Coronaviridae*）、α-冠状病毒属（*Coronavirus*）。PEDV 呈多形性，多为球形，病毒颗粒大小为 95～190 nm，平均直径约为 130 nm（包含纤突在内），纤突长 18～23 nm，电子显微镜下观察，病毒颗粒呈皇冠状。与其他已知冠状病毒类似，PEDV 基因组大小约为 28 kb，具有 7 个开放阅读框（open reading frame，ORF），共能编码 3 种非结构蛋白（PP1a、PP1b、ORF3）和 4 种结构蛋白（S、E、M、N），S 蛋白、E 蛋白、M 蛋白和 N 蛋白分别为 PEDV 的纤突蛋白、小包膜糖蛋白、膜糖蛋白和核衣壳蛋白。其中 S 蛋白是Ⅰ型糖蛋白，能诱导机体产生中和抗体。

粪口途径是 PEDV 传播的主要途径。PEDV 在 4 ℃、pH 5.0～9.0 条件下，或者在 37 ℃、pH 6.5～7.5 条件下都能稳定存活，但 PEDV 对外界环境的抵抗力并不强，在 60 ℃的环境中 30 min 以上，病毒就会失去感染活力。本病毒对乙醚和氯仿等有机溶剂敏感，酸性或碱性的杀毒剂也可以很快杀死病毒，与其他 α-冠状病毒一样，PEDV 没有凝血活性。

Hofmann 和 Wyler 等尝试用不同的细胞系对 PEDV 进行分离，最后通过使用非洲绿猴肾上皮（Vero）细胞再外源添加胰蛋白酶的方法分离到了病毒。从此，Vero 细胞系就被广泛用于 PEDV 的分离和增殖。胰蛋白酶在 PEDV 侵染 Vero 细胞和 PEDV 子代病毒颗粒释放过程中起重要作用，有助于病毒有效复制和病毒向邻近细胞扩散。胰蛋白酶能将 S 蛋白裂解成 S1 和 S2 亚基，这很可能促进了细胞与细胞的融合，以及子代病毒从感染 Vero 细胞中的释放。其他用于培养 PEDV 的细胞有 Marc-145、HEK293、鸭肠道细胞、猪肠上皮细胞等。

目前不同国家仅报道了一种 PEDV 血清型。Pensaer 通过免疫电镜和免疫荧光测定，PEDV CV777 毒株与比利时猪传染性胃肠炎病毒（TGEV）或猫传染性腹膜炎病毒（*Feline infectious peritonitis virus*，FIPV）没有交叉反应。然而，通过更敏感的检测方法（如酶联免疫吸附试验、免疫印迹和免疫沉淀），发现 PEDV 和 FIPV 之间存在双向交叉反应性。也有报道显示，PEDV 经胰蛋白酶处理后可凝集兔红细胞。

5.1.8.2　疫苗与免疫

PEDV 肠道局限性感染的特点决定了该病免疫预防的困难，对除哺乳仔猪以外的猪群来说，抵抗 PEDV 的感染往往依靠黏膜分泌的 IgA，这就要求疫苗研发的重点为有效提高肠道免疫水平。而仔猪对 PEDV 的抵抗力，主要是依靠从母乳中获得抗体，尤其是 IgA，因此，如何利用肠道免疫-乳房免疫这一免疫轴线提升抗 PEDV 抗体含量是本病免疫机制研究的难点。

1. 灭活疫苗

（1）猪传染性胃肠炎、猪流行性腹泻二联灭活疫苗（华毒株＋CV777 株）

【制造要点】将 TGEV 和 PEDV 分别接种敏感细胞系，收获病毒液，经灭活剂灭活后，与免疫佐剂按比例混合均匀，定量分装。主要成分为猪传染性胃肠炎病毒（华毒株）和猪流行性腹泻病毒（CV777 株），灭活前病毒含量均不少于 $1.0\times10^{7.0}$ $TCID_{50}$/mL。

【性状】粉红色均匀混悬液。静置时上层为红色澄清液体，下层为淡灰色沉淀，振摇后成均匀混悬液。

【用途】用于预防猪传染性胃肠炎和猪流行性腹泻两种病毒引起的猪只腹泻症。主要用于妊娠母猪的被动免疫以保护仔猪；也用于主动免疫保护不同年龄的猪只，主动免疫接种后 2 周可产生免疫力。

【用法】接种途径为后海穴位。妊娠母猪的被动免疫于产仔前 20～30 d 接种 4 mL。主动免疫：体重 25 kg 以下仔猪每头 1 mL；25～50 kg 育成猪 2 mL；50 kg 以上成猪 4 mL。被动免疫的仔猪于断奶后 1 周内进行主动免疫，接种 1 mL。

【免疫期】主动免疫的持续期为 6 个月，仔猪被动免疫的持续期是哺乳期至断奶后 1 周。

【保存期】疫苗在 4～8 ℃保存，不可冻结，有效期为 1 年。

【注意事项】①疫苗在运输过程中防止高温和阳光照射，在免疫接种前应充分振摇后再行接种。②给妊娠母猪接种疫苗时要进行适当保定，以避免引起机械性流产。③后海穴即尾根与肛门中间凹陷的小窝部位，接种疫苗的进针深度按猪龄大小在 0.5～4 cm 之间，3 日龄仔猪为 0.5 cm，随猪龄增大则进针深度加大，成猪为 4 cm，进针时保持与直肠平行或稍偏上。

(2)猪传染性胃肠炎、猪流行性腹泻二联灭活疫苗(WH-1 株＋AJ1102 株)

【制造要点】将 TGEV WH-1 株和 PEDV AJ1102 分别接种敏感细胞系，收获病毒液，经灭活剂灭活后，与免疫佐剂按比例混合均匀，定量分装。主要成分为猪传染性胃肠炎病毒和猪流行性腹泻病毒，灭活前猪传染性胃肠炎病毒含量≥$10^{7.5}$ $TCID_{50}$/mL、猪流行性腹泻病毒含量≥$10^{7.3}$ $TCID_{50}$/mL。

【性状】淡粉红色或乳白色乳剂。

【用途】用于预防猪传染性胃肠炎病毒和猪流行性腹泻病毒感染引起的猪腹泻。

【用法】颈部肌内注射。推荐免疫程序为：母猪产前 4～5 周接种 1 头份(2.0 mL)；新生仔猪于 3～5 日龄接种 0.5 头份(1.0 mL)；其他日龄的猪每次接种 1 头份(2.0 mL)。

【免疫期】主动免疫的维持期为 3 个月；仔猪被动免疫的持续期为断奶后 1 周。

【保存期】2～8 ℃保存，有效期为 18 个月。

【注意事项】①疫苗贮藏及运输过程中切勿冻结，长时间暴露在高温下会影响疫苗效力，使用前将疫苗平衡至室温并充分摇匀。②使用前应仔细检查包装，如发现破损、残缺、文字模糊、过期失效等，禁止使用。③给妊娠母猪接种疫苗时，要适当保定，以免引起机械流产。④启封后应立即用完。⑤屠宰前 1 个月禁用。

2. 活疫苗

(1)猪传染性胃肠炎、猪流行性腹泻二联活疫苗(HB08 株＋ZJ08 株)

【制造要点】本品用猪传染性胃肠炎病毒 HB08 株和猪流行性腹泻病毒 ZJ08 株接种敏感细胞，分别收获细胞培养物，按照一定比例混合，加适宜稳定剂，经冷冻真空干燥制成。用于预防由猪传染性胃肠炎病毒和猪流行性腹泻病毒感染引起的猪腹泻。每头份疫苗中含猪传染性胃肠炎病毒 HB08 株≥$10^{5.0}$ $TCID_{50}$、猪流行性腹泻病毒 ZJ08 株≥$10^{5.0}$ $TCID_{50}$。

【性状】淡黄色或淡粉色海绵状疏松团块，易与瓶壁脱离，加稀释液后迅速溶解。

【用途】用于预防由猪传染性胃肠炎病毒和猪流行性腹泻病毒感染引起的猪腹泻。

【用法】肌内注射。按瓶签注明的头份，用灭菌生理盐水稀释成每头份 1.0 mL。妊娠母猪于产仔前 3～4 周，肌内注射疫苗 2 头份(2.0 mL/头)；免疫母猪所产的仔猪，于断奶后 1 周内肌内注射疫苗 1 头份(1.0 mL/头)；未免疫母猪所产的仔猪，于 3～5 日龄肌内注射疫苗 1 头份(1.0 mL/头)。

【免疫期】主动免疫的持续期为 6 个月；仔猪被动免疫的持续期至出生后 35 d。

【保存期】－20 ℃以下保存，有效期为 18 个月。

【注意事项】①必须冷藏运输与保存。②疫苗稀释后应立即使用。③免疫所用器具均应使用前消毒，用过的疫苗瓶及器具应及时消毒处理。

(2)猪传染性胃肠炎、猪流行性腹泻二联活疫苗(SD/L 株＋LW/L 株)

【制造要点】将 TGEV SD/L 株和 PEDV LW/L 株分别接种敏感细胞系，收获病毒液，按照一定比例混合，加适宜稳定剂，经冷冻真空干燥制成。每头份疫苗含猪传染性胃肠炎病毒 SD/L 株和猪流行性腹泻病毒 LW/L 株，病毒含量均≥$10^{5.0}$ $TCID_{50}$。

【性状】海绵状疏松团块，易于瓶壁脱离，加稀释液后迅速溶解。

【用途】用于预防猪传染性胃肠炎病毒和猪流行性腹泻病毒感染引起的猪腹泻。

【用法】肌内接种。按瓶签注明头份，将疫苗用灭菌生理盐水或适宜稀释液稀释。妊娠母猪于产仔前 40 d 左右接种，1 头份/头；20～28 d 后二免，1 头份/头；其所生仔猪于断奶后 7～10 d 接种疫苗，1 头份/头，间隔 14 d 二免。

【免疫期】免疫期为 6 个月。

【保存期】2～8 ℃保存，有效期为 18 个月。

【注意事项】①本品仅用于接种健康猪。②妊娠母猪接种疫苗时要进行适当保定，以避免引起机械性流产。③疫苗稀释后限 1 h 内用完。④接种用器具应无菌，注射部位应严格消毒。⑤疫苗运输、保存、使用过程应防止高温、消毒剂和阳光照射。⑥剩余的疫苗及用具，应经无害化处理后废弃。

(3)猪传染性胃肠炎、猪流行性腹泻二联活疫苗(SCJY-1 株＋SCSZ-1 株)

【制造要点】将 TGEV SCJY-1 株和 PEDV SCSZ-1 株分别接种敏感细胞系，收获病毒液，按照一定比例混合，加适宜稳定剂，经冷冻真空干燥制成。每头份疫苗中猪传染性胃肠炎病毒 SCJY-1 株病毒含量≥$10^{5.5}$ $TCID_{50}$，猪流行性腹泻病毒

SCSZ-1 株病毒含量≥$10^{5.3}$ $TCID_{50}$。

【性状】黄白色海绵状疏松团块，易于瓶壁脱离，加稀释液后迅速溶解。

【用途】用于预防由猪传染性胃肠炎病毒和猪流行性腹泻病毒感染引起的猪腹泻。

【用法】按瓶签注明头份，用免疫增强剂（专利专用稀释液）稀释，按每头份 2 mL 稀释。种猪免疫 2 mL/头，仔猪免疫 1 mL/头。妊娠母猪于产前 35～40 d 和 15～20 d 各免疫一次，采用后海穴注射接种；种公猪普防 3～4 次/年，采用肌内注射接种；后备母猪配种前 35～40 d 和 15～20 d 各应免疫一次，采用后海穴注射或肌内注射接种；紧急接种仔猪 1 日龄免疫 1 次，采用口服或后海穴注射接种。

【免疫期】主动免疫接种 14 d 后产生免疫力，免疫持续期为 4 个月；仔猪被动免疫的持续期至断奶后 7 d。

【保存期】2～8 ℃保存，有效期为 18 个月，长期保存，建议－15 ℃以下保存。

【注意事项】①本产品仅用于预防猪传染性胃肠炎病毒及猪流行性腹泻病毒引起的腹泻，对于细菌、寄生虫和其他病毒等因素引起的腹泻无效。②疫苗运输过程中应防止高温和阳光直射。③妊娠母猪接种疫苗时要进行适当保定，以避免引起机械性流产。④疫苗稀释后，限当天内用完。⑤免疫前进行抗体监测，尽量在抗体水平较低（猪传染性胃肠炎病毒及猪流行性腹泻病毒中和抗体效价不高于 1∶4）的情况下使用。

（4）猪传染性胃肠炎、猪流行性腹泻二联活疫苗（WH-1R 株＋AJ1102-R 株）

【制造要点】将 TGEV WH-1R 株和 PEDV AJ1102-R 株分别接种敏感细胞系，收获病毒液，按照一定比例混合，加适宜稳定剂，经冷冻真空干燥制成。主要成分为猪传染性胃肠炎病毒和猪流行性腹泻病毒，每头份中这 2 种病毒的含量均不低于 $10^{5.0}$ $TCID_{50}$。

【性状】淡红色、淡黄色或乳白色海绵状疏松块，加无菌 PBS（0.01 mol/L，pH 7.2～7.4）后迅速溶解。

【用途】用于预防猪传染性胃肠炎病毒和猪流行性腹泻病毒感染引起的猪腹泻。

【用法】按瓶签注明头份，用无菌 PBS（0.01 mol/L，pH 7.2～7.4）将疫苗稀释为 1 头份/mL，颈部肌内注射。推荐免疫程序为：母猪产前 4～5 周接种 2 头份，免疫母猪所产仔猪于断奶后 7～10 d 接种 1 头份。非免疫母猪所产仔猪于 3 日龄时接种 1 头份。其他日龄的猪每次接种 1 头份。

【免疫期】主动免疫的持续期为 6 个月；仔猪被动免疫的持续期为断奶后 1 周。

【保存期】－15 ℃保存，有效期为 18 个月。

【注意事项】①本品仅用于接种健康猪。②疫苗在运输、保存、使用过程中应防止高温、接触消毒剂和阳光照射。③使用前应仔细检查包装，如发现破损、残缺、文字模糊、过期失效等，禁止使用。④给妊娠母猪接种疫苗时，要适当保定，以免引起机械性流产。⑤使用无菌 PBS(0.01 mol/L，pH 7.2～7.4)稀释疫苗，并充分摇匀，使用前应使疫苗充分溶解，疫苗稀释后应避免高温，限 2 h 内用完。⑥注射时，接种用器具应无菌，注射部位应严格消毒。⑦剩余疫苗、疫苗瓶及使用过的注射器具等应进行消毒处理。⑧请将本品放在儿童不易接触的地方。

(5)猪传染性胃肠炎、猪流行性腹泻、猪轮状病毒(G5 型)三联活疫苗(弱毒华毒株＋弱毒 CV777 株＋NX 株)

【制造要点】将 TGEV 弱毒华毒株、PEDV CV777 株、NX 株分别接种敏感细胞系，收获病毒液，按照一定比例混合，加适宜稳定剂，经冷冻真空干燥制成。疫苗内含有猪传染性胃肠炎病毒弱毒华毒株、猪流行性腹泻病毒 CV777 株、猪轮状病毒弱毒 G5 型 NX 株，每头份疫苗病毒含量均$\geqslant 10^{5.0}$ $TCID_{50}$。

【性状】黄白色或微粉色海绵状疏松团块，易与瓶壁脱离，加稀释液后迅速溶解。

【用途】用于预防猪传染性胃肠炎病毒、猪流行性腹泻病毒和猪轮状病毒(G5 型)的感染。后海穴位(尾根与肛门中间凹陷的小窝部位)接种。按瓶签注明头份，用无菌生理盐水将疫苗稀释成 1 mL/头份，经后海穴位接种，3 日龄仔猪进针深度为 0.5 cm，随猪龄增大而加深，成猪为 4 cm。妊娠母猪于产仔前 40 d 接种，20 d 后二免，每次 1 mL；免疫母猪所生仔猪于断奶后 7～10 d 接种疫苗 1 mL；未免疫母猪所产仔猪 3 日龄接种 1 mL。

【免疫期】免疫持续期为 6 个月；仔猪被动免疫的持续期至断奶后 7 d。

【保存期】－20 ℃以下保存，有效期为 24 个月。

【注意事项】①本产品仅用于预防猪传染性胃肠炎病毒、猪流行性腹泻病毒和猪轮状病毒 3 种病毒引起的猪只腹泻，对于细菌、寄生虫和其他因素引起的腹泻无效。②免疫前进行抗体监测，尽量在抗体水平较低(TGE、PED 中和抗体效价不高于 1∶4，猪轮状病毒中和抗体效价不高于 1∶8)的情况下使用。③疫苗运输过程中应防止高温和阳光直射。④妊娠母猪接种疫苗时要进行适当保定，以免引起机械性流产。⑤疫苗稀释后，限 1 h 内用完。⑥后海穴位接种时，针头保持与脊柱平行或稍偏上，以免将疫苗注入直肠内。⑦用过的疫苗瓶、器具和未用完的疫苗等应进行无害化处理。

3. 新型疫苗

PED 新型疫苗研究的思路主要是利用不同载体表达已鉴定的抗原区域，抗原通过不同的递送途径，刺激肠道黏膜免疫系统达到免疫预防的效果。主要有 3 种途径:转基因植物、益生菌抗原表达和真核表达系统表达 S1 基因等。

5.1.8.3 问题与展望

随着 PED 在中国的流行,商品化疫苗纷纷上市,目前市场上的疫苗均为全病毒疫苗,分为弱毒活疫苗和灭活疫苗,并与 TGEV 和猪 A 群轮状病毒(GARV)等联合制备成二联或三联疫苗。瑞普生物在临床免疫中,通过推广弱毒疫苗和灭活疫苗的联合免疫程序,取得了很好的免疫效果。由于非洲猪瘟的影响,猪场免疫程序被打乱,造成许多基础疫病的流行,PED 成为除非洲猪瘟以外仔猪死亡的主要原因。为了更好地适应养殖行业需求,应重视重组疫苗、亚单疫苗、口服疫苗等新型疫苗的研究,并研究黏膜免疫递送佐剂,为猪腹泻病的防控提供更多的资源。

(邱贞娜)

5.1.9 猪传染性胃肠炎

5.1.9.1 疾病与病原

猪传染性胃肠炎(transmissible gastroenteritis,TGE)是由猪传染性胃肠炎病毒(*Transmissible gastroenteritis virus*,TGEV)引起的,该病是一种急性、高度接触性传染病,以呕吐、严重腹泻、脱水和对仔猪高度致死为主要特征。半月龄以内被感染的仔猪死亡率可达 100%,随着猪只日龄增长,死亡率呈逐渐递减趋势,成年猪极少出现死亡现象。该病首次由 Doyle 和 Hutchings 于 1946 年在美国报道,我国于 1956 年发现该病,并在多个省份相继报道。该病常与其他猪腹泻病毒混合感染,给养猪业造成了严重的经济损失。病猪是 TGEV 的主要传染源,它们会污染周围环境,通过粪口途径传染给易感猪,TGE 的流行季节是在每年的 11 月至次年的 4 月之间,发病的高峰期是次年的 1—2 月,该病是导致世界各国仔猪死亡的主要病因之一,虽然近些年该病的发病率低于 PEDV,但该病的防控依然不可忽视。

TGEV 与猪流行性腹泻病毒、人冠状病毒 NL36、人冠状病毒 229E、猫肠道冠状病毒和犬冠状病毒同属于尼多病毒目、冠状病毒科、α-冠状病毒属。TGEV 全基因组长为 27～31 kb,是基因组最大的单股正链 RNA 病毒,TGEV 的整个基因组包含 9 个开放阅读框(open reading frame,ORF),它们以 5′-1a-1b-S-3a-3b-E-M-N-7-3′的顺序排列。其中 ORF1a 和 ORF1b 最长,约 20 kb,占整个基因组的 2/3,位于基因组的 5′端。像其他冠状病毒一样,共价连接的 poly(A)尾部结构存在于 TGEV 基因组的 3′端,而帽结构连接在 5′端并与短引导序列相连。TGEV 编码的结构蛋白有以下 4 种:S 蛋白、M 蛋白、N 蛋白、E 蛋白。其中 S 蛋白位于病毒颗粒的表面,具有重要的免疫学功能,是产生病毒中和抗体的主要蛋白之一;M 蛋白影响病毒的装配,并含有保守的 B 细胞表位,影响依赖性中和抗体的产生;N 蛋白诱导内质网应激抵抗干扰素的产生；E 蛋白与冠状病毒的复制相关。TGEV 是一种由双层囊膜包裹的冠状病毒颗粒，呈现为圆形、椭圆形或多边形，直径为 90～200 nm。病毒囊膜由双层脂质组成，在脂质双层中穿插有 3 种蛋白：纤突蛋白(S)、膜蛋白(M)和小囊膜蛋白(E)。其中 S 蛋白构成囊膜覆盖的花瓣状纤突，纤突长(18～24 nm)而稀疏，以极小的柄链接在囊膜的表面，末端呈球状，直径 10 nm 左右。病毒颗粒在磷钨酸负染后，可见到一个电子透明中心，周围串珠样的丝状物就是病毒的 RNA 和核衣壳蛋白 N 组成的核衣壳蛋白核芯，呈螺旋式结构，直径为 9～16 nm。

TGEV 不耐热，将病毒置于 60 ℃的环境中 10 min 可使病毒失活。但病毒可在低温条件下长久保存。在光照或有机溶剂等不利因素下，病毒失活较快。猪甲状腺细胞、猪肾细胞以及猪唾液腺细胞等均被证实可用于病毒分离，现阶段实验室分离 TGEV 常用的细胞系有猪睾丸(ST)细胞和猪肾(PK-15)细胞，这两种细胞系均被证实是 TGEV 敏感的细胞系。

猪传染性胃肠炎病毒只有一个血清型。TGEV 与猪呼吸道冠状病毒(PRCV)的全基因组有 96%的同源性，这证明 PRCV 是由 TGEV 进化而来的，而病毒中和实验不能区分两者。TGEV 和 PEDV 的 N 蛋白之间存在单向的免疫印迹交叉反应，但多克隆抗血清和单克隆抗体进行的其他血清学实验都未测出两者之间有抗原交叉反应。

5.1.9.2 疫苗与免疫

本病尚无有效的治疗药物，在患病期间大量补充葡萄糖氯化钠溶液，供给大量清洁饮水和易消化的饲料，可使较大的病猪恢复。免疫预防是防控猪传染性胃肠炎的有效方法。我国用于预防猪传染性胃肠炎病毒的疫苗多是与猪流行性腹泻病毒联合制备的二联灭活疫苗或活疫苗。

1. 灭活疫苗

猪传染性胃肠炎、猪流行性腹泻二联灭活疫苗(华毒株＋CV777 株)和猪传染性胃肠炎、猪流行性腹泻二联灭活疫苗(WH-1 株＋AJ1102 株)(疫苗信息详情见猪流行性腹泻部分)。

2. 活疫苗

猪传染性胃肠炎、猪流行性腹泻二联活疫苗(HB08 株＋ZJ08 株)，猪传染性胃肠炎、猪流行性腹泻二联活疫苗(SD/L 株＋LW/L 株)，猪传染性胃肠炎、猪流行性腹泻二联活疫苗(SCJY-1 株＋SCSZ-1 株)，猪传染性胃肠炎、猪流行性腹泻二联活疫苗(WH-1R 株＋AJ1102-R 株)，猪传染性胃肠炎、猪流行性腹泻、猪轮状病毒(G5 型)三联活疫苗(弱毒华毒株＋弱毒 CV777 株＋NX 株)(疫苗信息详情见猪流行性腹泻部分)。

5.1.9.3 问题与展望

对 TGEV 的防控多是通过疫苗免疫，目前市场上的疫苗均为全病毒疫苗，分为弱毒活疫苗和灭活疫苗，并与 PEDV 和 GARV 等联合制备成二联或三联疫苗。近几年，TGEV 检出率较低，在申报的腹泻类新产品中多数不再含有 TGEV 病毒，养殖户对 TGEV 的关注在逐渐减少。由于国内养殖环境的复杂性，对 TGEV 的监测依然重要，仍然要掌握 TGEV 流行情况，防止疫病反弹。

（邱贞娜）

5.1.10 猪轮状病毒病

5.1.10.1 疾病与病原

猪轮状病毒病（porcine rotavirus disease，PoRD）是由猪轮状病毒（*Porcine rota virus*，PoRV）引起的一种多发于新生仔猪和断奶仔猪的急性肠道传染病。本病的特征是患病猪出现萎靡、腹泻和偶尔发热症状。粪便呈现为黄色或白色，水样到奶油状、各种絮状，但脱水症状较轻。虽然猪轮状病毒病曾经是造成我国猪群腹泻的主要疾病，但近年来，对我国猪群的影响较小，有研究表明腹泻病猪中 PoRV 的阳性率低于 3%。本病多经过粪口传播，主要感染 1～41 日龄的哺乳期仔猪，或断奶 7 d 内的猪，并经常同时感染等孢球虫、肠毒性大肠杆菌等，从而导致严重的腹泻，导致发病率和死亡率升高。

猪轮状病毒（PoRV）属于呼肠孤病毒科轮状病毒属，为无囊膜的二十面体粒子，直径 65～75 nm。组成 PoRV 的核衣壳有 3 层，即：外层由 VP7 和 VP4 组成，内层为 VP6，核心由 VP1、VP2 和 VP3 组成，VP6 是数量最多的病毒结构蛋白，其次是糖蛋白 VP7，VP4 为非糖基化蛋白，被蛋白酶水解后，剪切成 VP5 和 VP8，对病毒的传染性至关重要，VP7 和 VP4 蛋白能各自诱导病毒的中和抗体。

PoRV 可在 Vero 细胞中进行传代，并需要在传代过程中使用蛋白水解酶（如胰酶）处理，培养病毒的细胞从表面分离之后变圆，是细胞病变的主要标志。这些细胞进一步裂解，在培养基中出现碎片。猪轮状病毒 B 型和 C 型在含有高浓度胰液素的猪肾细胞中可以增殖培养，猪轮状病毒 C 型可以在 MA-104 细胞中生长，轮状病毒 E 群、大多数 B 群和 A 群的一部分始终不能在培养的细胞中传代。

基于 VP6 抗原性可将猪轮状病毒分为 4 个血清型：A～C、E。A 型轮状病毒是引起猪肠道疾病的主要病原，在小于 60 日龄、甚至 1 周龄猪中检测率最高，最普遍的发生在 3～5 周龄猪，在排泄物中的持续时间 1～14 d 不等。C 型轮状病毒主要发生于 7 日龄以下的哺乳期腹泻猪群，尚未断奶仔猪的腹泻中普遍能够检测到 C 型猪轮状病毒。依据 VP4 的不同可将 PoRV 分为不同的 P 型，依据 VP7 的不同可将轮状病毒分为不同的G型，目前存在37个P血清型和27个G血清型，我国流行的猪轮状病毒中P型有P13、P19、P23、P24、P6和P7，且以P23、P13和P19为主。G型有G9、G11、G2、G4、G5、G26、G3，其中G9基因型是中国最新流行的毒株。

5.1.10.2 疫苗与免疫

轮状病毒感染可同时引起局部和系统性免疫反应，VP7和VP4蛋白能够诱导宿主产生中和抗体，内壳蛋白VP6具有很强的免疫原性，并且高度保守，是介导黏膜免疫的主要抗原。经过轮状病毒感染后的猪能够产生对同血清型病毒的保护，而这种保护对于异种血清型不起作用，轮状病毒疫苗刺激肠道产生IgA抗体水平和淋巴细胞增殖水平对于疫苗保护力至关重要。仔猪出生后24～36 h，可以从免疫母猪获得母源IgA抗体，对仔猪肠道起到保护作用，但当母源抗体水平下降后，仔猪很容易受到轮状病毒感染，同时$CD8^+$ T细胞免疫对于轮状病毒感染清除具有重要意义，也是促进黏膜免疫形成的关键因素。

PoRV疫苗包括弱毒疫苗、灭活疫苗、亚单位疫苗等，用于疫苗制造的毒株包括HN03株、NX株、RV-QDH-01株等。

1.弱毒疫苗

(1)猪传染性胃肠炎、猪流行性腹泻与猪轮状病毒(G5型)三联活疫苗(弱毒华毒株＋弱毒CV777株＋NX株)(疫苗信息详情见猪流行性腹泻部分)。

2.灭活疫苗

田克恭等(2016)使用HN03强毒研制了猪轮状病毒油乳剂灭活疫苗，采取的技术路线是将HN03种毒与等体积含10 μg/mL胰酶的PBS混合后，接种MA-104细胞，37 ℃培养20～48 h后收毒，加0.1%～0.2%甲醛37 ℃灭活24 h，以206佐剂，灭活病毒悬液，按1∶1比例混合制备灭活疫苗。该疫苗经颈部肌内注射，妊娠母猪每头4 mL，仔猪每头2 mL，每毫升病毒含量为$10^{7.5}$ $TCID_{50}$。主动免疫2周后野毒攻击保护率100%，被动免疫3周后野毒攻击保护率100%。

3.基因工程疫苗

VP6是猪轮状病毒刺激机体产生黏膜免疫的主要蛋白。陈艺燕等(2017)利用VP6蛋白研制了猪轮状病毒基因工程亚单位疫苗。所采取的技术路线是利用RT-PCR扩增PoRV VP6基因，插入pGEX-4T-1载体。转化BL21(DE3)后，诱导VP6蛋白表达，并使用镍柱进行纯化。然后，将纯化的VP6蛋白与氢氧化铝佐剂进行混合，制成融合蛋白含量200～400 μg/mL的亚单位疫苗。这种活疫苗经2次注射后10 d可以诱导有效的中和抗体。

5.1.10.3 问题与展望

长期以来，我国的猪轮状病毒都得到了很好的控制。猪传染性胃肠炎、猪流行性腹泻与猪轮状病毒(G5型)三联活疫苗是目前应用最为广泛的猪轮状病毒疫苗。但有研究表明，当前国内流行毒株主要为 G9 型毒株，G5 型毒株的疫苗保护效力有限，急需新型的疫苗产品。在猪轮状病毒病防控中，黏膜免疫对于疫病的防控起着重要作用。灭活的轮状病毒对于母猪和哺乳仔猪的黏膜免疫保护效力并不确定。因此，在传统疫苗的基础上，进行肠道外轮状病毒疫苗（包括病毒样颗粒疫苗、DNA 疫苗、植物疫苗及乳酸菌口服载体疫苗等）的开发为猪轮状病毒病的防控提供了新的选择。

（石艳丽）

5.1.11 猪德尔塔冠状病毒病

5.1.11.1 疾病与病原

猪德尔塔冠状病毒病（porcine deltacoronavirus disease，PDCoVD）是由猪德尔塔冠状病毒（*Porcine delta coronavirus*，PDCoV）引起的猪的一种急性肠道传染病。PDCoV 是冠状病毒科冠状病毒亚科的成员，可感染禽类和哺乳动物。该病毒最先于 2012 年在中国香港发现，2014 年，美国成功分离到猪德尔塔冠状病毒，并通过动物实验证明该病毒对仔猪具有较强的致病性，随后中国内地也检测到该病毒的存在。目前该病毒已在美国、墨西哥、加拿大、泰国、越南、老挝、韩国、日本及中国等地检出且呈现流行趋势。PDCoV 可以感染不同年龄阶段的猪，主要感染猪的小肠，造成小肠绒毛上皮细胞萎缩，对仔猪危害最大。临床症状与猪流行性腹泻和传染性胃肠炎的症状较为相似，可引起仔猪精神沉郁、水样腹泻、呕吐及脱水等症状，仔猪表现出较高的死亡率，为 30%～40%。成年猪感染 PDCoV 后的临床症状与仔猪相比较轻，主要以短暂腹泻、食欲不振为特征，没有明显脱水现象，死亡率较低。更重要的是，PDCoV 常与 PEDV、TGEV 等病毒存在混合感染的情况，不仅增加了对猪群的危害性，也给疫病的诊断和预防带来困难。

PDCoV 属于套式病毒目（*Nidovirales*）冠状病毒科（*Coronaviridae*）δ 冠状病毒属（*Deltacoronavirus*）成员。病毒颗粒呈球形或椭圆形，直径 120～180 nm，具有囊膜结构，囊膜上分布有花瓣状纤突。PDCoV 的核酸类型为不分节段的单股正链 RNA，基因组全长约 25 400 nt，编码 4 种结构蛋白：纤突蛋白（spike，S）、衣壳蛋白（nucleocapsid，N）、膜蛋白（membrance，M）、小包膜蛋白（envelope，E）和 3 种辅助蛋白（NS6、NS7 和 NS7a）。S 蛋白负责病毒与细胞受体结合，介导病毒入侵和感染。同时，由于 S 蛋白能够诱导机体产生中和抗体，可作为研制 PDCoV 疫苗的重要靶标。N 蛋白主要定位于细胞核，通过自身非共价交联形成寡聚体，与病毒的组装、复制以及感染后的细胞应激反应密切相关。E 蛋白和 M 蛋白是构成 PDCoV 外膜的重要成分，E 蛋白是负责病毒与包膜结合的蛋白，M 蛋白负责营养物质的跨膜运输、新生病毒出芽与病毒外包膜的形成，也可用于 PDCoV 的检测诊断。NS6 定位于细胞质，能抑制干扰素的产生来逃避先天免疫应答。NS7 定位于线粒体，能抑制 β-肌动蛋白和 ACTN4 表达，且 NS6 和 NS7 还与病毒复制和毒力有关。编码辅助蛋白 NS6 的基因位于 M 基因和 N 基因之间，NS7 基因位于 N 基因内，而 NS7a 基因则又是 NS7 基因的一部分。这些辅助蛋白对应的基因在不同种冠状病毒之间几乎没有同源性，具有种间特异性。

PDCoV 对环境具有较强的抵抗力，其在 50 ℃ 60 min 或者 60 ℃ 30 min 才可被灭活；同时对酸较为敏感，在 pH 3.0 的环境中，病毒容易失活；然而，PDCoV 对脂溶性溶剂（氯仿和乙醚）不敏感，无论是 4.8%氯仿溶液还是 20%乙醚溶液，对病毒的活性影响不显著。有关 PDCoV 在饲料原料中存活情况的研究发现，病毒在豆粕中维持感染力长达 56 d，在其他饲料原料中也会存活至少 42 d。

PDCoV 的细胞嗜性广泛，能有效地感染猪睾丸细胞（ST）、猪肾上皮细胞（LLC-PK1）、猪肠上皮细胞（IPEC-J2 和 IPI-2I）、猪肾细胞（PKFA 和 PK-15）、猪肾上皮细胞（SK6）、猪甲状腺细胞系（PD5）、鸡肝癌细胞（LMH）、鸡成纤维细胞（DF-1）、人肝癌细胞（Huh7）、人肺癌细胞（A549）、HeLa 细胞和人结直肠癌细胞（HRT-18）等细胞系以及鸡胚，其中 ST 和 LLC-PK1 是目前发现的最佳的病毒分离和传代的细胞模型，并表现明显的 CPE，如细胞变大、形成合胞体、脱落等。在分离和传代过程中，需在培养基中添加 10 μg/mL 的胰蛋白酶和 1%的胰酶才能保证细胞病变的产生。用腹泻猪的粪便、小肠内容物或者组织样品孵育这两种细胞后，细胞先是表现出变大、变圆和聚集，随后皱缩脱落并出现凋亡性坏死。从自然感染的样品中分离病毒时，第一代细胞不会出现 CPE，一般传至第 3 代时可出现局部的 CPE，且随着代次的增加 CPE 增多，细胞出现病变的时间也逐渐缩短。感染细胞的病变最早出现在病毒接种后的 8 h，并在 20 h 后达到峰值。PDCoV 的一个复制周期需 5～6 h。

5.1.11.2　疫苗与免疫

PDCoV 作为近年来出现的一种新的猪肠道腹泻病毒，具有很强的致病力，由于尚不清楚其传播和致病机制，尚无商业化的疫苗和有效的防治措施，加之其广泛的宿主嗜性，导致 PDCoV 感染日趋普遍，成为养猪业面临的严峻挑战，对食品安全和公共卫生存在潜在危害。目前 PDCoV 具有疫苗开发潜力的蛋白主要为 S 蛋白、N 蛋白、NS6 蛋白。冠状病毒 S 蛋白是主要的表面蛋白和宿主体液免疫应答的主要靶点，被认为与进化相关，是疫苗设计的重点，PDCoV S 蛋白具有结构紧凑、受体结合位点隐蔽、关键表位屏蔽等结构特征，有利于病毒逃避免疫。N 蛋白在整个生命周期中表现出多种功能，现有研究表明 PDCoV N 蛋白具有多种方式抑制 IFN-β 的表达，这些发现为 PDCoV 逃避宿主固有免疫应答提供了新视角，并为其感染提供了新的治疗靶点和更有效的疫苗策略。NS6 蛋白是 PDCoV 特有的，与其他已知冠状病毒蛋白没有显著的同源性。NS6 蛋白是 PDCoV 重要的毒力因子，是 IFN-β 表达的拮抗剂，用于对抗宿主固有抗病毒免疫反应，NS6 缺失突变毒株可能是一种减毒活疫苗候选株。

针对目前因 PEDV、PDCoV 等混合感染而引起的疾病是全球养猪业面临的一大难题，而 PEDV 和 PDCoV 均属于冠状病毒科病毒，抗原形态相似，这两种病毒引起的疾病在流行病学和病理剖检上也极其相似，但是彼此又没有共同的抗原性，在免疫学和血清学上相互没有交叉反应，因此同时防控两种疾病显得尤为重要。弱毒疫苗具有免疫途径多、免疫剂量小、免疫持续时间长、不需要佐剂的特点，免疫动物体后，免疫细胞能够很快到达呼吸道黏膜和消化道黏膜与病原发生相应作用而起到免疫保护作用，抵抗病原的继续感染和侵害，同时，其免疫调节作用对病原也起到杀灭作用。因此，有学者选用 PEDV 和 PDCoV 流行毒株的细胞传代致弱毒来制备疫苗。将选取的 PEDV 毒株和 PDCoV 毒株分别接种于悬浮培养的 ST 细胞中培养，待细胞病变达 80%以上时收获病毒，取自然沉淀的病毒上清液，过滤后浓缩，作为制备疫苗的病毒液；收获的病毒液按比例混合后，将冻干保护剂（明胶 8 g/L，蔗糖 48 g/L）按体积比 1∶7 的比例加入 PEDV 和 PDCoV 的病毒混合液中，然后冷冻干燥得到猪流行性腹泻、猪德尔塔冠状病毒二联弱毒疫苗。安全可靠且免疫效果好的猪流行性腹泻、猪德尔塔冠状病毒二联细胞弱毒疫苗的研制，对于阳性猪场净化以及国内 PEDV 和 PDCoV 的防控具有重要意义。

5.1.11.3 问题与展望

PDCoV 作为一种新发现的致病性病毒，人们对其的分子病原学、流行病学、致病机制等了解尚不够全面和深入，对 PDCoV 的预防和治疗方法的研究也较少。加强对该病毒 NS6 和其他辅助蛋白的功能的研究，可能会为寻找新的治疗靶点和开发有效疫苗提供依据。

PDCoV 毒株与 PEDV 和 TGEV 病毒抗体没有交叉反应性，因此市场上常用的疫苗如猪传染性胃肠炎-猪流行性腹泻-轮状病毒三联弱毒疫苗和猪传染性胃肠炎-猪流行性腹泻二联弱毒疫苗等可能对 PDCoV 无有效作用。应深入了解 PDCoV 主要蛋白功能以利于致病机制和免疫机理研究，从而有助于其疫苗研发。

（顾文源）

5.1.12 猪水疱病

5.1.12.1 疾病与病原

猪水疱病（swine vesicular disease，SVD）是由猪水疱病病毒（*Swine vesicular*

disease virus,SVDV)引起的一种猪的急性传染病。其临床症状与口蹄疫病极其相似。1966 年 10 月,意大利的 Lombardy 地区发生了一种临诊上与口蹄疫难以区分的猪病,1968 年查明其病原为肠道病毒。进入 20 世纪 70 年代,中国、日本及欧洲的许多国家和地区相继发生这种疾病。1973 年,联合国粮农组织欧洲口蹄疫防治委员会召开的第 20 届会议和国际兽疫局第 41 届大会,确认了这是一种新病,定名为“猪水疱病”,该病主要发生在欧洲和亚洲。20 世纪 70 年代初期为流行的高峰时期,以后逐渐趋于缓和。到 80 年代末期只有个别地区暴发,但 90 年代似乎猪水疱病有重新抬头的趋势。猪水疱病是养猪业的一大病害,也是国际兽医局规定的 A 类动物传染病之一。国内外均要求任何水疱性疾病的发生都要上报国家兽医主管部门,并采取等同于口蹄疫的防治措施。

猪水疱病病毒,属于小核糖核酸病毒科的肠道病毒属的一种 RNA 病毒。猪水疱病病毒颗粒在电镜下观察为近球形,无囊膜,在超薄切片中直径为 22～23 nm,用磷钨酸负染法测定为 28～32 nm。猪水疱病病毒对环境和消毒药有较强抵抗力,在 50 ℃ 30 min 仍不失感染力,60 ℃ 30 min 和 80 ℃ 1 min 即可灭活,在低温中可长期保存。3%NaOH 溶液在 33 ℃,作用 24 h 能杀死水疱皮中病毒,1%过氧乙酸作用 60 min 可杀死该病毒。该病的传染性通常较高,但是致死率低,如防治不及时容易导致继发病而造成死亡率升高。病猪体温升高,全身症状明显,主要症状是在蹄冠、蹄叉、蹄踵或副蹄出现水疱和溃烂,病猪跛行,喜卧;重者继发感染,蹄壳脱落;部分病猪(5%～10%)在鼻端、口腔黏膜出现水疱和溃烂;部分哺乳母猪(约 8%)乳房上也出现水疱,多因疼痛不愿哺乳,致使仔猪没有奶吃而死亡。经研究发现该病原可感染人,所以一定要做好临床防护工作。

病毒分离试验可以使用传代细胞系、鸡胚或鼠。如果接种的猪水疱病病毒滴度较高,可以在接种后 24 h 内被检测到,如果以较低滴度存在,可以在 7 d 内被检测到。

猪水疱病病毒主要包括 2 个血清型,该病主要集中在欧洲和亚洲。美洲的牛、马与猪群中有该病流行,为常见水疱类疾病中较多发的一种病,在多种野生动物中都有发现针对水疱病毒的抗体存在,但尚未见到自然感染的野生动物临床病例的报道。目前,我国猪水疱病的流行情况尚不十分清楚。在 OIE 的动物疾病通报中,2005—2006 年,我国没有报告发生过猪水疱病疫情,而在 2007—2010 年,我国没有可以利用的资料。但是,从我国养猪业的饲养方式、饲养环境与饲养条件看,从大量频繁从国外引进种猪、进口猪肉以及走私入境猪肉和猪副产品看,特别是在养猪生产中发生水疱病样症状的猪屡见不鲜,很难保证我国不存在本病,也很难保证不会传入本病。因此,我国对猪水疱病的防控必须予以高度重视,认真对待,不可掉以轻心。

5.1.12.2 疫苗与免疫

1974—1975 年,英国和法国等国就开始了针对本病的灭活疫苗研究,我国自20 世纪 70 年代开始也先后研制出了多种 SVD 疫苗。我国目前尚无正式批准生产的疫苗。

1. 灭活疫苗

原代仔猪肾细胞、仓鼠肾细胞和 IBRS-2 传代细胞均可用于疫苗生产。细胞培养物的病毒滴度应不低于 $10^{7.5}$ $TCID_{50}$/mL,病毒中和指数应不低于 1 000。用终浓度为 0.1%的甲醛溶液或 0.06%的 β-丙酸内酯或 0.05%的乙酰基乙烯亚胺作为灭活剂,于 4 ℃、26 ℃或 37 ℃作用 6~24 h 可灭活该病毒。佐剂可用氢氧化铝、油乳剂或氢氧化铝-皂素。该疫苗在 2~8 ℃条件下保存,适用于给断奶后的猪肌内注射(2 mL/头)。断奶仔猪注射此疫苗后 7~10 d 产生免疫力,保护力在 80%以上,注射后 4 个月仍有坚强的免疫力。至今虽然有过几种抗 SVD 的灭活疫苗,但是没有一个投入临床应用。

2. 活疫苗

鼠化弱毒活疫苗是将自然流行的猪源强毒株通过 2~3 日龄乳鼠连续传 30 代以上减毒而育成的。制苗时,应用 30%甘油盐水制备成感染乳鼠肌肉组织苗。免疫剂量为 2 mL。注射幼猪,应不引起临床症状,免疫后 4 d 产生抗体,攻毒时保护力应在 80%以上。免疫持续期可达 6 个月。

细胞培养弱毒疫苗是用原代仔猪肾细胞培育的弱毒株,一般经过 40~50 代以上致弱而成。免疫保护率多在 80%以上,免疫期可达 4~5 个月。也有应用仔猪睾丸细胞、胎猪肾,以及仓鼠肾细胞或 IBRS-2 细胞驯化培育的弱毒疫苗株。经上述途径驯化培育的弱毒疫苗株,在实践应用中暴露出许多弊病,目前已基本停用。

3. 其他疫苗的研究

亚单位疫苗安全可靠,已有研究者对 SVDV 能产生中和抗体的衣壳蛋白 VP1、VP2 进行了表达。亚单位疫苗是预防猪水疱病的新希望。

自杀性 DNA 疫苗比传统的 DNA 疫苗更安全,且可引起高水平的体液免疫和细胞免疫,除此之外还可打破免疫耐受。已有研究结果显示,对模式动物豚鼠接种该疫苗后可产生 SVDV 特异性抗体并诱导 T 淋巴细胞增殖,该研究为 SVD 自杀性 DNA 疫苗的深入研究奠定了基础。

5.1.12.3 问题与展望

尽管针对 SVD 疫苗的研究不断深入,但目前还没有一种疫苗能够大量生产并投入临床应用。新型高效的猪水疱病灭活疫苗应是目前本病疫苗研究的重点,同时新型基因工程疫苗，如亚单位疫苗、合成肽疫苗以及核酸疫苗等的研制也应是猪水疱病疫苗研究的热点。

（石艳丽）

5.1.13 非洲猪瘟

5.1.13.1 疾病与病原

非洲猪瘟(African swine fever，ASF)是由非洲猪瘟病毒(*African swine fever virus*，ASFV)引起猪的一种急性、烈性、高度接触性传染病，发病率和致死率可高达100%，无有效商品化疫苗，无特效治疗药物。各阶段的家猪、欧亚野猪和软蜱是ASFV的自然宿主。ASFV可在家猪和野猪之间直接循环传播，也可通过蜱虫叮咬传播，还可以通过污染了ASFV的泔水、饲料以及腌制的干火腿等猪肉制品跨国家和地区传播。ASFV传播能力强、环境适应性强，一旦扩散，彻底根除难度极大，发现疫情，必须进行扑杀，是养猪业的“头号杀手”，也是我国重点防范的外来动物疫病。世界动物卫生组织将其列为法定报告动物疫病，我国将其列为一类动物疫病。该病于1921年在非洲的肯尼亚首次被发现，1957年传入葡萄牙、西班牙、法国等西欧国家，对欧洲养猪业造成重创。1971年传入南美洲及中美洲地区，随后一段时间疫情较为稳定。2007年以来，ASF在全球多个国家发生、扩散和流行。2018年8月首次传入中国，在不到一年时间内又在蒙古、朝鲜，以及越南、柬埔寨、老挝、缅甸等多个国家发生和扩散。目前，该病已呈现出全球流行趋势，对全球养猪业的健康发展造成了重大威胁。

ASFV是非洲猪瘟相关病毒科(*Asfarviridae*)非洲猪瘟病毒属(*Asfivirus*)的唯一成员，也是目前所知唯一可经虫媒传播的DNA病毒。ASFV主要感染巨噬细胞、NK细胞等单核细胞，成熟的病毒颗粒直径超过200 nm，结构复杂，由内到外依次是双链线性DNA基因组、内核心壳、内膜、衣壳和囊膜。ASFV基因组大小为170～194 kb，含有150～167个开放阅读框，能够编码50多种结构蛋白和100多种非结构蛋白。ASFV基因组主要由末端37 nt部分碱基互补配对的发卡环结构和1 kb左右的重复序列，紧邻末端的由串联重复序列和6个多基因家族(multigene families，MGF)构成的可变区，中间比较稳定的基因区3部分组成。其中MGF基因拷贝数的变化是造成ASFV不同分离株基因组大小不等的主要因素。ASFV在低温环境中存活时间较长，但对高温敏感，25～37 ℃可存活数周，56 ℃可存活70 min，60 ℃可存活20 min，在4 ℃条件下可以存活1年以上，在冷冻猪肉中可存活数年。ASFV对乙醚和氯仿敏感，2%氢氧化钠、2%～3%次氯酸钠、0.3%甲醛等多种消毒剂均可有效灭活ASFV。

ASFV 主要在猪原代肺泡巨噬细胞(PAM)培养,也可在原代猪骨髓细胞培养,具有致细胞病变效应。少数 ASFV 天然弱毒株和野毒株可在 WSL、COS-1、ZMAC-4、IPKM 等传代细胞中培养。ASFV 经连续传代适应后可在 Vero、PK 等细胞中培养。一般情况下,10^6 个 PAM 接种 10^4 $TCID_{50}$ 的 ASFV 在 37 ℃培养 4～5 d,最高滴度可达 $10^{7.5}$ $TCID_{50}$/mL。

ASFV 通常是根据 p72、p30 和 p54 基因的保守性进行分型,现已鉴定出 24 种 p72 基因型。欧洲地区流行的是基因Ⅰ型和Ⅱ型,西非地区主要是基因Ⅰ型,东非和南非则有 20 多种基因型,我国流行的是 p72 基因Ⅱ型。通常情况下 ASFV 具有红细胞吸附的特性,利用血细胞吸附抑制试验可分为 8 个血清群,也有少量无红细胞吸附特性的未分群 ASFV。

5.1.13.2　疫苗与免疫

近 60 年,ASF 疫苗的艰难探索之路可谓尝试众多、成果较少。目前仍无安全有效的商品化 ASF 疫苗问世。国内外研究机构先后尝试了灭活疫苗、亚单位疫苗、核酸疫苗、病毒活载体疫苗、减毒活疫苗和基因缺失疫苗等各种类型疫苗的研发,但最终的效果差强人意(表 5-2)。

表 5-2　非洲猪瘟疫苗种类及其优缺点

种类	优点	缺点
灭活疫苗	安全	不能提供保护
自然弱毒/传代致弱疫苗	能提供完全同源保护	有残留毒力
亚单位/DNA/病毒活载体疫苗	只能提供部分或无保护	无法阻止发病和排毒
基因缺失疫苗	能提供同源和部分交叉保护	有残留毒力

1. 灭活疫苗

在 ASFV 发现之初,研究人员将感染 ASFV 康复猪的血清免疫健康猪只后,可提供有效的免疫保护,这为研究安全有效的 ASF 疫苗提供了重要支持。但随后却发现传统的 ASF 灭活疫苗不能提供有效的保护;Blome 等于 2014 年使用最新的佐剂和疫苗制备技术对 ASF 灭活疫苗进行了重新评估,也得到了相似的结论。2021 年相关研究人员采用不同的灭活方式、免疫剂量和佐剂,再次评估了 ASF 灭活疫苗,依然得到了相似的结果,不能提供保护。这说明灭活疫苗的策略几乎很难成功。灭活疫苗不能提供保护主要与 ASFV 复杂的免疫逃逸机制有关,也可能与细胞内、外两种不同成熟方式的感染性 ASFV 有关。

2. 亚单位疫苗、核酸疫苗及病毒活载体疫苗

研究人员利用基因工程技术又探索了 ASF 亚单位疫苗、核酸疫苗和病毒活载

体疫苗。将具有保护作用的抗原基因(p72、p54、p30 和 CD2v)采用真核或者原核表达,制备亚单位疫苗,免疫猪只后不能提供 100%免疫保护。当选用痘苗病毒、腺病毒和伪狂犬病病毒等载体表达 ASFV 保护性抗原基因(p72、p54、p30、CD2v、p12 和 EP153R),采用不同方式("鸡尾酒"式混合/加强免疫)进行免疫,尽管免疫猪只可以产生针对 ASFV 的特异性抗体和细胞毒性 T 淋巴细胞反应,但并不能提供有效的免疫保护。最新的尝试是将 ASF 核酸疫苗(CD2v、p72、p17 和 p32)与亚单位疫苗(p15、p35、p54 和 p17)采用不同的组合进行免疫,结果仍不能提供有效的保护,并发现可能存在抗体依赖性增强作用。最近有研究报道,采用腺病毒或者痘苗病毒载体构建的包含 8 个 ASFV 抗原基因的载体疫苗免疫猪只后可以提供完全保护,表明载体疫苗在未来有较大的研究价值。

3. 弱毒疫苗

从软蜱或者慢性感染 ASFV 的猪体内分离到的一些天然弱毒株(OURT88/3 和 NH/P68)制备的减毒活疫苗(LAV),免疫后可对同源毒株提供完全的保护,但不同的免疫途径、免疫剂量、攻毒株会产生不同的保护率。利用在 Vero 细胞上连续传 110 代致弱的 ASFV-G/V 株制备的 LAV,却不能提供有效的保护。ASF 减毒活疫苗具有毒株特异性,自然致弱和非靶细胞传代致弱的 LAV 免疫效果迥然不同。LAV 的主要问题是存在安全隐患,存在残余毒力、病毒血症和亚临床症状。最新的研究发现,利用 ASFV-G-ΔI177L 疫苗候选株在猪源细胞 PIPEC 连续传 6 代后获得 ASFV-G-ΔI177L/ΔLVR 毒株,可以保持和 ASFV-G-ΔI177L 相似的致弱以及免疫原性,同时可以在 PIPEC 细胞良好的复制,免疫猪只后可以提供完全的保护。

4. 基因缺失活疫苗

利用同源重组技术删除 ASFV 毒力基因(TK、UK、DP148R、9GL 和 CD2v)或者免疫逃逸相关基因(MGF 和 A238L)构建 ASF 基因缺失疫苗,可提供高达 100%的保护力,免疫后不仅可以抵抗亲本毒株的攻击,也可以抵抗异源毒株的攻击,但有少数基因缺失疫苗保护效力下降,甚至无保护作用。CD2v 基因缺失的 BA71 毒株,可对基因Ⅰ型和Ⅱ型 ASFV 提供完全保护,具有一定的交叉保护作用,应用前景较好。国内的研究团队发现 MGF(6 个基因)和 CD2v 基因的组合缺失或者 CD2v 与 UK 基因的组合缺失构建的 ASF 疫苗候选株,免疫猪只后可以提供完全保护,安全性有了较大的提高。基因缺失疫苗虽然可以提供 100%的保护,但仍存在一定的残余毒力,并存在毒力返强的潜在风险,免疫后可引起亚临床症状和病毒血症等安全性问题,其遗传稳定性也需进一步验证。

5.1.13.3 问题与展望

目前最主要的问题是无安全有效的 ASF 疫苗可用,而 ASF 疫苗研发面临的科学问题有：①对病毒-宿主相互作用的机制不够清楚。②对病毒复制和转录调控不清楚，需要深入研究病毒蛋白结构和功能，特别是囊膜蛋白的功能。③对病毒侵入机制了解十分有限，需要鉴定病毒侵入的细胞受体，为研发抗 ASF 制剂提供靶标。④对 ASFV 免疫逃避相关蛋白研究甚少，深入研究相关机制将有助于 ASF 疫苗研发。

亚单位疫苗、DNA 疫苗、病毒活载体疫苗的瓶颈是不清楚可诱导完全保护的病毒抗原（蛋白）。为解决此问题，需要从 ASFV 基础研究入手，解析 ASFV 免疫保护的分子机制，鉴定保护性抗原基因；也可采用最新的免疫学技术提高疫苗的免疫原性；同时需要研发高效的抗原递送系统，以诱导产生高水平的 ASFV 特异性抗体，提高疫苗的保护率。

ASF 减毒活疫苗和基因缺失疫苗研发面临的挑战有：①在细胞或猪只中传代的遗传稳定性问题，是否会出现毒力返强或遗传特性改变。②毒力基因的鉴定及选择问题。ASFV 致病性测试必须在生物安全三级（ABSL3）以上实验室进行，缺乏简单有效的毒力基因鉴定模型。③区别野毒感染与疫苗免疫的鉴别诊断。为解决以上问题，可采用最新的蛋白质组和转录组技术鉴定 ASFV 的蛋白组成及功能；利用多组学相结合技术（如高通量测序技术、生物信息学、合成生物学等）对 ASFV 的基本生物学特性进行深入、全面的基础研究，为疫苗研究提供理论支持。

非洲猪瘟基因缺失疫苗可以提供完全保护，是短期内最有希望的疫苗，其安全性可以通过进一步缺失毒力或免疫抑制相关基因来解决，而亚单位疫苗、核酸疫苗、病毒活载体疫苗的保护效力偏低，需要对 ASFV 的免疫应答机制进行深入研究。

（孙　元）

5.1.14　猪流感

5.1.14.1　疾病与病原

猪流感（swine influenza，SI）又称猪流行性感冒，是由猪流感病毒（*Swine influenza virus*，SIV）引起的猪的群发性、急性、热性、高度接触性呼吸道传染病。其病程、病情及严重程度随病毒毒株，猪的年龄和免疫状态，环境因素以及并发或继发感染的差异而表现不同。猪流感是集约化养猪场普遍存在且难以根除的呼吸道疾病之一，对养猪业危害极大。同时，猪作为人流感病毒和禽流感病毒的共同易感宿主，被认为是流感病毒发生基因重排的“混合器”，在流感病毒的适应性进化中具有重要的地位。2009 年，甲型 H1N1 流感的全球性大暴发，更加引起了人们对动物流感病毒沿着“人—猪—禽”链进行传播和变异的担心。因此，SIV 对养殖业造成严重危害的同时，还有着深远的公共卫生意义。

猪流感病毒属于正黏病毒科、A 型流感病毒属。病毒呈多态性，一般呈球形，直径 80～120 nm。病毒囊膜由双层类脂膜、呈放射状排列的糖蛋白纤突和基质蛋白组成。血凝素(HA)和神经氨酸酶(NA)是 A 型流感病毒亚型区分的主要依据。病毒颗粒内为核衣壳，呈螺旋状对称，两端具有环状结构，存在于病毒的囊膜内。

SIV 可以在鸡胚中很好地增殖，最常用的接种方法是鸡胚尿囊腔接种。一般毒株的分离均采用鸡胚接种方法。除了在鸡胚中增殖之外，SIV 可以在非洲绿猴肾细胞(Vero)和狗肾细胞(MDCK)内繁殖。

SIV 的抗原性主要由其表面的 HA 和 NA 蛋白决定。世界范围内主要的亚型包括 H1N1、H3N2 和 H1N2 等 3 种。流感病毒的抗原性具有复杂的特性，且在持续不断地发生着变化。变化形式主要包括 2 种：抗原漂移和抗原变异。抗原漂移是指 HA 和 NA 上抗原性发生小的变化。变异的结果是该病毒还在同一个亚型之内。抗原变异是指 2 个分子发生了重大的改变而导致抗原性发生重大变化。

5.1.14.2 疫苗与免疫

猪流感病毒的防治主要还是通过免疫接种和生物安全措施。目前临床上使用最多的就是 SIV 全病毒灭活疫苗。该类疫苗能够诱导机体产生较强的 HA 和 NA 的抗体，从而保护猪群免受流感病毒的侵染。在欧洲和北美，商品化的 SIV 灭活疫苗在 20 世纪 80 年代和 90 年代开始使用，疫苗产品主要针对的是 H1N1 亚型和 H3N2 亚型。

SI 疫苗包括灭活疫苗、亚单位疫苗、核酸疫苗等，但是目前应用于市场的还主要是灭活疫苗。华中农业大学研制的猪流感病毒 H1N1 亚型灭活疫苗(TJ 株)、华威特(北京)生物科技有限公司研发猪流感二价灭活疫苗(H1N1 LN 株＋H3N2 HLJ 株)、兆丰华生物科技(南京)有限公司研制的猪流感二价灭活疫苗(H1N1 DBN-HB2 株＋H3N2 DBN-HN3 株)，均为灭活疫苗。

【制造要点】疫苗中的毒株主要为研发单位分离的流行毒株，经过鸡胚或是 MDCK 细胞培养后，收获培养物，灭活后，加入相应佐剂进行乳化获得。

【性状】乳白色或略带淡粉红色的均匀乳剂。

【用途】用于预防与毒株亚型相对应的猪流感，主要防治 H1 亚型和 H3 亚型。

【用法】颈部肌内注射。2.0 mL/头。商品猪在 4～6 周龄首免，2 周后在另一侧颈部加强免疫 1 次。

【免疫期】不同的产品免疫期在 4～6 个月不等。

【保存期】2～8 ℃，保存期为 12～18 个月。

【注意事项】①仅用于接种健康猪。②疫苗应保存于 2～8 ℃，避免冻结。③疫苗瓶开封后应限当天用完。④使用前应使疫苗达到室温，用前充分摇匀。

⑤剩余疫苗、疫苗瓶及注射器具等应无害化处理。⑥当猪群有其他疫病流行时，不宜注射。

5.1.14.3 问题与展望

猪流感病毒和人流感病毒亚型一致，2009 年 H1N1 毒株在人群中的流行给了我们很大的警示，因此，必须加强流感病毒的防控工作。

目前，一些新型疫苗的研究也在猪流感中进行应用，但是由于流感毒株比较容易进行突变和重组，活疫苗的安全性一直都是关注的重点，灭活疫苗抗原随着流行毒株的改变需要进行相应的更新和替换。

（刘　奇）

5.1.15 猪塞内卡病毒病

5.1.15.1 疾病与病原

猪塞内卡病毒病是由塞内卡病毒（*Seneca valley virus*，SVV）引起的一种猪的以口蹄部出现水疱性损伤为特征的传染疾病。该病症状与口蹄疫、猪水疱病相似，感染仔猪的鼻吻、蹄冠部出现水疱性病变，溃烂创面从而导致跛足、新生仔猪死亡。2014—2017 年间，在美国、中国、泰国、巴西等多个国家暴发了 SVV 疫情，该病进化速度快，传播范围广，呈现全球性暴发趋势。

猪塞内卡病毒属于小核糖核酸病毒科（*Picornaviridae*）塞内卡病毒属（*Senecavirus*）。2002 年，美国一次 PER.C6 细胞培养污染中偶然分离出来。SVV 为单股、正链、不分节段的 RNA 病毒，为小 RNA 病毒科的成员之一。小 RNA 病毒科病毒，主要包括肠病毒属（*Enterovirus*）、鼻病毒属（*Rhinovirus*）、口蹄疫病毒属（*Aphthovirus*）、心病毒属（*Cardiovirus*）、肝病毒属（*Hepatovirus*）、副肠孤病毒属（*Parechovirus*）、马鼻炎病属（*Erbovirus*）等，通过对小 RNA 病毒科的代表心病毒属病毒进行全基因组序列比对发现，塞内卡病毒属与心病毒属遗传关系最近。SVV 的病毒颗粒形态特征与心病毒属成员的形态特征非常相似，为无囊膜的单股正链 RNA 病毒，病毒粒子呈典型的二十面体对称，直径 27 nm 左右，分子质量为 30 ku 左右。

病毒基因组含有 7 280 个核苷酸。其中包括了 5′端 666 个核苷酸的非编码区一个开放阅读框含有 6 543 个核苷酸，编码 2 181 个氨基酸的多聚蛋白，可以分割成 12 个多肽，构成标准的小 RNA 病毒科 L-4-3-4 模式，即 1 个前导蛋白，4 个 P1 蛋白，3 个 P2 蛋白和 4 个 P3 蛋白。3′非编码区有 71 个核苷酸，带有 ploy(A)。P1 多肽由 3C 蛋白酶裂解成 VP0、VP3 和 VP1，构成病毒核衣壳。成熟的 VP0 裂解生成 VP2 和 VP4。而 P2 和 P3 基因区域编码 7 个非结构蛋白（2A、2B、2C、3A、

3B、3C 和 3D)。

SVV 能够在不同的细胞系中增殖,目前已经证实的包括,猪睾丸细胞(ST)、猪肾细胞(SK-RST、PK-15)、幼仓鼠肾细胞(BHK-21)、人肺癌细胞(NCI-H1299)等。

目前 SVV 病毒并没有基因型和血清型的分类。

5.1.15.2 疫苗与免疫

塞内卡病毒目前没有商品化的疫苗。截至 2021 年 6 月,在国家兽药基础数据库中,可查询的已获得临床批件的主要有 7 家。

中国农业科学院兰州兽医研究所郑海学团队报道了一个灭活疫苗的免疫效果。该疫苗毒株为中国福建分离的毒株 CH-FJ-2017,细胞系为 BHK-21 细胞系,病毒经过培养纯化后,利用水包油的佐剂进行乳化制备研发。试验猪只免疫后 42 d,中和抗体的浓度能够达到 1∶(90～360)。用 1×10^{9} $TCID_{50}$ 的毒去攻免疫猪,试验猪没有临床症状和发热现象。

5.1.15.3 问题与展望

塞内卡病毒于 2012 年首次传染到猪群,2015 年首次在中国的猪群出现,并且在短短几年之间,全世界范围猪群均报道该疫病,预示该疫病传播速度快。塞内卡病毒从临床症状上与口蹄疫病毒无法区分,因此需要高度重视该病毒的流行进化,尤其随时关注该疫病的毒力变化。

(刘　奇)

5.2 细菌性疾病疫苗

5.2.1 副猪嗜血杆菌病

5.2.1.1 疾病与病原

副猪嗜血杆菌病(haemophilus parasuis disease,HPI)又称纤维素性浆膜炎或关节炎,也称格拉泽氏病,是由副猪嗜血杆菌(*Haemophilus parasuis*,HPS)引起的一种多发性传染病。本病的主要特征是患病猪被毛粗乱、厌食、消瘦、体温升高,部分腹泻、关节肿胀,并伴有呼吸困难等症状,剖检病变主要为胸膜炎、心包炎、腹膜炎、脑膜炎和关节炎等。本病主要通过呼吸系统传播,当猪群中存在猪繁殖与呼吸综合征、猪流感或地方性肺炎的情况下,本病更容易发生。本病主要危害 2 周龄至 4 月龄的青年猪,5～8 周龄的断奶仔猪最为易感,发病率为 10%～15%,病死率高达 50%,其中母猪和种公猪死亡率低。近年来,我国多个省份相继出现大范围副猪嗜血杆菌感染病例，患病猪对药物治疗不敏感，死淘率较高，给养猪业带来了巨大的经济损失。

副猪嗜血杆菌(HPS)属于巴氏杆菌科嗜血杆菌属，是一种形态多变、非溶血性的革兰阴性短小杆菌，直径 0.5 μm 左右。HPS 的抗原存在形式主要有 2 种：荚膜多糖(CPS)抗原和菌体结构抗原。其中，荚膜多糖抗原主要包括多糖和磷壁酸，而菌体结构抗原主要为外膜蛋白(OMP)和脂多糖(LPS)。HPS 自身具有呈丝状结构的菌毛，主要负责细菌侵入机体后在细胞表面的黏附，其毒力相关蛋白主要包括 CPS、OMP 和 LPS，此外，HPS 编码的脂寡糖(LOS)、转铁结合蛋白(Tbp)、神经氨酸酶(NA)和细菌生物被膜(BF)等也与其传染性和致病性密切相关。

HPS 是一种兼性厌氧菌，多数有荚膜，但多次体外传代培养或长时间培养荚膜易丢失。HPS 生长时严格需要烟酰胺腺嘌呤二核苷酸(NAD 或 V 因子)，不需要 X 因子(血红素或其他卟啉类物质)。培养 20～28 h 后呈短杆状、球状、球杆状等多种形态，培养 72 h 后菌体形态变为杆状或者长丝状。HPS 可在加入 NAD 的 TSA、TSB 和巧克力琼脂培养基上正常生长，而在 LB、不含 NAD 的 TSA、鲜血琼脂培养基、营养肉汤和马丁肉汤等培养基中不生长。此外，HPS 在金色葡萄球菌周围生长时多呈“卫星现象”，一般条件下较难分离和培养。

根据 Kieletein-Rapp-Gabrielson(KRG)琼脂扩散试验血清分型方法，HPS 目前至少有 15 种血清型，其中血清 1、5、10、12、13 型和血清 14 型为高毒力致病株，血清 2、4、15 型为中等毒力菌株，血清 3、6、7、8、9、11 型为无毒力型菌株。不同血清型的部分菌株具有相似的细胞结构或细菌脂多糖侧链，导致不同血清型之间存在一定的交叉反应，如血清 1～9 型和 11 型之间、以及血清 3、6、8 型和血清 4、7 型之间均存在交叉反应。HPS 呈地方性流行，在不同地区、国家的流行型菌株不尽相同，其中血清 4 型、5 型是目前全球流行最广泛的菌株。2007—2015 年，我国南方以血清 4、5、12 和 13 型为主要流行血清型，而 2014—2017 年，血清 4、5、7、12、13 型和不能分型的 HPS 菌株为我国的主要流行血清型。

5.2.1.2 疫苗与免疫

HPS 血清型种类较多，且不同血清型病原菌的流行性及致病性不尽相同，为其免疫防控增加了难度。因此，开发能够同时免疫保护不同血清型 HPS 流行毒株的疫苗是其免疫防控的关键。此外，HPS 属于胞外病原体，其免疫防控依赖有效的细胞免疫及体液免疫反应。

用于 HPS 免疫防控的疫苗主要包括灭活疫苗、基因工程亚单位疫苗和菌影疫苗。目前，市场上流通的 HPS 疫苗有灭活疫苗和亚单位疫苗。其中，国外进口灭活疫苗制苗菌株主要是 Z-1517 株；国产灭活疫苗制苗菌株主要包括 1 型 LC 株、5 型 LZ 株，4 型 JS 株、5 型 ZJ 株，MD0322 株、SH0165 株，4 型 SD02 株、5 型 HN02

株、12 型 GZ01 株、13 型 JX03 株，4 型 BJ02 株、5 型 GS04 株、13 型 HN02 株，4 型 H25 株、5 型 H45 株、12 型 H31 株，4 型 SH 株、5 型 GD 株、12 型 JS 株等不同血清型组合制成的灭活疫苗。基因工程亚单位疫苗有猪链球菌病、副猪嗜血杆菌病二联亚单位疫苗。

1. 副猪嗜血杆菌病灭活疫苗

【制造要点】用副猪嗜血杆菌菌种接种适宜培养基，逐级放大培养，收获培养物，经甲醛灭活后，将菌体抗原与灭菌水佐剂按一定比例混合制成。

【安全检验】使用 3～5 周龄健康易感断奶仔猪 5 头，颈部肌内注射疫苗 4 mL，连续观察 14 d，应全部健活，且无疫苗引起的注射局部不良反应。

【效力检验】采用抗体效价测定或免疫攻毒的方法。①抗体效价测定：使用 3～4 周龄仔猪 5 头，颈部肌内注射疫苗 2 mL，间隔 21 d 后相同剂量相同途径重复注射一次，二次注射 14 d 后采血，分别使用 LC 株和 LZ 株抗原检测血清抗体效价，免疫猪的血清 1 型抗体和血清 5 型抗体的几何平均效价均应不低于 1∶32，对照猪 5 头（免疫相同剂量 PBS 缓冲液）抗体效价均应不高于 1∶4。②仔猪免疫攻毒：使用 3～4 周龄仔猪 4 组，每组 5 头，第 1 组和第 2 组颈部肌内注射疫苗 2 mL，另外 2 组颈部肌内注射相同剂量的 PBS 缓冲液，间隔 21 d 后相同剂量相同途径重复注射一次，二次注射 14 d 后免疫组和对照组分别腹腔注射副猪嗜血杆菌攻毒菌液 2～3 mL，连续观察 14 d，免疫猪应至少保护 4 头，对照仔猪应至少 4 头发病。③豚鼠免疫抗体测定法：用体重 300～350 g 的豚鼠（副猪嗜血杆菌微量凝集抗体效价不高于 1∶4）20 只，分成 2 组，每组 10 只，其中一组各肌内注射疫苗 0.5 mL，3 周后，以相同剂量、相同途径二免，另一组作为对照。二免后 14 d，采集所有豚鼠的血清，分别用副猪嗜血杆菌的微量凝集抗原测定血清抗体效价；对照豚鼠血清副猪嗜血杆菌抗体效价均应不高于 1∶4；免疫豚鼠副猪嗜血杆菌抗体的几何平均效价应不低于 1∶32。

【性状】静置后上层为澄明色液体，下层为灰白色沉淀，或灰白色混悬液，久置底部有少量沉淀，振摇后呈均匀混悬液，或外观为乳白色乳剂。

【用途】用于预防副猪嗜血杆菌病。

【用法】颈部肌内注射，仔猪在 2～4 周龄首免，首免 2 mL/头，3 周后二免 2 mL/头。推荐免疫程序：后备母猪在产前 6～9 周首免，每头 2 mL，3 周后二免，以后每胎产前 4～5 周免疫 1 次；公猪首免每头 2 mL，3 周后以相同剂量相同途径加强免疫 1 次，以后每 6 个月免疫 1 次。

【免疫期】免疫期为 6 个月。

【保存期】2～8 ℃保存，有效期为 12～18 个月。

【注意事项】①疫苗在贮藏过程中切忌冻结或暴晒，使用前使疫苗恢复至室温并充分摇匀。②使用前仔细检查包装,发现破损、残缺、文字模糊、过期失效等,应禁止使用。③使用疫苗的猪必须健康,体质瘦弱者、食欲不振者、术后未愈者,严禁使用。④注射器具应严格消毒,每头猪更换1次针头,接种部位严格消毒后进行深部肌内注射,若消毒不严或注入皮下易形成永久性肿包,并影响免疫效果。⑤启封后限8 h内用完。⑥用过的疫苗瓶、器具和未用完的疫苗等应进行无害化处理。⑦禁止与其他疫苗合用,接种同时不影响其他抗病毒类、抗生素类药物的使用。

2.猪链球菌病、副猪嗜血杆菌病二联亚单位疫苗

【制造要点】含猪链球菌免疫蛋白(HP0197和HP1036)和副猪嗜血杆菌免疫蛋白(06257和palA),按一定比例混合,使其各自的含量均为1∶1,水相与佐剂的比例为1∶1,使用乳化器在无菌条件下进行乳化,最终使每种蛋白的含量是500 μg/mL。

【性状】乳白色乳剂。

【用途】用于预防由猪链球菌2型、7型感染引起的猪链球菌病和副猪嗜血杆菌4型、5型感染引起的副猪嗜血杆菌病。免疫期为5个月。

【用法】使用前使疫苗平衡至室温并充分摇匀,颈部肌内注射,每次每头猪均肌内注射2 mL。推荐免疫程序为:种公猪每半年接种1次;后备母猪在产前8～9周首免,3周后二免,以后每胎产前4～5周免疫1次;仔猪在2周龄首次免疫,3周后二免。

【保存期】2～8 ℃保存,有效期为18个月。

【注意事项】①仅用于健康猪。②疫苗贮藏及运输过程中切勿冻结,长时间暴露于高温下会影响疫苗效力,使用前使疫苗平衡至室温并充分摇匀。③使用前应仔细检查包装,如发现破损、残缺、文字模糊、过期失效等,则禁止使用。④注射器具应严格消毒,每头猪更换1次针头,接种部位严格消毒后进行深部肌内注射,若消毒不严或注入皮下易形成永久性肿包,并影响免疫效果。⑤禁止与其他疫苗合用,接种同时不影响其他抗病毒类、抗生素类药物的使用。⑥启封后应在8 h内用完。⑦屠宰前1个月内禁用。

5.2.1.3 问题与展望

近年来,有关HPS的多种多联或多价疫苗相继研发成功并实现商品化,使HPS的临床免疫预防收到了良好的效果。目前,国内HPS的主要流行毒株以血清4、5、7、12、13型为主。然而,随着田间HPS流行毒株数量的不断增多,现有疫苗不足以保护新的流行毒株的情况开始出现,且部分毒株无法进行分型或分离培养,同时部分流行毒株之间又无交叉保护,致使HPS的进一步有效防控受到了制约。

基于灭活疫苗能够有效预防HPS的前提,我们寄希望于开发出可同时保护多种血清型HPS的基因工程亚单位疫苗。近年来,以基因工程亚单位疫苗为主体

的，多种细菌性疾病联合免疫防控的策略，逐渐成为迎合市场需求的主流趋势。然而，市场上流通的 HPS 亚单位疫苗只有猪链球菌病、副猪嗜血杆菌病二联亚单位疫苗，亟待开发更加多元化的新型产品。此外，mRNA 疫苗的兴起也为 HPS 等细菌性疾病的免疫防控提供了新的思路和方向，即能否将不同来源的若干关键保护性抗原蛋白以适当形式串联于同一载体，体外转录制备成 mRNA 疫苗，进而实现免疫保护的目的，这些也需要在未来进行进一步的探索和研究。

（胡东波）

5.2.2 仔猪黄白痢

5.2.2.1 疾病与病原

仔猪黄白痢(piglet yellow and white scour disease)是由大肠杆菌引起的传染性疾病。出生 1 周以内的仔猪感染称为仔猪黄痢，以腹泻、排出黄色或黄白色液状粪便、消瘦、迅速死亡为特征，病理解剖显示胃内有凝乳块且肠系膜淋巴结肿大。出生于 10 日龄后的仔猪感染称仔猪白痢，以排出乳白色或灰白色糊状粪便为特征。

大肠杆菌是短杆菌，两端钝圆，为革兰阴性菌，有鞭毛，直径约为 1 μm；大多数的大肠杆菌菌株具有荚膜或微荚膜结构，但是不能形成芽孢；多数大肠杆菌菌株长有菌毛，其中一些菌毛是针对宿主及其他的一些组织或细胞，具有黏附作用的宿主特异性菌毛。大肠杆菌在正常消化道中也存在，有时会发生条件性致病。本菌为兼性厌氧菌，在普通培养基上生长良好，形成圆形、隆起、光滑、湿润、半透明、无色或灰白色的菌落。在麦康凯琼脂和远藤琼脂上可形成红色菌落，在伊红美蓝琼脂上则形成黑色带金属光泽的菌落。在肉汤培养基中培养 18～24 h，呈均匀浑浊，管底有少许沉淀，液面与管壁可形成菌膜。其最适生长温度 37 ℃，最适生长 pH 为 7.2～7.4。

大肠杆菌抗原构造较复杂，主要有 O、K、H 3 种，均为菌体表面抗原，是本菌血清型鉴定的物质基础。O 抗原为脂多糖，是 S 型菌的一种耐热菌体抗原，已有 174 种，其中 162 种与腹泻有关。K 抗原有 80 种，为荚脂多糖抗原，是热不稳定抗原。新分离的大肠杆菌多有 K 抗原，有抗吞噬和补体杀菌作用。H 抗原是一类不耐热的鞭毛蛋白抗原，每个有动力的菌株仅有一种 H 抗原，且无两相变异，H 抗原能刺激机体产生高效价凝集抗体。自然界中可能存在的大肠杆菌血清型可高达数万种，但致病性大肠杆菌的血清型数量有限。根据对大肠杆菌抗原的鉴定，可用 O∶K∶H 表示菌株的血清型。

猪大肠杆菌病表现为肠炎、肠毒血症、水肿等多种临床类型。病原主要是病原性大肠杆菌 O101、O64、O138、O139、O141、O147、O149、O157、O8、O9、O20 等血清型。

5.2.2.2 疫苗与免疫

肠道大肠杆菌感染后主要诱发机体的体液免疫，新生仔猪最初是通过初乳中的抗体获得被动免疫保护的，然后是主动的局部肠道免疫反应。初乳中抗大肠杆菌 IgG 的浓度比母猪血浆中的浓度高几倍，并且在初乳分泌的前 24 h 内迅速下降，其中 IgA 成为乳汁中主要的抗体类型。IgA 保护肠道免受大肠杆菌感染。保护性免疫基于表面抗原抗体的存在，尤其是菌毛黏附素 F4、F5、F6 和 F41。肠毒素大肠杆菌荚膜的抗体也可能具有保护作用。抗菌毛和抗荚膜抗体通过阻止肠毒素大肠杆菌附着到肠细胞而发挥作用。大肠杆菌的抗原结构较为复杂，致病菌血清型不断发生变化，目前广泛应用的大肠杆菌 K88、K99 基因工程苗免疫效果差异较大。因此，有研究显示利用本地或本场中分离出的菌株制备灭活疫苗效果较好，即针对相应地域的优势血清型菌株，制造多价灭活疫苗。给妊娠母猪注射后，仔猪吸食初乳后则可获得被动免疫，此方法虽然受地域限制但效果针对性更好。

目前，国内已商品化的仔猪黄白痢疫苗可分为灭活疫苗和活疫苗两大类，用于灭活疫苗制造的菌株包括 K88、K99、987P 株，用于活疫苗制造的毒株包括 K88、LTB 株。

1. 仔猪大肠埃希氏菌病三价灭活疫苗

【制造要点】制苗用菌种为 C83549、C83644 和 C83710 菌株，接种在改良 Minca 琼脂平板上培养，菌落光滑圆整。检验用菌种为 C83902、C83912 和 C83917 菌株。接种在适宜改良 Minca 琼脂平板上培养，菌落光滑圆整，在改良 MMA 汤中培养，呈均匀浑浊。用相应的 K88、K99 和 987P 因子血清进行平板凝集反应，应达到强阳性反应。

制苗：将 3 种大肠杆菌菌株分别培养，收获菌液，分别添加 0.3%～0.4%的甲醛灭活 48 h，检测活菌含量，按照各个菌株抗原单位含量的不同比例进行配苗，成品疫苗中的 K88 纤毛抗原含量≥100 U/mL，K99/987P 两种纤毛抗原含量≥50 U/mL，总菌数≤200 亿/mL，含氢氧化铝胶 20%。

【性状】静置时上层为白色的澄明液体，下层为乳白色沉淀物，振摇后呈均匀混悬液。

【用途】用于预防大肠埃希菌引起的新生仔猪腹泻(即仔猪黄痢)。接种妊娠后期母猪，新生仔猪通过初乳获得预防大肠埃希菌引起的新生仔猪腹泻(即仔猪黄痢)的母源抗体。

【用法】肌内注射。妊娠母猪在产仔前 40 d 和 15 d 各接种 1 次，每次颈部肌内注射疫苗 5.0 mL。

【免疫期】免疫后 15 d 产生免疫力，免疫期为 6 个月。

【保存期】2～8 ℃保存，有效期为 12 个月。

2. 仔猪大肠杆菌病 K88、LTB 双价基因工程活疫苗

【主要成分及含量】含 K88、LTB 大肠杆菌抗原的基因重组菌株，每头份注射用疫苗活菌数不少于 100 亿 CFU，口服用疫苗活菌数不少于 500 亿 CFU。

【安全检验】将 −15 ℃保存的冻干疫苗，每批取体重 2～2.5 kg 的家兔 4 只，每只皮下注射 20 亿个活菌的疫苗(按出厂原瓶的头份计)，各皮下注射 100 亿个活菌量，观察 21 d，应无明显毒副反应。

【效力检验】将 −15 ℃保存的冻干疫苗，每批取体重 2～2.5 kg 的家兔 4 只，每只皮下注射 20 亿个活菌的疫苗(按出厂原瓶的头份计)，20 d 后心脏采血，分离血清，分别用试管凝集法和被动免疫溶血法测定血清中 K88 与 LTB 抗体效价，免疫组应至少 4/5 家兔的抗体效价在 1∶64 以上。

【性状】灰白色海绵状疏松团块，易与瓶壁脱离，加稀释液后迅速溶解。

【用途】用于预防大肠杆菌引起的新生仔猪腹泻。

【用法】肌内注射或口服。按瓶签注明头份，用 20% 氢氧化铝胶生理盐水稀释。

肌内注射：每头 100 亿 CFU 活菌，在怀孕母猪预产期前 10～20 d 进行注射，每头 1 mL。

口服免疫：每头 500 亿 CFU 活菌，在怀孕母猪预产期前 15～25 d 进行接种。将每头份疫苗与 2.0 g 小苏打一起拌入少量的精饲料中，空腹喂给母猪，待吃完后再常规喂食。

【免疫期】免疫后 15 d 产生免疫力，免疫期为 6 个月。

【保存期】−15 ℃以下保存，有效期为 24 个月。

3. 亚单位疫苗

亚单位疫苗是利用基因工程技术把大肠杆菌的菌毛黏附素和肠毒素进行提纯，并去除产生除特异性免疫以外的抗原部分，减少接种疫苗的应激，做到免疫效果最大化。相比于灭活疫苗和弱毒疫苗，亚单位疫苗的生产工艺较为复杂，成本较高。在国外，部分厂家已经将此类产品升级为亚单位疫苗。国内市场仅有猪大肠杆菌病基因工程灭活疫苗(GE-3 株)和西班牙的猪大肠杆菌病-C 型产气荚膜梭菌病-诺维氏梭菌病三联灭活疫苗为该类产品中的亚单位疫苗。Ariza 等在加拿大的一个猪场，进行了猪大肠杆菌病-C 型产气荚膜梭菌病-诺维氏梭菌病三联灭活疫苗和某品牌使用氢氧化铝胶为佐剂的全菌灭活疫苗安全性和有效性的对比试验，结果显示，猪大肠杆菌病-C 型产气荚膜梭菌病-诺维氏梭菌病三联灭活疫苗在安全性和有效性方面都要优于某品牌灭活疫苗。

5.2.2.3 问题与展望

大肠杆菌的许多重要的毒性基因是在进化过程中获得的，这些基因在感染过

程中发挥了关键作用，而且大部分大肠杆菌的毒性基因位于转移性遗传物质上，因此，毒性基因在一些菌株上重新组合就可能出现新的致病性毒株。迄今为止，虽然人们采取了多种控制仔猪黄白痢的方法，但是该病的危害仍相当严重，大量的研究试验及生产实践都已证明，通过疫苗预防仔猪大肠杆菌病是可行的。多年来，应用K88、K99、987P三价灭活疫苗和K88、LTB活疫苗进行免疫，达到了一定的保护效果，但是由于大肠杆菌血清型众多，需要研发更多的多价疫苗为仔猪提供更有效而全面的免疫保护。而基因工程苗等新型疫苗的研制成功，为仔猪黄白痢的防控提供了新的思路和方案。

（宋　涛）

5.2.3 仔猪副伤寒

5.2.3.1 疾病与病原

仔猪副伤寒(swine paratyphus)，又称猪沙门菌病，是一种危害仔猪健康生长的常见细菌性传染性疾病。本病的病原体是肠杆菌科沙门菌属中的沙门菌，1～4月龄仔猪易感性较高，6月龄以上的猪不易感，若有发病则为继发感染。该病以引起断奶仔猪顽固性下痢、伴有卡他性或干酪性肺炎及慢性纤维性坏死性肠炎等为特征。该病如果治疗不及时或混合感染其他疾病，死亡率较高。

1830年，沙门菌首次在德国报道。1885年，学者Salmon和Smith首次分离出猪霍乱沙门菌，故定名为沙门菌属，随后经过大量学者研究至今，发现的沙门菌血清型已超过2 500个。近年生猪企业规模化养殖不断发展，猪副伤寒发病率呈现升高趋势，造成的危害日趋严重。沙门菌的形态结构表现为两端钝圆、中等大小、革兰阴性直杆菌。无芽孢，一般无荚膜，有菌毛，有鞭毛，能运动。菌体大小为(0.7～1.5) μm×(2.0～5.0) μm，DNA中G+C摩尔百分比为50～53。

沙门菌在普通平板上形成圆形、直径2～3 mm，光滑、湿润、无色、半透明和边缘整齐的菌落，伤寒沙门菌有时可出现侏儒型菌落。乙型副伤寒沙门菌和猪霍乱沙门菌呈黏液状生长，如果将接种上述细菌的平板经37 ℃培养24 h后置于室温1～2 d，菌落周围可形成一圈黏液堤。有的沙门菌在SS琼脂培养基或去氧胆酸盐琼脂培养基上形成中心带黑色的菌落，在液体培养基中呈均匀浑浊。该属细菌对干燥、腐败和日光等因素具有一定的抵抗力，在外界环境中可生存数周或数月。在60 ℃加热1 h、70 ℃加热20 min和75 ℃加热5 min死亡。对化学消毒剂的抵抗力不强，常用的消毒药均能将其杀死。该菌生长环境最佳状态为中性pH、温度35～37 ℃、低盐、高水分活度，水分活度低于0.94环境下难以生存。沙门菌为兼性厌氧菌，在酸性环境中也可以生存。该菌在冻结条件下保存，极为稳定，沙门菌冻干菌种经－20 ℃保存15～34年后，仍具有较高的存活率，其培养特性、形态特征、生化特性及抗原性均未发生明显的变异现象，冻干菌种经易感动物复壮后仍可恢复其原始毒力。

沙门菌抗原结构相对来说较为复杂，一般可分为菌体(O)抗原、鞭毛(H)抗原和荚膜(Vi)抗原3种。O抗原为细胞壁的脂多糖，能耐热100 ℃达数小时，用乙醇或盐酸处理而不失去抗原性，因此O抗原已经被公认为是沙门菌血清分型的基础。O抗原有许多组成成分，每种菌常有数种O抗原，有些抗原是几种菌共有的，将具有共同O抗原的沙门菌归属一群，这样可以把沙门菌分为A～Z、O51～O63、O65～O67等42个群，对动物致病的大多数属于A～E群。H抗原存在于鞭毛中，为蛋白质，对热不稳定，65 ℃加热15 min或乙醇处理后即被破坏。H抗原常共有两相的变异：特异相和非特异相。具有两相抗原的细菌称为双相菌，仅有其中一相抗原者称为单相菌。伤寒沙门菌与丙型副伤寒沙门菌的某些菌株有Vi抗原，Vi抗原为O抗原外层的荚膜抗原。具有该抗原的细菌，由于可阻止O抗原与抗体结合，因此不被相应的O血清凝集。60 ℃加热或石炭酸处理后，虽然该抗原不被灭活，而已从菌体表面脱落，游离于液体中，从而暴露出O抗原，可被O血清凝集。

5.2.3.2 疫苗与免疫

与其他兼性胞内寄生细菌一样，沙门菌活疫苗能够刺激细胞介导免疫反应，能够对仔猪起到很好的保护效果，其主要免疫机制是因为LPS对机体的非特异性促进有丝分裂和免疫刺激作用，以及沙门菌O抗原的免疫优势。实验证实，虽然鼠伤寒沙门菌灭活疫苗安全性好，但是基本上没有预防沙门菌感染的效果，因为机体对沙门菌的抵抗力主要依赖于细胞介导的免疫反应。研究人员根据经验推测，加大灭活疫苗中菌株的剂量也能提供机体一定的对败血性沙门菌病保护力，灭活疫苗引发的体液免疫也可能起到作用。

目前，国内已商品化的猪霍乱沙门菌疫苗主要是减毒活疫苗，用于活疫苗制造的毒株为C500弱毒株。

1. 活疫苗

(1)仔猪副伤寒活疫苗(C500株)

【制造要点】本品是用免疫原性良好的猪霍乱沙门菌弱毒株C500(CVCC79500)，按1%～2%的接种量，接种于适宜培养基培养，37 ℃在发酵罐中培养18～20 h后，收获培养物。将冻干保护剂加入收苗瓶中摇匀，保护剂和菌液的比例是1∶7，明胶和蔗糖的最终含量分别是1.3%和5%，配苗完成后马上进行分装和冻干。保证成苗中每毫升活菌数不少于3.0×10^9 CFU。

【安全检验】用pH 7.4～7.6的普通肉汤或蛋白胨水，将培养24～48 h的普通琼脂斜面培养物洗下并进行活菌计数，注射下列动物应符合标准。

小白鼠：体重18～22 g(30～35日龄)的小白鼠10只，各皮下注射0.2 mL，含活菌数 1 亿，观察 21 d，至少应存活 9 只。

家兔：体重 1.5～2.0 kg 的家兔 5 只，各皮下注射 1 mL，含活菌数 100 亿，观察 21 d 应存活。

仔猪：用体重 15 kg 以上的健康易感断奶仔猪 4 头，各静脉注射 1 mL，含活菌数 30 亿，观察 1 个月应存活。

【性状】海绵状疏松团块，易与瓶壁脱离，加稀释液后迅速溶解。

【用途】适用于 1 月龄以上哺乳或断奶健康仔猪，用于预防仔猪副伤寒。

【用法】口服法：按瓶签注明头份，临用前用冷开水稀释为每头份 5～10 mL，给猪灌服，或稀释后均匀地拌入少量新鲜冷饲料中，让猪自行采食。

注射法：按瓶签注明头份，用 20%氢氧化铝胶生理盐水稀释为每头 1 mL，耳后浅层肌内注射。

【免疫期】免疫后 15 d 产生免疫力，免疫期为 6 个月。

【保存期】－15 ℃以下保存，有效期为 12 个月；2～8 ℃保存，有效期为 9 个月。

【注意事项】①稀释后的疫苗限 4 h 内用完，同时要随时振摇均匀。②体弱有病的猪不宜使用。③对经常发生仔猪副伤寒的猪场和地区，为了加强免疫力，可在断奶前后各注射 1 次，间隔 21～28 d。④口服时，最好在喂食前灌服，以使每头猪都能吃到。⑤注射后，有些猪反应较大，有的仔猪会出现体温升高、发抖、呕吐和减食等症状，一般 1～2 d 后可自行恢复，重者可注射肾上腺素。口服后无上述反应或反应轻微。

5.2.3.3　问题与展望

目前预防仔猪副伤寒的主要手段为免疫接种。从历史上看，猪霍乱沙门菌弱毒疫苗在英国广泛使用多年，并且当该国的沙门菌感染减少到可以忽略不计的程度时才停止使用。同时北美洲也引入了沙门菌减毒活疫苗，而且达到了大大降低当地系统性沙门菌病发生率的目的。这些疫苗中使用的分离株主要是天然存在的弱毒沙门菌株，或者来自猪中性粒细胞的传代致弱菌株。断奶时接种疫苗可保护猪至少 20 周免受同源血清型的侵害，而且对异源血清型有一定的交叉保护。中国兽医药品监察所组织研制的“猪霍乱沙门菌 C500 号光滑型菌株仔猪副伤寒弱毒菌苗”投放市场以来，已在我国养猪的各个省（自治区、直辖市）使用，对预防仔猪副伤寒起到积极作用。

虽然沙门菌弱毒疫苗在临床应用的表现良好，但也存在很多弊端。如弱毒株在长期使用过程中存在基因转移导致的毒力反强的可能性，另外使用弱毒疫苗免疫初期不能使用对沙门菌敏感的抗生素，影响猪场的保健用药方案，而且弱毒疫苗对保存运输的要求也较为苛刻，必须冷藏运输保存，所以基因工程疫苗等一些新型疫苗的开发十分必要。

（宋　涛）

5.2.4 猪传染性胸膜肺炎

5.2.4.1 疾病与病原

猪传染性胸膜肺炎(porcine contagious pleuropneumonia,PCP)是由胸膜肺炎放线杆菌引起猪的一种高度传染性呼吸道疾病,又称为猪接触性传染性胸膜肺炎。以急性出血性纤维素性胸膜肺炎和慢性纤维素性坏死性胸膜肺炎为特征,急性型呈现高死亡率。猪传染性胸膜肺炎是一种世界性疾病,给集约化养猪业造成巨大的经济损失,特别是近十几年来本病的流行呈上升趋势。我国于1987年首次发现本病,此后流行开来,成为猪细菌性呼吸道疾病的主要疫病之一。

胸膜肺炎放线杆菌(*Actinobacillus pleuropneumoniae*,APP),为革兰染色阴性的小球杆状菌或纤细的小杆菌,具多形性,新鲜病料呈两极着色性。菌体有荚膜和鞭毛,无芽孢,具有运动性,有的菌株具有菌毛。

胸膜肺炎放线杆菌为需氧或兼性厌氧,初分离时供给5%～10%的二氧化碳可促进生长发育,在绵羊血琼脂培养基上可产生稳定的β溶血,不能在普通琼脂和麦康凯琼脂上生长。因其生长需要血中的生长因子,特别是V因子,常将鲜血琼脂加热80～90 ℃维持5～15 min,制成巧克力培养基培养。此外,葡萄球菌在生长过程中能合成V因子,并向外扩散到培养基中,若在事先划线接种葡萄球菌的血液琼脂培养基上再接种本菌,不仅可在葡萄球菌生长的菌落周围形成卫星菌落,而且可使溶血区增大,以此可以作为APP鉴定的参考依据。

根据细菌荚膜多糖和细菌脂多糖(LPS)的抗原性差异,目前将APP分为15个血清型,其中1型和5型又进一步分别分为1a、1b及5a、5b亚型。根据其对辅酶Ⅰ(NAD)的依赖性,又分为生物Ⅰ型和Ⅱ型,Ⅰ型依赖NAD,包括1～12和15血清型;Ⅱ型不依赖NAD,包括13、14血清型。由于LPS侧链及结构的相似性,有些血清型间出现交叉反应,如血清型8型与血清型3型和6型,血清型1型与9型间存在着血清学交叉反应。不同血清型间的毒力有明显的差异,其中1、5、9及11型最强,3和6型毒力低。我国流行的主要以血清型1、3、4、5、7型为主。

5.2.4.2 疫苗与免疫

国内外广泛采取的预防措施是免疫接种针对流行的优势血清型的多价灭活疫苗。目前,我国已经研制成功APP多价灭活疫苗。全菌体灭活疫苗是目前使用最多的一种疫苗,由于全菌体灭活疫苗中缺乏菌体在生长过程中分泌的外毒素,且在灭活的过程中有些抗原可能被破坏或丢失,因而导致该疫苗免疫效果并不十分理想。有研究表明,用灭活疫苗免疫动物,至少需要2次免疫才能使动物免于死亡,且灭活疫苗不能刺激动物产生高滴度的抗体。当动物受到感染时,临床症状和肺部损伤均会出现,并且也不能对其他血清型的感染产生交叉保护。Chiers等的研究也表明，灭活疫苗仅能减轻临床症状和肺炎的严重程度，减少死亡率，动物会出现亚临床症状和进一步发展为慢性感染。而且，疫苗中细菌的内毒素等成分会对猪产生全身或局部的不良反应。近年来，途忠新等选用地方分离株1、3血清型和标准血清7型(HPn-w-f7)菌株，灭活后按照3∶3∶4的比例配合并与等量的油佐剂乳化，制成APP的三价灭活疫苗进行田间试验。攻毒后的保护结果表明，该疫苗对这3种血清提供的保护率达到80%，多价灭活疫苗的保护效果较单价灭活疫苗有一定程度的提高。

1. 猪传染性胸膜肺炎三价灭活疫苗

猪传染性胸膜肺炎放线杆菌血清1型、2型、7型菌株为基础制造的猪传染性胸膜肺炎三价灭活疫苗。

【制造要点】将猪传染性胸膜肺炎血清型菌株(1型JL9901菌株、2型XT9904菌株、7型GZ9903菌)冻干菌种分别接种于适宜培养基培养，经选菌和扩大培养后制成生产种子液，经在TSB培养基上37 ℃培养18 h，收获培养物，经超滤浓缩，加入甲醛溶液灭活。经无菌检验合格后，将1型、2型、7型菌液等量混合制成水相，加矿物油佐剂乳化制成，定量分装。

【性状】乳白色油乳剂。

【主要成分及含量】含灭活的血清1型、2型和7型胸膜肺炎放线杆菌，按活菌计数法每种菌的菌落数均$\geqslant 5\times 10^{8}$ CFU/mL。

【用途】用于预防1型、2型和7型胸膜肺炎放线杆菌引起的猪传染性胸膜肺炎。免疫期为6个月。

【用法】①使用前将疫苗恢复至室温并充分摇匀。②颈部肌内注射，剂量为2 mL/头。仔猪在35～40日龄进行首次免疫，隔4周再加强免疫1次；母猪产前6周和2周各免疫1次，以后每6个月免疫1次。

【注意事项】①注射前，应了解当地确无疫病流行，只接种健康猪，对体质瘦弱、患有其他疾病的猪及初生仔猪不应注射。②使用前，应使疫苗达到室温，充分摇匀，并限4 h内用完；用于接种的工具应清洁无菌，做到1个针头1头猪。③对于暴发猪传染性胸膜肺炎的猪场，应选用敏感药物拌料、饮水或注射，疫情控制后再全部注射疫苗。④疫苗注射后，个别猪只可能会出现体温升高、减食、注射部位红肿等不良反应，一般很快自行恢复。个别猪只在注射后可能出现过敏反应，可用抗过敏药物(如地塞米松、肾上腺素等)进行治疗，同时采用适当的辅助治疗措施。⑤剩余的疫苗及用具，应经消毒处理后废弃。

【保存期】2～8 ℃避光保存，有效期为12个月。

2. 弱毒活疫苗

研究发现，自然感染某一血清型APP并且耐过猪能够抵抗所有血清型APP

的再次感染。这种现象提示，某些保护性抗原或免疫调节成分只在体内表达，而在体外不表达。因此，以当地强毒为亲本毒株但毒力减弱的弱毒活疫苗的研制，为防治本病提供了一条思路。弱毒活疫苗的免疫效果要好于灭活疫苗且能够提供交叉保护。但是，若把这些弱毒株用于当地试验则会带来很大问题。因为这些弱毒株的遗传背景不明确，在应用中存在着毒力返强的风险，大大影响了其实用性。

利用不同的靶基因和不同的载体，已经构建得到了很多 APP 的弱毒活疫苗株，如温度敏感突变株、代谢突变株、无荚膜突变株、外膜蛋白突变株、核黄素营养突变体、Apx 毒素突变株、Cu-Zn 超氧化物歧化酶突变株、aroA 突变株、aroQ 突变株以及脲酶和 apxⅡ双基因缺失突变株。以上得到的突变株的毒力一般都大大减弱，免疫猪只后可以得到程度不同的交叉保护。而且由于缺失某种毒力基因，用作疫苗还可以鉴别诊断野毒感染产生的毒素抗体，因而可用作鉴别诊断。

3. Ghost 疫苗

灭活疫苗作为一种“死”苗，虽然具有最好的安全性，但由于在灭活过程中，某些抗原的免疫原性会遭到破坏，影响其免疫保护效果。近年来，APP 的一种新的“死”苗，ghost 疫苗的研究引起人们兴趣。这种疫苗实际上是细菌的空壳，它是利用噬菌体 X174 的 E 基因在革兰阴性菌(包括大肠杆菌、霍乱弧菌、沙门菌、胸膜肺炎放线杆菌)中表达后，在菌体上形成一个通道，使细菌的细胞质及 DNA 都流失到体外，最终引起细菌的裂解失活而制备的一种疫苗。该方法制备的疫苗由于在制作过程中没有经过剧烈的物理或化学灭活过程，所以菌体衣壳组分，尤其是表面抗原保持完整，从而具备良好的免疫原性，可以诱导产生较好的免疫保护效果。

4. 亚单位疫苗

随着对 APP 毒力因子在致病性和免疫保护作用方面研究的不断深入，人们发现 APP 的某些毒力因子，尤其是在生长过程中分泌到外界的 Apx 毒素在免疫保护中发挥重要作用。因此，以这些毒力因子为抗原，尤其是包含 Apx 毒素的亚单位疫苗一度成为 APP 的“第二代疫苗”。但亚单位疫苗由于抗原提取过程复杂，成本较高而影响了它的应用。

5.2.4.3 问题与展望

猪传染性胸膜肺炎是一种细菌性呼吸道疾病，理论上通过良好的管理和有效的药物预防可以达到控制此病的目的，但是长久依赖抗生素可能会造成病原菌的耐药性及肉制品的药物残留。APP 耐药性增加和人们对无药物残留、绿色食品的需求，必然导致抗生素在本病预防和控制等方面的应用受到更加严格的限制，并将逐步禁止。由此可见，疫苗免疫将是 PCP 特别重要的预防措施。但是，商品菌苗只能成功地降低死亡率，不能完全预防肺脏的病变，也不能消除带菌状态。另外，菌苗免疫是血清型特异性的，甚至是株特异性，故疫苗必须针对当地流行的血清型。在当前各种疫苗的研制中，猪传染性胸膜肺炎基因缺失弱毒疫苗可以激发良好的体液免疫、细胞免疫和黏膜免疫，具有良好的抗体反应和交叉保护力，而且具有使用方便、成本低等优点。可以预见基因工程弱毒疫苗必将是今后 APP 疫苗的主要研究发展方向。

（加春生）

5.2.5 猪丹毒

5.2.5.1 疾病与病原

猪丹毒(swine erysipelas)又称为“钻石皮肤病”或“红热病”，是由红斑丹毒丝菌引起的一种急性、热性传染病。临床表现为急性败血型、亚急性疹块型和慢性心内膜炎型。本病呈世界性分布，曾对养猪生产造成很大危害。在我国，通过疫苗普遍免疫接种，本病得以全面控制。但近年来，本病又在多地重现。

本病病原为红斑丹毒丝菌，也称为猪丹毒杆菌或丹毒丝菌，属于丹毒杆菌属，是一种纤细的小杆菌，菌体平直或长丝状，大小为（0.8～0.2）μm×（0.2～0.5）μm，革兰染色阳性，不运动，不产生芽孢，有荚膜。在感染动物的组织抹片或血涂片中，细菌呈单一、成双或丛状。从心脏瓣膜疣状物中分离的猪丹毒杆菌常呈不分枝的长丝，或呈中等长度的链状。

本菌为微需氧菌，在普通培养基上可以生长，但在血液或血清琼脂上生长更佳，10%的二氧化碳利于其生长。致病力不同的菌株其菌落形态也不同，在固体培养基上培养 24 h，强毒力菌株的菌落小，光滑（即 S 型），蓝绿色，荧光强；弱毒力的菌落大，粗糙（即 R 型），土黄色，无荧光；毒力介于上述两型菌株之间的菌落即中间型则呈金黄色，荧光弱。

猪丹毒杆菌的分型是依据其菌体胞壁抗原的琼脂扩散试验结果，已确认的血清型有 25 个（即 1a、1b、2～23 及 N 型）。不同血清型的菌株其致病力不同，1a、1b 型的致病力最强，从急性败血性猪丹毒病例中分离的菌株约 90%为 1a 型。我国主要为 1a 和 2 两型，即迭氏(Dedie，1949)分型的 A、B 型。A 型菌株毒力较强，可作为攻毒菌株；B 型菌株常见于关节炎病猪，毒力弱些，而免疫原性较好，可作为疫苗的菌种。灭活疫苗应以 B 型菌株为主，否则免疫力欠佳，而弱毒活疫苗则应用 A、B 两型均可。

5.2.5.2 免疫与疫苗

接种疫苗依然是预防猪丹毒的简单、有效措施，特别是高发地区和受疫病威胁的地区，接种疫苗后能减少急性猪丹毒和慢性关节炎的发生。

猪丹毒疫苗有活疫苗和灭活疫苗两大类，有猪丹毒灭活疫苗，猪丹毒、多杀性巴氏杆菌病二联灭活疫苗，猪瘟、猪丹毒、猪多杀性巴氏杆菌病三联活疫苗等。接种疫苗时要综合考虑猪群健康状况，制定科学的疫苗接种程序。

1. 灭活疫苗

(1)猪丹毒灭活疫苗

【制造要点】将猪丹毒杆菌 2 型 C43-5 株(CVCC43005)菌接种适宜培养基培养，收获培养物，用甲醛溶液灭活后，加氢氧化铝胶浓缩制成。

【性状】静置时上层为澄清液体，下层有少量沉淀，振摇后呈均匀混悬液。

【用途】用于预防猪丹毒。免疫期为 6 个月。

【用法】皮下或肌内注射。体重 10 kg 以上断奶猪，每头 5 mL；体重 10 kg 以下或尚未断奶猪，每头 3 mL，间隔 1 个月后再注射 3 mL。

【保存期】2～8 ℃下保存，有效期为 18 个月。

【注意事项】①切忌冻结，冻结过的疫苗严禁使用。②使用前，应将疫苗恢复至室温，并充分摇匀。③瘦弱、体温或食欲不正常的猪不宜接种。④接种时，应进行局部消毒处理。⑤接种后一般无不良反应，但有时在注射部位出现微肿或硬结，以后会逐渐消失。⑥用过的疫苗瓶、器具和未用完的疫苗等应进行无害化处理。

(2)猪丹毒、多杀性巴氏杆菌病二联灭活疫苗

【制造要点】将免疫原性良好的猪丹毒杆菌 2 型 C43-5 株(CVCC43005)和猪源巴氏杆菌 B 型 C44-1 株(CVCC44401)分别接种于适宜的培养基培养，收获培养物，用甲醛溶液灭活后，加入氢氧化铝胶浓缩，按一定比例配制。

【性状】静置时上层为澄明液体，下层有少量沉淀，振摇后呈均匀混悬液。

【用途】用于预防猪丹毒、猪多杀性巴氏杆菌病(即猪肺疫)。

【用法】皮下或肌内注射。体重 10 kg 以上断奶猪，每头 5 mL；体重 10 kg 以下或尚未断奶猪，每头 3 mL，间隔 1 个月后再注射 3 mL。

【免疫期】免疫期为 6 个月。

【保存期】2～8 ℃下保存，有效期为 12 个月。

【注意事项】同猪丹毒灭活疫苗。

2. 活疫苗

(1)猪丹毒活疫苗

【制造要点】将猪丹毒杆菌弱毒 GC42 株(CVCC1318)或 G4T10 株(CVCC1319)菌接种适宜培养基培养，收获培养物，加适宜稳定剂，经冷冻真空干燥制成。每头份含活菌数至少 7.0×10^8 CFU 或 5.0×10^8 CFU。

【性状】海绵状疏松团块，易与瓶壁脱离，加稀释液后迅速溶解。

【用途】用于预防猪丹毒。供断奶后的猪使用，免疫期为 6 个月。

【用法】皮下注射。按瓶签注明头份，用20%氢氧化铝胶生理盐水稀释成1头份/mL，每头1.0 mL。GC42株疫苗可用于口服，口服时，剂量加倍。

【注意事项】①疫苗稀释后应保存在阴暗处，限4 h内用完。②注射时，应进行局部消毒处理。③口服时，在接种前应停食4 h，用冷水稀释疫苗，拌入少量新鲜凉饲料中，让猪自由采食。④用过的疫苗瓶、器具和未用完的疫苗等应进行无害化处理。

【保存期】2～8 ℃保存，有效期为9个月；－15 ℃以下保存，有效期为12个月。

(2)猪瘟、猪丹毒、猪多杀性巴氏杆菌病三联活疫苗

【制造要点】将猪瘟兔化弱毒株接种乳兔或易感细胞，收获含毒乳兔组织或病毒培养物，以适当比例和猪丹毒杆菌(G4T10株或GC42株)弱毒菌液、猪源多杀性巴氏杆菌(EO630株)弱毒菌液混合，加适宜稳定剂，经冷冻真空干燥制成。

【性状】灰白或淡褐色疏松团状，加入稀释液后，溶解成均匀的悬浮液。

【用途】用于预防猪瘟、猪丹毒和猪多杀性巴氏杆菌病。供断奶后的猪只使用。

【用法】肌内注射。按瓶签注明头份，用生理盐水稀释成1头份/mL。断奶半个月以上的猪，每头1.0 mL；断奶半个月以内的仔猪，每头1.0 mL，但应在断奶后2个月左右再接种1次。

【免疫期】猪瘟免疫期为1年，猪丹毒和猪肺疫免疫期为6个月。

【保存期】－15 ℃以下保存，有效期为12个月。

【注意事项】①疫苗应冷藏保存与运输。②初生仔猪，体弱、有病猪均不应接种。③接种前7 d、后10 d内均不应喂含任何抗生素的饲料。④稀释后限4 h内用完。⑤接种时应进行局部消毒处理。⑥接种后可能出现过敏反应，应注意观察，必要时注射肾上腺素等脱敏措施抢救。⑦用过的疫苗瓶、器具和未用完的疫苗等应进行无害化处理。

3.猪丹毒亚单位疫苗

亚单位疫苗是利用DNA重组技术，将编码病原体上保护性抗原的基因重组到表达载体上，用一定方法将其转化到宿主菌中进行高效表达，提纯保护性抗原肽链，加入佐剂制成基因工程亚单位疫苗。随着对猪丹毒杆菌致病机理的研究，发现菌株在含有血清的复合培养基中生长会产生一种免疫性物质，为糖脂蛋白。而SpaA免疫特性成为了一系列研究的主体，分为3个分子型，分别为SpaA、SpaB和SpaC，SpaA存在于血清型1a、2、5、8、9、12、15、16、17和N中；SpaB主要存在于血清型4、6、11、19和21中；SpaC只在血清型18中产生。3个蛋白具有很好的免疫原性。含有SpaC的疫苗或者SpaC载体疫苗有望用于治疗猪丹毒。

5.2.5.3 问题与展望

疫苗免疫可以有效地预防猪丹毒疾病的发生,但是传统的灭活疫苗、弱毒疫苗或多联疫苗都存在着一定的缺陷,如病猪、弱猪不能使用,弱毒株可能恢复毒力或者激发隐性感染;猪丹毒疫苗的缺陷是免疫接种不能对慢性猪丹毒产生坚强的保护力,流行毒株间的差异也会导致免疫失败。因此,需要研制出更安全高效的新型疫苗来预防与控制该传染病的发生和流行。猪丹毒杆菌 Spa 蛋白是研究新型疫苗的主要方向,特别是 SpaA 蛋白,是所有血清型红斑丹毒丝菌共有的抗原,具有很好的免疫原性,相互间能交叉保护,可为有效控制猪丹毒病的流行提供新思路。

(张志强)

5.2.6 猪肺疫

5.2.6.1 疾病与病原

猪肺疫(swine plague)是由多杀性巴氏杆菌(*Pasteurella multocida*,Pm)引起猪的一种急性、热性传染病。也常被称作“锁喉风”,又称猪出血性败血症、猪巴氏杆菌病,我国将其归为二类疫病。临床上多以咽喉肿胀、呼吸困难、急性败血症、喉炎和纤维素性胸膜肺炎为主要特征,可导致大批猪迅速死亡。该病广泛分布于世界各地,发病率达 40%左右。根据感染的菌型不同,可分为地方流行性和散发性 2 种,其中以 Fo 型多杀性巴氏杆菌引起的散发性猪肺疫比较多见。我国猪群以散发为主。根据病程长短和临床表现分为最急性型、急性型和慢性型。最急性型突然发病,无明显症状,迅速死亡,死亡率常最高可达 100%。最常见的为急性型,病程 5～8 d,未死亡者转为慢性。慢性型主要表现为肺炎和慢性胃肠炎。

多杀性巴氏杆菌(*Pasteurella multocida*)属于巴氏杆菌科(Pasteurellaceae)巴氏杆菌属(*Pasteurella*)的成员。该菌为两端钝圆、中央微凸的革兰阴性短杆菌,单个存在,无鞭毛,无芽孢,无运动性,产毒株有明显的荚膜,菌体长度为 0.3～1.2 μm。多杀性巴氏杆菌在有氧或者兼性厌氧条件下生长良好,最适 pH 为 7.2～7.4,最适生长温度为 37 ℃。氧化酶反应及过氧化酶反应均呈阳性,能发酵多种碳水化合物,产酸不产气。在普通培养基上能够生长,但生长不佳,必须加有血液、血清或葡萄糖等才能生长旺盛,在麦康凯培养基上不生长。

Pm 的致病性与各类相关的毒力因子有关,已鉴定出该菌关键的毒力因子主要包括脂多糖和荚膜。这些毒力因子使病原菌更容易侵袭和定殖于宿主相应的靶组织,逃避或破坏宿主的防御机制,引起宿主有害的炎症反应。

多杀性巴氏杆菌的一般分型方法是提取荚膜抗原,然后用间接血凝试验进行鉴定。但该方法操作烦琐，灵敏性和特异性不高，而且容易出现交叉反应。按特异性荚膜抗原可将多杀性巴氏杆菌分为A、B、D、E和F等5个血清型，根据脂多糖抗原可分为16个菌体型。该菌无宿主特异性，可通过相互接触经呼吸道进行水平和垂直传播。

多杀性巴氏杆菌被认为是最古老的病原菌之一，大约在2.7亿年以前，多杀性巴氏杆菌从巴氏杆菌科的另一重要成员——流感嗜血杆菌(*Haemophilus influenzae*)进化而来。多杀性巴氏杆菌宿主广泛，能引起畜、禽、宠物、野生动物及人类感染。

5.2.6.2　疫苗与免疫

目前猪肺疫常用的菌苗有猪肺疫活疫苗、猪肺疫灭活疫苗、猪肺疫联合疫苗。由于该菌血清型较多，选择与当地常见血清型相同的菌株或当地分离菌株制成的疫苗进行免疫效果更好。

1.猪多杀性巴氏杆菌病灭活疫苗

【制造要点】将免疫原性良好的荚膜B型多杀性巴氏杆菌(猪源)接种到加有0.1%裂解红细胞全血马丁肉汤中培养，培养物用甲醛溶液灭活后，加入适当比例灭菌氢氧化铝胶和防腐剂制成。

【性状】静置时上层是黄色透明液，下层是灰白色沉淀，振摇后呈均匀混悬液。

【用途】预防猪多杀性巴氏杆菌病。

【用法】凡体重10 kg以上的断奶猪，皮下注射3 mL；体重10 kg以内的小猪或未断奶的猪，皮下注射3 mL，1个月后再补注3 mL。

【保存期】2～15 ℃冷暗干燥处保存，有效期为1年，28 ℃以下阴暗干燥处保存，有效期为9个月。

【免疫期】注射后14 d产生可靠的免疫力，免疫期约6个月。

【注意事项】病猪、食欲或体温不正常的猪不能注射。疫苗严禁冻结，使用时应充分摇匀。

2.活疫苗

(1)猪肺疫口服弱毒活疫苗(679-230株)

【制造要点】将荚膜B群多杀性巴氏杆菌679-230弱毒菌株(CVCC428)，接种在0.1%裂解红细胞马丁肉汤中，培养完成后，收获培养物，按比例加入适宜稳定剂，经冷冻真空干燥制成。

【性状】灰白色、海绵状疏松团块，易与瓶壁脱离，加稀释液迅速溶解。

【用途】预防猪多杀性巴氏杆菌病，免疫期为10个月。

【用法】口服。按瓶签注明头份，用冷开水稀释疫苗，按每头1头份，混于少量的饲料内服用。

【保存期】2～8 ℃以下冷暗干燥处保存，有效期为 1 年。

【注意事项】疫苗稀释后限 4 h 内用完，过期作废。用过的疫苗瓶、器具和未用完的疫苗等应进行无害化处理。

(2)猪肺疫弱毒疫苗(EO-630 株)

【制造要点】将荚膜 B 群多杀性巴氏杆菌 EO-630 弱毒株(CVCC1765)接种于含 0.1%裂解红细胞全血马丁肉汤中，培养完成后，加适当比例蔗糖、明胶保护剂，经冷冻真空干燥制成。

【性状】灰白色、海绵状疏松团块，易与瓶壁脱离，加稀释液迅速溶解。

【用途】预防猪多杀性巴氏杆菌病。免疫期为 6 个月。

【用法】皮下或肌内注射。按瓶签注明头份，用 20%氢氧化铝胶生理盐水稀释为每头份 1 mL，每头猪注射 1 mL。

【保存期】2～8 ℃保存，有效期为 6 个月；－15 ℃以下保存，有效期为 1 年。

5.2.6.3 问题与展望

多杀性巴氏杆菌是一种机会性致病菌，平时严格的饲养管理对猪肺疫的防控非常重要，如合理搭配日粮、营养平衡，注意通风、保暖、干燥，减少应激，增强抵抗力等。该菌血清型众多，须选择与当地常见血清型相同的菌株或当地分离菌株，制成疫苗进行免疫。此外，尚需对多杀性巴氏杆菌的抗原类型、感染与免疫机制等进行更深入的研究，以期为猪肺疫的防控提供新的思路。

(吴同垒)

5.2.7 猪链球菌病

5.2.7.1 疾病与病原

猪链球菌病(swine streptococcosis，SS)是由致病性链球菌感染引起的一种人畜共患病。根据《中华人民共和国动物防疫法》及其相关规定，猪链球菌病为二类动物疫病。猪链球菌病的临床表现主要包括猪败血性链球菌病和猪淋巴结脓肿，其主要特征是败血症、化脓性淋巴结炎、脑膜炎、心内膜炎、浆膜炎、关节炎等。猪链球菌病发病高峰易出现在断奶仔猪混群时，病死率高达 80%。同时猪链球菌 2 型可通过伤口感染人，可导致人的脑膜炎、永久性耳聋、败血症、心内膜炎，严重时可导致人死亡。

可致病的猪源链球菌均可引起猪链球菌病，最为常见的是猪链球菌和马链球菌兽疫亚种。链球菌呈圆形或卵圆形，直径小于 2.0 μm，常排列成链状或成对，革兰染色阳性，无鞭毛，不能运动。猪链球菌不同菌株之间致病力的差别主要与毒力因子有关。荚膜多糖(capsular polysaccharide，Cps)、溶菌酶释放蛋白(muramidase-releaseprotein,Mrp)、胞外因子(extracellular factor,Ef)、溶血素(suilysin,Sly)、谷氨酸脱氢酶(glutamate dehydrogenase,Gdh)、纤连蛋白结合蛋白(fibronectin binding protein,FBP)、未知功能蛋白0197(HP0197)等是目前已知的主要毒力因子。刘敬天义等分离出1株猪链球菌强毒株,经PCR鉴定为血清1型,毒力基因型为$mrp^+ gdh^+ epf^+ sly^+ fbps^- sao^-$,存在19个基因岛,24种耐药基因,共线性分析发现该菌株基因有大量重排、倒位、插入、缺失,在基因发生树中处于独立的分支,证明该菌基因独特复杂,反映出猪链球菌病原进化的快速和复杂。

猪链球菌为兼性厌氧菌,最适生长温度为37 ℃,在pH 7.4～7.6的普通培养基上生长不良,需添加血清、血液等。在血液琼脂平板上长成直径0.1～1.0 mm、灰白色、表明光滑、边缘整齐的小菌落,在液体培养基中易形成链状。多数致病菌株具有溶血能力,溶血环的大小和类型因菌株而异。猪链球菌2型在绵羊血平板为α溶血,马血平板则为β溶血。马链球菌兽疫亚种在血液及血清培养基中生长良好,血平板上产生明显的β溶血。猪链球菌能发酵乳糖、海藻糖、水杨苷,而马链球菌兽疫亚种则不能,可作为猪链球菌和马链球菌兽疫亚种鉴定的依据。

根据荚膜抗原的差异,猪链球菌有35个血清型(1～34型及1/2型)及相当数量无法定型的菌株。按兰氏分群,猪链球菌2型为R群,猪链球菌1型为S群,有的不能分群,有的属S-R群或T群,但非C群。马链球菌兽疫亚种以马最易感,属C群,至少有15个血清型。研究表明,猪链球菌已经替代了马链球菌兽疫亚种成为猪源链球菌病的首要病原,其中猪链球菌2型是流行病学研究中最重要的血清型,其分离率最高,分离部位多样性最高,毒力较强,重要的毒力因子基因存在率高。不同区域猪链球菌流行血清型不同,国内分离的猪链球菌血清型以2型为主,其次为9型、7型、1型、3型。

很多血清型之间出现交叉反应,如血清6型与血清16型间、血清2型与血清22型间、血清1型和血清14型都会发生交叉反应。分子血清分型方法是通过单一或多重PCR扩增血清型特异性Cps基因来分型,这种方法易于开发且有效,但是血清2型和14型不能分别和血清1/2型和1型分开,因为这两对血清型Cps基因不具独特性。由于猪链球菌主要分离株是1型、1/2型、2型和14型,必须使用特异性抗血清确定分离株。多位点鉴定分型方法利用基因多样性,识别管家基因确定血清型,根据多位点序列分型方案至少分为121个序列型。

5.2.7.2 疫苗与免疫

猪链球菌病发病急、死亡率高,抗生素对于猪链球菌的治疗由于耐药性的产生越来越不理想。因此,疫苗免疫是防治猪链球菌病较为有效的方式。研究数据显示，基于 HP0197 蛋白良好的免疫原性及广谱性所生产的猪链球菌、副猪嗜血杆菌病二联亚单位疫苗，对 14 日龄仔猪进行 1 头份剂量免疫，免疫后 90 d 对于猪 2 型链球菌的攻毒保护率仍可达到 80%，充分证明了重要毒力因子 HP0197 良好的免疫原性，其可在猪链球菌的防控中起到非常重要的作用。目前，猪链球菌疫苗主要有活疫苗、灭活疫苗、亚单位疫苗三大类。

1. 活疫苗

(1)猪败血性链球菌病活疫苗(ST171 株)

【制造要点】本品含猪源兽疫链球菌 ST171 株，每头份含活菌数应不低于 $5.0\times10^{7.0}$ CFU。

【性状】海绵状疏松团块，易与瓶壁脱离，加稀释液后迅速溶解。

【用途】用于预防由兰氏 C 群兽疫链球菌引起的猪败血性链球菌病。

【用法】皮下注射或口服。按瓶签注明头份，加入 20%氢氧化铝胶生理盐水或生理盐水进行适当稀释，每头皮下注射 1 头份，或口服 4 头份。

【免疫期】免疫期为 6 个月。

【保存期】−15 ℃以下保存，有效期为 18 个月；2～8 ℃保存，有效期为 12 个月。

【注意事项】①必须冷藏运输。②疫苗稀释后，限 4 h 内用完。③注射时应进行局部消毒处理。④口服时拌入凉饲料中饲喂，口服前应停食、停水 3～4 h。⑤接种前后，不宜服用抗生素。⑥用过的疫苗瓶、器具和未用完的疫苗等应进行无害化处理。

(2)猪链球菌病活疫苗(SS2-RD 株)

【制造要点】主要含猪链球菌血清 2 型 SS2-RD 弱毒菌株的培养物，每头份疫苗含活菌数不低于 $5.0\times10^{8.0}$ CFU。

【性状】淡棕色海绵状疏松团块，易与瓶壁脱离，加稀释液后迅速溶解。

【用途】用于预防猪链球菌 2 型引起的猪链球菌病。

【用法】颈部肌内注射。按瓶签注明头份用 20%氢氧化铝胶生理盐水进行稀释接种 1 月龄左右的健康猪，每头注射 1 头份。

【免疫期】免疫期为 6 个月。

【保存期】−15 ℃以下保存，有效期为 15 个月。

【注意事项】①仅用于健康猪。②疫苗在运输、保存、使用过程中应防止高温、消毒剂和阳光照射。③应使用无菌注射器进行接种。④应对注射部位进行严格消毒。⑤禁止与其他活疫苗同时使用，禁止接种前后 7 d 内使用抗生素类药物。⑥疫苗稀释后充分摇匀，限 2 h 内用完。⑦用过的疫苗瓶、器具和未用完的疫苗等应进行无害化处理。

2.灭活疫苗

(1)猪链球菌病灭活疫苗(马链球菌兽疫亚种＋猪链球菌2型＋猪链球菌7型)

【制造要点】疫苗中含灭活的马链球菌兽疫亚种、猪链球菌血清2型和猪链球菌血清7型菌株培养物，按活菌计数法计算，每头份含各菌株至少 $3.0\times10^{9.0}$ CFU。

【性状】乳白色乳剂。

【用途】用于预防由马链球菌兽疫亚种、猪链球菌血清2型和猪链球菌血清7型感染引起的猪链球菌病。

【用法】颈部肌内注射。按瓶签注明头份，每次均肌内注射1头份(2 mL)推荐免疫程序为：种公猪每半年接种1次；后备母猪在产前8～9周龄首免，3周后二免，以后每胎产前4～5周龄免疫1次；仔猪在4～5周龄免疫1次。

【免疫期】免疫期为6个月。

【保存期】2～8 ℃保存，有效期为12个月。

【注意事项】①仅用于健康猪。②疫苗贮藏及运输过程中切勿冻结，长时间暴露于高温下会影响疫苗效力。③使用前将疫苗恢复至室温，并充分摇匀。④使用前应仔细检查包装，如发现破损、残缺、文字模糊、过期失效等，则禁止使用。⑤注射器具应严格消毒，每头猪更换一次针头，接种部位严格消毒后进行深部肌内注射，若消毒不严或注入皮下易形成永久性肿包，并影响免疫效果。⑥禁止与其他疫苗合用，同时接种不影响其他抗病毒类、抗生素类药物的使用。⑦启封后应在8 h内用完。⑧屠宰前1个月内禁用。

(2)猪链球菌病灭活疫苗(马链球菌兽疫亚种＋猪链球菌2型)

【制造要点】本品含灭活的马链球菌兽疫亚种ATCC35246株和猪链球菌2型HA90801株培养物，每头份含各菌株至少 1×10^{9} CFU。

【性状】静置时底部有少量沉淀，上层为澄清液体，摇匀后呈均匀混悬液。

【用途】用于预防C群马链球菌兽疫亚种和R群猪链球菌2型感染引起的猪链球菌病，适用于断奶仔猪、母猪。

【用法】肌内注射，仔猪每次接种2.0 mL，母猪每次接种3.0 mL。仔猪在21～28日龄首免，免疫20～30 d后按同剂量进行第2次免疫。母猪在产前45 d首免，产前30 d按同剂量进行第2次免疫。

【免疫期】免疫期为6个月。

【保存期】2～8 ℃保存，有效期为12个月。

【注意事项】①本品有分层属于正常现象，用前应使疫苗恢复至室温，用时请摇匀，一经开瓶限4 h用完。②疫苗切勿冻结。③疫苗过期、变色或疫苗瓶破损，均不得使用。④注射器械用前要灭菌处理，注射部位应严格消毒。⑤仅用于接种健康猪。⑥用过的疫苗瓶、器具和未用完的疫苗等应进行无害化处理。

(3)猪链球菌病蜂胶灭活疫苗(马链球菌兽疫亚种＋猪链球菌2型)

【制造要点】疫苗中含灭活的致病性马链球菌兽疫亚种(猪链球菌C群)BHZZ-L1株和猪链球菌2型BHZZ-L4株，每毫升疫苗中各菌株含量均≥1.0×10^9 CFU。

【性状】乳黄色混悬液，久置后底部有沉淀，振摇后成均匀混悬液。

【用途】用于预防马链球菌兽疫亚种和猪链球菌2型感染引起的猪链球菌病。

【用法】颈部肌内注射。1～2月龄健康仔猪，每头注射2 mL。

【免疫期】免疫期为6个月。

【保存期】2～8 ℃保存，有效期为12个月。

【注意事项】①运输、储存、使用过程中，应避免日光照射、高热或冷冻。②使用本品前应将疫苗温度升至室温，使用前和使用中应充分摇匀。③使用本品前应了解猪群健康状况，如感染其他疾病或处于潜伏期会影响疫苗使用效果。④注射器、针头等用具使用前和使用中需进行消毒处理，注射过程中应注意更换无菌针头。⑤本苗在疾病潜伏期和发病期慎用。如需使用必须在当地兽医正确指导下使用。⑥注射完毕，疫苗包装废弃物应做无害化处理。

3. 亚单位疫苗

猪链球菌病、副猪嗜血杆菌病二联亚单位疫苗，详见副猪嗜血杆菌病部分。

5.2.7.3 问题与展望

多年来，随着猪链球菌病疫苗由单价活疫苗、单价灭活疫苗到多价灭活疫苗，最后发展到亚单位疫苗，疫苗免疫对于疾病的控制起到了非常好的效果。猪链球菌病、副猪嗜血杆菌病二联亚单位疫苗，注射一针保护猪链球菌病2型、7型、9型等多个流行血清型及副猪嗜血杆菌所有血清型，内毒素低于100 EU/头份，与全菌苗相比，具有交叉保护效力、更安全的优势，但是针对马链球菌兽疫亚种及可能出现的新流行的猪链球菌，还要继续开发保护性抗原，作为疫苗候选抗原，制造出覆盖更多猪源链球菌的多价基因工程亚单位疫苗，达到有效预防猪链球菌病的目的。

(厚华艳)

5.2.8 猪传染性萎缩性鼻炎

5.2.8.1 疾病与病原

猪传染性萎缩性鼻炎(swine infectious atrophic rhinitis，AR)又称慢性萎缩性鼻炎或萎缩性鼻炎，是由支气管败血波氏杆菌和产毒素多杀性巴氏杆菌引起猪的一种慢性接触性呼吸道传染病。以鼻炎、鼻中隔扭曲、鼻甲骨萎缩和病猪生长迟缓为特征，临床表现为打喷嚏、鼻塞、流鼻涕、鼻出血、形成“泪斑”，严重者出现颜面部变形或歪斜，常见于2～5月龄猪。目前已将本病归类于2种表现形式：非进行性萎缩性鼻炎（non-progressive atrophic rhinitis，NPAR）和进行性萎缩性鼻炎（progressive atrophic rhinitis，PAR）。

1830年首先在德国发现本病，此后在英国、法国、美国、加拿大、俄罗斯也有发生，日本从美国引进种猪时也发现本病，现已遍布养猪发达国家，据报道，世界猪群有25%～50%受感染。在美国，本病的血清学阳性率达54%，已成为猪重要传染病之一。1964年，浙江余姚从英国进口“约克夏”种猪时发现本病，20世纪70年代，我国一些省份从欧、美大批引进瘦肉型种猪使本病经多渠道传入我国，造成广泛流行。

大量研究证明，支气管败血波氏杆菌（*Bordetella bronchiseptica*，Bb）和产毒素多杀性巴氏杆菌（*Toxigenic Pasteurella multocida*，T^+ Pm）是引起猪传染性萎缩性鼻炎的病原。

Bb为球杆菌，革兰染色阴性，呈两极染色，有周鞭毛。需氧，培养基中加入血液可助其生长。在葡萄糖中性红琼脂平板上，菌落中等大小，呈透明烟灰色。肉汤培养物有腐霉味。鲜血琼脂上产生β溶血。不发酵糖类，能利用柠檬酸盐和分解尿素。根据毒力、生长特性和抗原性的不同，可将Bb分为Ⅰ相菌、Ⅱ相菌和Ⅲ相菌。Ⅰ相菌能形成荚膜，具有K抗原和强坏死毒素（似内毒素），该毒素与T^+ Pm所产的皮肤坏死毒素有很强的同源性，Ⅱ相菌和Ⅲ相菌则毒力弱。Ⅰ相菌由于抗体的作用或在不适当的条件下，可向Ⅲ相菌变异。Ⅰ相菌感染新生猪后，在鼻腔里增殖，存留的时间可长达1年。在被感染的动物体内，Bb也大多以Ⅰ相菌存在。

引起本病的T^+ Pm主要是血清D型，少数是血清A型，该类菌株可产生约145 ku的巴氏杆菌毒素（pasteurellamultocida toxin，PMT），属于皮肤坏死毒素（dermonecrotictoxin，DNT），该毒素由toxA基因编码，可直接引起猪鼻炎、鼻梁变形、鼻甲骨萎缩甚至消失，全身代谢障碍，生产性能下降，同时可诱发其他病原微生物感染，甚至导致死亡。

Bb和T^+ Pm的致病特点不同，Bb仅对幼龄猪感染有致病变作用，对成年猪感染仅引起轻微的病变或者呈无症状经过，引起鼻甲骨的损伤，但在生长过程中鼻甲骨又能再生修复。T^+ Pm感染可引起各年龄阶段的猪发生鼻甲骨萎缩等病变，可导致猪鼻甲骨产生不可逆转的损伤。但除病原因子外，环境及应激因素等也能促使本病发生。任何一种营养成分的缺乏，不同日龄的猪混合饲养，拥挤、过冷、过热、空气污浊、通风不良、长期饲喂粉料等饲养方式，以及遗传因素等均能促进本病的发生。其他病原如铜绿假单胞菌、放线菌、猪细胞巨化病毒、疱疹病毒也参与致病过程，使病理变化加重。因此，由支气管败血波氏杆菌与其他鼻腔菌群混合感染引起的萎缩性鼻炎，称为非进行性萎缩性鼻炎；单独由产毒素多杀性巴氏杆菌感染或与支气管败血波氏杆菌及其他因子混合感染或共同作用引起的严重的猪萎缩性鼻炎，称为进行性萎缩性鼻炎。

Bb 和 T^{+} Pm 的抵抗力不强，一般消毒剂均可使其灭活。

5.2.8.2 疫苗与免疫

免疫接种是预防本病最有效的方法，通过免疫接种母猪使仔猪获得被动保护，从而有效预防仔猪的早期感染；仔猪在哺乳期免疫接种可预防母源抗体消失后的感染。

目前主要有国产疫苗猪萎缩性鼻炎灭活疫苗（波氏杆菌 JB5 株），进口疫苗猪萎缩性鼻炎灭活疫苗、猪萎缩性鼻炎灭活疫苗（支气管败血波氏杆菌 833CER 株＋D 型多杀性巴氏杆菌类毒素）等 3 种疫苗。

1. 猪萎缩性鼻炎灭活疫苗（波氏杆菌 JB5 株）

【制造要点】将Ⅰ相支气管败血波氏杆菌 JB5 株接种于适宜的培养基培养，收获培养物，用甲醛溶液灭活后浓缩，加入油佐剂，按一定比例配制。

【性状】乳白色乳剂。

【用途】用于预防由支气管败血波氏杆菌引起的猪萎缩性鼻炎，免疫期为 3 个月。

【用法】颈部肌内注射。不论猪只大小，每次 2 mL。推荐免疫程序为：妊娠母猪在分娩前 6 周和 2 周各免疫 1 次；仔猪在 4 周龄左右免疫。

【保存期】2～8 ℃保存，有效期为 12 个月。

【注意事项】①仅用于健康猪。②疫苗贮藏及运输过程中切勿冻结，长时间暴露在高温下会影响疫苗效力，使用前应使疫苗平衡至室温并充分摇匀。③接种部位严格消毒后进行深部肌内注射，若消毒不严或注入皮下易形成永久性肿包并影响免疫效果。④启封后限 8 h 内用完。⑤禁止与其他疫苗合用，接种后不影响抗病毒类、抗生素类药物的使用。⑥屠宰前 1 个月内禁止使用。

2. 萎缩性鼻炎灭活疫苗（波氏杆菌 A50-4 株）

【制造要点】将Ⅰ相支气管败血波氏杆菌 A50-4 株接种于适宜的培养基培养，收获培养物，用甲醛溶液灭活后浓缩，加入油佐剂，按一定比例配制。

【性状】乳白色乳剂，无变色及破乳现象。

【用途】用于预防猪传染性萎缩性鼻炎。

【用法】产前 1 个月颈部皮下注射 2 mL。

【保存期】2～8 ℃保存，有效期为 12 个月。

【注意事项】同猪萎缩性鼻炎灭活疫苗。

3. 猪萎缩性鼻炎灭活疫苗(支气管败血波氏杆菌+D型多杀性巴氏杆菌+类毒素)

【制造要点】将Ⅰ相支气管败血波氏杆菌株和猪源D型多杀性巴氏杆菌接种于适宜的培养基培养,收获培养物,用甲醛溶液灭活后浓缩,将灭活的两种菌体及多杀性巴氏杆菌类毒素按比例混合,加入油佐剂,按一定比例配制。

【性状】乳白色均匀乳剂。

【用途】用于接种健康怀孕母猪和后备母猪,预防所产仔猪由支气管败血波氏杆菌和产毒性多杀性巴氏杆菌引起的猪萎缩性鼻炎。

【用法】肌内注射。健康怀孕母猪产前第6周和第2周接种,下次分娩前2周再接种1次。每头每次2 mL。

【保存期】2～8 ℃保存,有效期为24个月。

【注意事项】屠宰前21 d内禁止使用,其他同猪萎缩性鼻炎灭活疫苗。

4. 猪萎缩性鼻炎灭活疫苗(支气管败血波氏杆菌833CER株+D型多杀性巴氏杆菌类毒素)

【制造要点】将免疫原性良好的猪波氏杆菌833CER株接种于适宜的培养基培养,收获培养物,用甲醛溶液灭活后,加入终浓度为1个鼠有效剂量(1 MED_{70})重组D型巴氏杆菌类毒素,按一定比例配制氢氧化铝胶佐剂。

【性状】静置时上层为灰白色至淡黄液体,下层为白色至淡黄色沉淀,振荡后呈均匀混悬液。

【用途】用于接种母猪和后备母猪,预防所产仔猪由支气管败血波氏杆菌和多杀性巴氏杆菌引起的进行性和非进行性猪萎缩性鼻炎。

【用法】用于母猪和后备母猪,颈部肌内注射,每头每次接种1头份(2 mL)。基础免疫进行2次,产前6～8周首免,间隔3～4周二免,以后每次分娩前3～4周免疫一次即可。

【保存期】2～8 ℃保存,有效期为12个月。

【注意事项】同猪萎缩性鼻炎灭活疫苗。

5.2.8.3　问题与展望

对仔猪、母猪或种猪的疫苗免疫与其他的AR预防措施相比较,是经济的方法,更是母猪和种猪有效的免疫方法。现有的几种疫苗都存在一些问题,所以今后应加强对基因工程疫苗,细菌外膜蛋白重组疫苗等疫苗的研发。通过基因工程方法制备的无毒重组毒素疫苗,其保护效果明显,显示了很好的应用前景。和天然毒素相比,这种重组毒素产量高,不用灭活,更适合生产的需要,这可能是传染性萎缩性鼻炎新型疫苗的发展方向。

(张志强)

5.2.9 猪增生性肠炎

5.2.9.1 疾病与病原

猪增生性肠炎(porcine proliferative enteropathy,PPE)又称猪回肠炎,是由胞内劳森氏菌(*Lowsonia intracellularis*)引起的接触性传染病,以仔猪回肠和结肠隐窝内未成熟的肠腺上皮细胞发生腺瘤样的增生和肠黏膜上皮细胞增多、肠管增厚为特征,回盲部近端的结肠、盲肠高度增生。临床上主要表现为四大类型:猪肠腺瘤病、局限性回肠炎、增生性/出血性肠炎和坏死性肠炎。被感染的上皮细胞一般不能发育为成熟的肠上皮细胞,随着时间推移,成熟的肠上皮细胞在衰老后被感染的不成熟细胞取代,导致受感染动物不具备正常的吸收功能,造成病猪生长发育迟缓。感染猪死亡率不高,但能严重降低饲料报酬率。该病隐性感染猪多,易被忽视。

胞内劳森氏菌属于革兰阴性菌,抗酸,无纤毛和孢子,微需氧,呈弯曲形,具有3层外壁,主要感染肠隐窝上皮细胞,并随着上皮细胞的分裂而增殖。常规培养基不能分离培养该菌,必须在特定的细胞培养基上生长。有研究对猪群中分离的细菌进行传代培养20代后,毒力逐渐衰减,40代后,感染动物不会出现临床症状和病理变化。近来研究发现在体外培养的细胞中该菌带有单极鞭毛,并从体外感染的肠上皮细胞中脱离后显示出快速运动。该菌革兰染色阴性,HE染色仅能观察到感染细胞的增生病变而不能观察到病原体,若想观察到病原体须进行特殊染色,如镀银染色,可以观察到黑色的棒状物。其他方法如免疫组化、电镜观察、原位杂交等技术也可以观察到该菌。

胞内劳森氏菌可感染各个年龄段的猪,仔猪的母源抗体消失后即易感。由于本菌是肠道定植菌,只要受感染的猪均可带菌,病菌可随粪便排出,污染饲养环境、用具、饲料、饮水等,在适宜的条件下,该细菌可在猪粪便中存活1周以上。病猪和带菌猪均可成为传染源,传播途径为粪口传播,易感动物是断奶后仔猪,工作人员的服装、靴子、器械等可因携带胞内劳森氏菌而成为传播媒介,受到感染的鼠类和鸟类也可成为传播媒介。各种应激反应造成的菌群失调和免疫抑制病发生易诱发该病。该病潜伏期较长,感染率高,凡是接触地面粪便的猪几乎都会感染,多数猪为隐性感染,慢性病例更为常见。

5.2.9.2 疫苗与免疫

动物机体自然感染胞内劳森氏菌可对其产生强大的免疫力,因此,可通过接种疫苗模拟自然感染易感动物,刺激机体产生抗体用以增强机体自身的抗病能力。

目前疫苗包括2种,一种是减毒活疫苗,另一种是灭活疫苗。减毒活疫苗通过鼻腔接种21日龄仔猪,能显著防止病菌在试验猪体内繁殖和减少病变发生,目前已在欧洲、北美和亚洲应用。仔猪 3、7 和 9 周龄通过饮水免疫,可以改善日增重和猪群整齐度。美国、德国和荷兰等国已经研制出本病无毒活疫苗和灭活疫苗。目前我国进口的猪回肠炎活疫苗,口服免疫能显著提高猪群生长性能,减低死亡率。口服、肌内注射或腹腔注射减毒活疫苗均可产生高水平 IgG,然而口服或腹腔注射减毒活疫苗诱导的 IgA 应答明显高于肌内注射方式。免疫 4 周后能从猪血清中检测到抗体,并持续到第 13 周。有研究显示,减毒活疫苗免疫后,猪肠道内仍有少量细菌存活,其安全性尚需进一步证实。

【制造要点】猪回肠炎活疫苗(恩瑞特)是用胞内劳森氏菌致弱株 B3903 接种于 McCoy 细胞培养后,收获细胞培养物,加适宜稳定剂,经冷冻真空干燥制成。疫苗除无菌检验和支原体检验应均为阴性外,进行安全检验和效力检验。安全检验采用 3～5 周龄健康猪;效力检验采用间接荧光抗体方法,即取疫苗和对照品进行适当稀释,接种于 McCoy 工作细胞培养,加入抗胞内劳森菌的单克隆抗体 VPM53 反应后,用抗鼠 IgG-异硫氰酸荧光素(FITC)标记偶联物反应,在荧光显微镜下观察,测定效价,疫苗滴度应≥$10^{4.9}$ $TCID_{50}$/头份。

【性状】淡黄色至金色海绵状疏松团块,易与瓶壁脱离,加稀释液后迅速溶解。

【用途】用于预防由胞内劳森氏菌引起的猪回肠炎(猪增生性肠炎)。

【用法】哺乳仔猪:3 周龄或 3 周龄以上猪,每头猪通过口服或饮水方式服用 1 头份(2 mL 或 1 mL)剂量。后备种猪:在进场 7 d 后或出售前 1 个月左右,拌料或饮水 1 头份。自留后备种猪:建议在第 1 次免疫之后间隔 22 周进行第 2 次免疫。生产母猪/成年公猪:拌料或饮水 1 头份,若维持免疫每次间隔 22 周。

【免疫期】免疫后 3 周产生免疫保护力,免疫期为 22 周。

【保存期】2～8 ℃保存,有效期为 18 个月。

【不良反应】本品接种后可能会发生过敏反应,可使用肾上腺素进行治疗。

【注意事项】①不要使疫苗冻结。②稀释后的疫苗应立即使用。③屠宰前 21 d 内禁用。④用过的疫苗瓶、用具和未用完的疫苗等应进行无害化处理。⑤鉴于该疫苗为减毒活菌苗,因此在接种前后 3 d 之内禁用抗生素或消毒剂。⑥使用本品期间,所有材料中应无抗生素或消毒剂残留,以免灭活疫苗或降低效价。⑦接种回肠炎疫苗必须在感染发生前,以便在感染和发病前产生免疫力。

此外,南非 Porcilis© 公司生产有灭活疫苗,尚未批准进口。抗生素对灭活疫苗无干扰作用,可对个别猪进行肠外给药。研究显示,给 22～25 日龄猪口服免疫,效果显著优于断奶仔猪,免疫后攻毒发现疫苗能够迅速诱导高滴度的血清抗体,使得粪便中的细菌数量降低至少 15 倍,肠道损伤明显减轻,发病率也显著降低。

5.2.9.3 问题与展望

劳森菌疫苗的研究主要集中在弱毒疫苗、灭活疫苗和亚单位疫苗 3 个方面,其中国外已经研发出弱毒疫苗和灭活疫苗，并投放市场。目前，弱毒疫苗免疫后，肠道内仍有少量细菌存活，提示其安全性和免疫保护效果尚需进一步完善，以避免免疫猪群向外界排毒，成为传染源。同时，应加强疫苗免疫和野毒感染鉴别诊断研究，以更好地进行疾病净化。

亚单位疫苗尚处于研究阶段，科学家利用 OMP1c、OMP2c 和分泌蛋白 INVASc 等进行免疫，发现其能显著提高猪的抗体水平，降低野毒对肠道的损伤，但尚未达到弱毒疫苗的免疫保护效果，需要加强对保护性抗原的筛选鉴定，并进一步研发良好的免疫佐剂，增强免疫效果。

目前，猪增生性肠炎在世界范围流行，给养猪业带来较大的危害。胞内劳森氏菌的分离培养十分困难，阻碍了疫苗的研发进度。但随着研究的深入，国内很多研究机构已经能够对该菌分离纯化，为疫苗开发打下了坚实的基础。

（吴同垒）

5.2.10 猪支原体肺炎

5.2.10.1 疾病与病原

猪支原体肺炎(mycoplasmal pneumoniae of swine，SMP)又称猪地方性流行性肺炎，习惯称猪喘气病。该病是由猪肺炎支原体(*Mycoplasma hyopneumoniae*，Mhp)引发的一种经呼吸道感染，仅感染呼吸系统的顽固性接触性慢性传染病，主要症状为呼吸困难、咳嗽和气喘，剧烈运动后表现更加明显。急性猪支原体肺炎病例症状主要表现为精神萎靡，呼吸频率增加，腹式呼吸，犬坐式呼吸等临床症状，会造成猪只因呼吸系统衰竭而死；慢性猪支原体肺炎病例症状主要表现为精神沉郁，采食量降低，发病猪日渐消瘦，幼龄病猪生长发育停滞，形成僵猪，一般不会造成猪只死亡。该病发病率高，传播缓慢，致死率低，且该病原药物治疗难以根除，具有广泛的流行性。发病猪生长停滞，饲料转化率低下，严重影响猪场经济效益。

猪肺炎支原体属于柔膜体纲、支原体科、支原体目成员，菌体直径为 0.3～0.8 μm，大小介于细菌与病毒之间，是兼性厌氧型原核生物，不易培养，对营养养分的需求要比一般细菌挑剔。其结构简单，无细胞壁，不能维持固定形态，呈球形、短杆形、分枝丝状等菌体形状，大小不等。猪肺炎支原体仅感染猪，存在于病猪的呼吸道中，但人和其他动物可作为带菌者传染猪。该病原具有宿主特异性和组织专一性，不感染其他组织。当前已完成了 4 个猪肺炎支原体菌株的全基因组序列分析，包括 232 株、7448 株、J 株和 168 株，其中 232 株和 7448 株为强毒菌株，J 株为非致病株，168 株为疫苗菌株，基因组大小分别为 893、897、920 和 925 kb，G+C 含量为 28%，编码 680 种左右的蛋白。

猪肺炎支原体能在无细胞人工培养基上生长，但对营养需求极为苛刻，加之极易受到其他猪支原体生长的干扰，使其分离相当困难。猪肺炎支原体在液体培养基中，经 3～30 d 培养才会出现轻微浑浊；将其在固体培养基上培养 7～10 d，才能用肉眼观察到圆形露珠状、中央隆起、边缘整齐的小菌落，菌落大小为 0.1～0.3 mm。

猪肺炎支原体的主要抗原蛋白有 P97 蛋白、P110 蛋白、P46 蛋白和 P36 蛋白，其中 P97 和 P110 为纤毛结合素蛋白，P46 是一种具有特异性的膜蛋白，P36 是猪肺炎支原体所特有的一种 *L*-乳酸脱氢酶(LDH)蛋白，也是一种免疫原性较强的种特异性蛋白，特别是在感染后期血清中针对 LDH 抗体水平较高。目前尚未发现适用于猪肺炎支原体的血清学分型的方法，当前主要使用分子生物学方法进行分群。

5.2.10.2　疫苗与免疫

猪支原体肺炎的潜伏期较长，致使本病在猪群中常年存在，成为临床上最常发生、流行最广、最难清除的重要疫病之一。药物治疗可以缓解临床症状，但容易复发。疫苗接种是猪支原体肺炎防控的主要手段之一，近几年我国猪支原体疫苗使用越来越广泛，普遍认为疫苗接种可以减轻猪肺炎支原体对感染动物肺脏的损伤，降低料重比和死亡率。

Mhp 疫苗可分为弱毒活疫苗和灭活疫苗两大类，我国现有 3 个菌株的活疫苗产品，分别为中国兽医药品监察所研发的猪支原体肺炎活疫苗(兔化弱毒株)、江苏省农业科学院研发的猪支原体肺炎活疫苗(168 株)和中国兽医药品监察所研发的猪支原体肺炎活疫苗(RM48 株)。灭活疫苗种类繁多，包括国产疫苗和进口疫苗，国产制苗菌株包括 NJ 株、SY 株、HN0613 株、CJ 株、DJ-166 株；进口制苗菌株包括 P-5722-3 株、P 株、J 株。

1. 猪支原体肺炎活疫苗(兔化弱毒株、168 株)

【制造要点】用菌种接种鸡胚、乳兔或 KM2 培养基培养(其中兔弱化毒株是通过 1～3 日龄乳兔连续传代致弱获得)，收获鸡胚卵黄囊、乳兔肌肉或培养物，制成乳剂，加适宜稳定剂，经过冷冻真空干燥而成。

【安全检验】①用小鼠检验：每批疫苗任取 5 瓶按所含组织量用生理盐水进行 10 倍稀释，皮下注射体重为 18～22 g 清洁级小鼠 5 只，每只 0.2 mL，观察 10 d，应全部健活。如有个别死亡，重检 1 次，注射量加倍，如 5 只小鼠均健活，疫苗可判为合格。

②用猪检验：乳兔肌肉苗，每批抽样 2 瓶，按每瓶所含组织量，用生理盐水进行 10 倍稀释，溶解后混合，肌内注射无猪瘟母源抗体的健康易感猪 2 头，每头 10 mL，观察和判定按猪瘟活疫苗有关安全检验办法进行，检测猪瘟强毒株。168 株支原

体活疫苗安全检验则用 5～15 日龄健康易感猪 3 头，各右侧肺内注射疫苗 10 头份，观察 25 天。记录如下重要的症状：咳嗽、呼吸困难、俯卧、呕吐、食欲不振、震颤和死亡，注射后第 1～25 天的每天上午检测直肠温度。根据猪安全检验临床症状评判标准判定，记录如下症状：咳嗽、呼吸困难、俯卧、呕吐、食欲不振、震颤、死亡和直肠温度等。发病猪临床症状评判标准见表 5-3。

表 5-3　猪支原体肺炎发病猪临床症状评判标准

判定参数	0	1	2	10	最高分
咳嗽	无	有	严重		2
呼吸困难	无	有	严重		2
呕吐	无	有	严重		2
俯卧	无	有	严重(躺卧)		2
食欲不振	无	有			1
震颤	无	有			1
死亡	无			有	10
注射后 4 h(D0,4 h)直肠温度高出范围	1.0 ℃以下	1.0～1.5 ℃	1.5 ℃以上		2
注射后 1 d(D1)直肠温度高出范围	1.0 ℃以下	1.0～1.5 ℃	1.5 ℃以上		2
注射后 2 d(D2)直肠温度高出范围	1.0 ℃以下	1.0～1.5 ℃	1.5 ℃以上		2
注射后 3～25 d(D3～25)直肠温度有 4 d 较对照组高出范围	0.5 ℃以下	0.5～1.0 ℃	1.0 ℃以上		2
累计总分					28

在猪安全检验中，每头实验猪症状全部累计，总分不大于 2 判为安全，累计总分大于 5 判为不安全，累计总分 2～5，可重检 1 次，重检累计总分不大于 2 判为安全。

【效力检验】①兔化弱毒株疫苗，每批抽样 3 瓶，每瓶苗按所含组织量用生理盐水进行 10 倍稀释，然后再稀释成 10^{-3}，选择体重 1.5～2 kg 的家兔 4 只，每只右胸腔注射 2 mL，第 20、30 天 2 次采血，用间接血凝方法，检查血清凝集抗体，应至少 2 只为阳性(血凝价≥10＋＋)判为合格，否则可重检 1 次。

②168 株疫苗，用 CCU 含量测定方法测定，将待测定培养物用 KM2 培养基进

行 10 倍连续稀释，即 1.8 mL 的 KM2 培养基接种 0.2 mL 样品。依次 1∶10 递减连续稀释成 10^{-1}、10^{-2}……10^{-11}、10^{-12}，另设 KM2 培养基对照 3 管，共 15 管，同批做 3 个重复，置于 37 ℃培养，每天观察记录培养及颜色变化和浑浊度的变化直至第 10 天，并对培养物涂片，染色，镜检，检查有无典型猪肺炎支原体菌体形态，稀释培养后，菌体生长、变色的最高稀释度为待检培养物 CCU 含量。每头份冻干疫苗菌数应≥10^6 CCU。

【性状】淡黄色（鸡胚苗）或微红色（乳兔肌肉苗）海绵状疏松团块，易于瓶壁脱离，加稀释液后迅速溶解。

【用途】用于预防猪肺炎支原体病（猪喘气病）。

【用法】①猪支原体肺炎活疫苗（兔化弱毒株）采用右胸腔内注射，从肩胛骨后缘 1～2 寸（1 寸＝3.33 cm）两肋骨间进针，按瓶签注明的头份，每头份用 5 mL 无菌生理盐水稀释。每头 5 mL。②猪支原体肺炎活疫苗（168 株）采用猪肺内注射，按瓶签注明头份，用无菌生理盐水稀释后，由猪右侧肩胛后缘 2 cm 肋间隙进针注射接种，每头接种 1 头份。

【免疫期】免疫期为 6～8 个月。

【保存期】冻干疫苗在－15 ℃以下保存，有效期为 11～18 个月；4～8 ℃保存，有效期为 30 d；25 ℃保存，有效期为 7 d。

【注意事项】①本品仅供健康猪使用。②不同菌株的疫苗按照要求注进胸腔内或肺内。③注射疫苗前后 3～30 d 内禁止使用土霉素、卡那霉素和含有抗支原体的抗菌药物，以免影响疫苗效力。④疫苗运输应放在含冰冷藏箱内，稀释后当天用完，剩余疫苗液煮沸后废弃。⑤疫苗注射后 1～3 d 内少数猪可能有 40.5 ℃以下的轻微发热，以后恢复正常。无其他不良反应。

2.猪支原体肺炎灭活疫苗

【制造要点】用猪肺炎支原体菌株分别接种适宜培养基培养，收获培养物，经硫柳汞、甲醛或二乙烯亚胺（BEI）灭活后，加入相适宜的佐剂乳化制成。

【性状】该疫苗为白色或灰白色均匀乳剂或混悬液，久置后会出现少量沉淀，振摇后呈均匀乳状液。

【用途】用于预防猪支原体肺炎。

【用法】颈部肌内注射，7～21 日龄仔猪，2 mL/头份。

【免疫期】免疫期为 6 个月。

【保存期】2～8 ℃保存，有效期为 18～24 个月。

【注意事项】①仅用于接种健康猪。②疫苗切勿冻结或长时间暴露在高温环境下。③用前将疫苗恢复至室温，并充分摇匀。④开瓶后应一次用完，剩余疫苗、

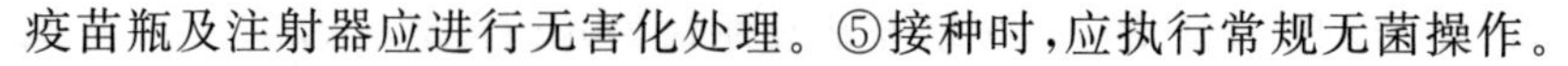

疫苗瓶及注射器应进行无害化处理。⑤接种时,应执行常规无菌操作。

3. 亚单位疫苗

近年来,通过单克隆抗体和高免血清与猪肺炎支原体菌体抗原杂交,找到了猪肺炎支原体一些抗原及它们的编码基因,并研究了这些抗原的功能特性。Fagan等(1996)将猪肺炎支原体核糖核苷酸还原酶(NrdF)R2亚基的大肠杆菌表达融合蛋白免疫猪,攻毒结果显示免疫组的肺部病变比未免疫组明显小。随后,用鼠伤寒沙门菌SL3261表达NrdF中R2亚基C端的11 kDa多肽,该重组蛋白抗血清能体外抑制猪肺炎支原体J株的生长。用上述鼠伤寒沙门菌SL3261口服免疫猪,在猪呼吸道诱导抗NrdF分泌型IgA,用强毒攻毒后,免疫组的肺部病变比对照组明显减少。

4. DNA疫苗

随着生物技术的快速发展,核酸疫苗已成为新型疫苗研究方向之一。Moore(2001)在猪肺炎支原体的大肠杆菌表达文库中,用His标签抗体筛选阳性克隆,提取质粒作为核酸疫苗免疫猪,攻毒结果显示其中2个亚文库有保护作用,1个无保护,1个介于二者之间。但是目前还没有商品化的支原体DNA疫苗。

5.2.10.3 问题与展望

当前国内市场上销售的猪支原体肺炎疫苗中,弱毒活疫苗拥有相对较好的免疫效力,能够同时刺激机体的体液免疫与细胞免疫,但现有活疫苗的免疫方式主要通过胸腔注射、肺内注射或鼻腔接种,免疫接种对猪群造成的应激损伤比较大,而且操作麻烦,工作量大。灭活疫苗免疫操作相对简单,并具有一定安全优势,但其对感染猪群接种后清除病原体的能力比活疫苗更弱,无法完全阻断病原体在猪群内的水平传播。随着集约化养殖的不断发展,疾病也变得越来越复杂,疫病防控难度不断加大,养猪生产中疫苗接种频次不断增加。为减少养猪生产的疫苗接种频次、器械应激等对养猪生产的影响,联苗的研发已经成为目前猪疫苗行业发展的趋势,如圆环支原体二联灭活疫苗已经上市。然而,多联多价疫苗的开发和产业化还有诸多的技术难题需要攻克,如抗原的纯度、多组分抗原的相容性、佐剂与抗原的相容性、多组分疫苗的安全性等。

(胡东波)

思考题

1. 简述乙型脑炎病毒血清型及基因型的情况。
2. 猪细小病毒引起疫病的主要临床表现有哪些?
3. 猪细小病毒的主要类型有哪些?

4. 猪流行性腹泻病毒的传播途径有哪些？

5. 我国有哪些类型预防猪腹泻的疫苗？

6. 猪传染性胃肠炎的临床症状及流行规律有哪些？

7. 如何预防和治疗 TGE？

8. 轮状病毒分型的原则是什么？

9. 简述大肠杆菌抗原的分类。

10. 简述沙门菌抗原的分类。

11. 猪链球菌病是几类疫病，主要临床表现有哪些？

12. 猪链球菌培养特性有哪些？

13. 预防猪链球菌感染的疫苗有哪些？

参考文献

[1] 曹雪涛.医学免疫学[M].7版.北京:人民卫生出版社,2018.

[2] 陈国明,沈永才 张德有,等.Monoliths整体色谱柱在病毒纯化及疫苗生产中的应用[J].中国生物制品学杂志,2012,25(2):254-255.

[3] 陈坚,堵国成.发酵工程原理与技术[M].北京:化学工业出版社,2012.

[4] 陈艺燕,周佩佩.一种猪轮状病毒亚单位疫苗:CN 107875380 A(2018)[P].

[5] 邓博,马兵,刘丹,等.免疫佐剂的作用机制及分类[J].国际生物医学工程杂志,2020,43(6):470-475.

[6] 邓凤.猪流行性腹泻病毒S蛋白受体识别特性与NSP9蛋白结构研究[D].武汉:华中农业大学,2016.

[7] 樊晓旭,迟田英,赵永刚,等.塞内卡病毒研究进展[J].中国预防兽医学报,2016,38(10):831-834.

[8] 韩文瑜,雷连成.高级动物免疫学[M].北京:科学出版社,2016.

[9] 黄兴,岳华.纳米佐剂的研究进展[J].中国畜牧兽医,2010,37(9):210-213.

[10] 姜平.兽医生物制品学[M].3版.北京:中国农业出版社,2015.

[11] 解海东.猪支原体肺炎灭活疫苗水性及水包油型佐剂研制及初步免疫效果评价[D].太原:山西农业大学,2014.

[12] 雷雯,鲁俊鹏,刘闯,等.细胞转瓶培养技术研究进展[J].中国兽药杂志,2012(5):58-61.

[13] 李成,张雨迪,黄小波,等.猪丁型冠状病毒S1基因的克隆、原核表达及多克隆抗体制备[J].畜牧兽医学报,2018,49(6):1256-1264.

[14] 李成文,孙万邦,陈咏梅.脂质体佐剂疫苗研究进展[J].国际生物制品学杂志,2003,26(6):255-258.

[15] 李国江,刘彪,郑伟,等.猪萎缩性鼻炎灭活疫苗免疫效果试验[J].中国兽医杂志,2014,50(8):47-49.

[16] 李国清.兽医寄生虫学[M].2版.北京:中国农业大学出版社,2015.

[17] 李浩.口蹄疫灭活病毒疫苗分离纯化工艺研究[D].北京:中国科学院,2015.

[18] 李军英,张家友,杨晓明.生物制品中常用灭活剂的研究进展[J].中国生物制

品学杂志,2018,31(9):1040-1043.
[19] 李伟,秦红刚,张萍,等.Sf9 昆虫细胞悬浮培养工艺研究[J].中国兽药杂志,2012,46(8):39-42.
[20] 刘茂军,苏国东,周勇岐,等.猪支原体肺炎活疫苗(168 株)的安全性研究[J].中国兽药杂志,2012,46(7):1-4.
[21] 罗满林,兽医生物制品学[M].北京:中国农业大学出版社,2019.
[22] 罗雪刚,罗永芳,戴怡雪,等.红斑丹毒丝菌的分离鉴定及疫苗的免疫保护作用[J].中国兽医学报,2016,36(11):1882-1886.
[23] 吕建强,陈焕春,赵俊龙,等.表达猪细小病毒 VP-2 基因的重组伪狂大病毒的构建及其生物学特征研究[J].病毒学报,2004,20(2):133-137.
[24] 潘焉珠,粟为初,张婉华,等.猪细小病毒灭活疫苗的安全性和免疫[J].畜牧兽医学报,1992,23(1):73-79.
[25] 裴世璇,宋吉健,韩忆侬,等.猪丹毒丝菌灭活疫苗免疫佐剂的筛选[J].畜牧兽医学报,2020,51(5):1083-1090.
[26] 漆世华,韩兴,秦红刚,等.ST 细胞全悬浮培养的驯化及其培养伪狂犬病毒的工艺研究[J].中国兽药杂志,2021,55(4):51-56.
[27] 邵美丽.猪传染性胸膜肺炎重组亚单位疫苗的研究[D].哈尔滨:东北农业大学,2006.
[28] 田波,尚勇良,武发菊,等.BHK21 细胞的悬浮驯化及其悬浮培养参数研究[J].安徽农业科学,2014(31):10855-10857.
[29] 田宏,吴锦艳,龚真莉,等.稳定表达猪水疱病病毒 P1 基因的 PK-15 细胞系的建立[J].畜牧兽医学报,2008,39(4):478-482.
[30] 田宏.猪水疱病和猪瘟基因工程亚单位疫苗的研究[D].杨凌:西北农林科技大学,2006.
[31] 田克恭,汪志艳,孙进忠,等.猪轮状病毒毒株、疫苗组合物及其制备方法和应用:CN 108220248 A(2018)[P].
[32] 王佃亮,肖成祖.微载体高密度培养 Vero 细胞的研究[J].生物工程学报,1996,12(2):164-170.
[33] 王金坡.猪流行性腹泻病毒自然感染哺乳仔猪的病理学观察及肠道转录组学研究[D].武汉:华中农业大学,2020.
[34] 王朋朋,黄书林,张云科,等.哺乳动物细胞无血清全悬浮培养技术研究进展[J].中国畜牧兽医,2021,48(3):839-845.
[35] 韦艳娜,熊祺琰,董璐,等.猪肺炎支原体 P97R1 抗原免疫刺激复合物的制备及对活疫苗免疫刺激能力的增强作用研究[J].中国预防兽医学报,2013,

(12):1016-1019.
[36] 魏文涛,姚焱彬,刘全喜,等.2012—2015 年江淮地区猪丹毒杆菌分离株血清型、spaA 基因遗传进化及 PFGE 基因型分析[J].微生物学通报,2017,44(3):664-672.
[37] 夏业才,陈光华,丁家波.兽医生物制品学[M].2 版.北京:中国农业出版社,2018.
[38] 刑钊,张健,范琳.兽医生物制品实用技术[M].北京:中国农业大学出版社,2000.
[39] 易新健,刘准.猪德尔塔冠状病毒的研究进展[J].中国兽医学报,2017,37(11):2235-2238.
[40] 于瑞明.基因Ⅰ型乙型脑炎病毒亚单位疫苗候选抗原的免疫原性比较[J].生物工程学报,2020,36(7):1314-1322.
[41] 俞永新.中国乙型脑炎病毒株的毒力变异和减毒活疫苗的研究[J].中华实验和临床病毒学杂志,2018,32(5):449-457.
[42] 曾喻兵,李飞,朱玲,等.非洲猪瘟病毒多基因家族研究进展[J].病毒学报,2021(4):957-963.
[43] 禹键秋.口服猪丹毒、猪肺疫鸡胚二联菌苗制苗和使用效果[J].中国兽医杂志,1980(5):25.
[44] 赵冉,孙建和,陆承平.猪链球菌病国内分离株毒力因子的分布特征[J].上海交通大学报,2006,24(6):495-498.
[45] 郑世军.动物分子免疫学[M].北京:中国农业出版社,2015.
[46] 中华人民共和国兽药典委员会.中华人民共和国兽药典:三部[M].北京:中国农业出版社,2020.
[47] 朱善元.兽医生物制品生产与检验[M].北京:中国环境科学出版社,2006.
[48] CHEN Q,GAUGER P,STAFNE M,et al. Pathogenicity and pathogenesis of a United States porcine deltacoronavirus cell culture isolate in 5-day-old neonatal piglets[J]. Virology,2015,482:51-59.
[49] GOLAIS F,SABÓ A. Susceptibility of various cell lines to virulent and attenuated strains of pseudorabies virus[J]. Acta Virol,1976,20(1):70-72.
[50] KATAYAMA S,OKADA N,YOSHIKI K,et al. Protective effect of glycoprotein gC-rich antigen against pseudorabies virus[J]. J Vet Med Sci,1997,59(8):657-663.
[51] LEE S,LEE C. Functional characterization and proteomic analysis of the nucleocapsid protein of porcine deltacoronavirus[J]. Virus Research. 2015,208:

136-145.

[52] LIU Y,RUI P,MA R,et al. Innate immune evasion mechanisms of pseudorabies virus[J]. Bing Du Xue Bao=Chinese Journal of Virology,2015,31(6):698-703.

[53] MULDER W A,POL J M,GRUYS E,et al. Pseudorabies virus infections in pigs. role of viral proteins in virulence pathogenesis and transmission[J]. Vet Res,1997,28(1):1-17.

[54] QIN P,DU E Z,LUO W T,et al. Characteristics of the life cycle of porcine deltacoronavirus (PDCoV) *in vitro*: replication kinetics, cellular ultrastructure and virion morphology,and evidence of inducing autophagy[J]. Viruses, 2019,11(5):455.

[55] SELKIRK M E,GREGORY W F,YAZDANBAKHSB M,et al. Cuticular localisation and turnover of the major surface glycoprotein (gp29) of adult *Brugia malayi*[J]. Mol BiochemParasitol,1990,42(1):31-43.

[56] SINGH K,CORNER S,CLARK S G,et al. Seneca valley virus andvesicular lesions in a pig with idiopathic vesicular disease[J]. Vet Sci Technol,2012, 3(6):1-3.

[57] SUGIYAMA H,HINOUE H,KATAHIRA J,et al. Production of monoclonal antibody to characterize the antigen of *Paragonimus westermani*[J]. Parasitol Res,1988,75(2):144-147.

[58] TEKLUE T, SUN Y, ABIN M,et al. Current status and evolving approaches to African swine fever vaccine development[J]. Transbound Emerg Dis, 2020,67(2):529-542.

[59] TIAN H,WU J Y,SHANG Y J,etal. Expression and immunological analysis of capsid protein precursor of swine vesicular disease virus HK/70[J]. Virologica Sinica,2010,25(3):206-212.

附录1　我国在册批准生产或使用的猪用疫苗名录

一、国产猪用疫苗

1. 猪瘟活疫苗(细胞源)
2. 猪瘟活疫苗(传代细胞源)
3. 猪瘟活疫苗(兔源)
4. 猪瘟病毒E2蛋白重组杆状病毒灭活疫苗(WH-09株)
5. 猪瘟病毒E2蛋白重组杆状病毒灭活疫苗(Rb-03株)
6. 猪瘟、猪丹毒、猪多杀性巴氏杆菌病三联灭活疫苗(细胞源+G4T10株+EO630株)
7. 猪瘟、猪丹毒、猪多杀性巴氏杆菌病三联活疫苗(细胞源+GC42株+EO630株)
8. 猪瘟、猪丹毒、猪多杀性巴氏杆菌病三联活疫苗(细胞源+G4T10株+EO630株)
9. 政府采购专用猪瘟活疫苗(脾淋源)
10. 政府采购专用猪瘟活疫苗(细胞源)
11. 猪瘟活疫苗(C株,悬浮培养)
12. 猪瘟活疫苗(C株,PK/WRL传代细胞源)
13. 猪瘟耐热保护剂活疫苗(细胞源)
14. 猪瘟耐热保护剂活疫苗(兔源)
15. 猪伪狂犬病灭活疫苗
16. 猪伪狂犬病gE基因缺失灭活疫苗(HNX-12株)
17. 猪伪狂犬病灭活疫苗(HN1201-ΔgE株)
18. 猪伪狂犬病耐热保护剂活疫苗(C株)
19. 猪伪狂犬病耐热保护剂活疫苗(HB2000株)
20. 猪伪狂犬病活疫苗(Bartha-K61株,传代细胞源)
21. 猪伪狂犬病活疫苗(SA215株)
22. 猪伪狂犬病活疫苗(HB-98株)

23.高致病性猪繁殖与呼吸综合征、伪狂犬病二联活疫苗(TJM-F92 株+Bartha-K61 株)

24.猪繁殖与呼吸综合征灭活疫苗(CH-1a 株)

25.高致病性猪繁殖与呼吸综合征活疫苗(JXA1-R 株)

26.高致病性猪繁殖与呼吸综合征活疫苗(JXA2-R 株)

27.高致病性猪繁殖与呼吸综合征活疫苗(JXA3-R 株)

28.猪繁殖与呼吸综合征活疫苗(R98 株)

29.猪繁殖与呼吸综合征活疫苗

30.猪繁殖与呼吸综合征活疫苗(R99 株)

31.高致病性猪繁殖与呼吸综合征活疫苗(TJM-F92 株)

32.高致病性猪繁殖与呼吸综合征、伪狂犬病二联活疫苗(TJM-F92 株+ Bartha-K61 株)

33.高致病性猪繁殖与呼吸综合征活疫苗(TJM-F92 株,悬浮培养)

34.高致病性猪繁殖与呼吸综合征、猪瘟二联活疫苗(TJM-F92 株+C 株)

35.高致病性猪繁殖与呼吸综合征耐热保护剂活疫苗(JXA1-R 株,悬浮培养)

36.猪繁殖与呼吸综合征嵌合病毒活疫苗(PC 株)

37.猪繁殖与呼吸综合征活疫苗(CH-1R 株)

38.高致病性猪繁殖与呼吸综合征耐热保护剂活疫苗(JXA1-R 株)

39.高致病性猪繁殖与呼吸综合征活疫苗(HuN4-F112 株)

40.高致病性猪繁殖与呼吸综合征活疫苗(GDr180 株)

41.猪圆环病毒 2 型灭活疫苗(DBN-SX07 株)

42.猪圆环病毒 2 型灭活疫苗(LG 株)

43.猪圆环病毒 2 型灭活疫苗(ZJ/C 株)

44.猪圆环病毒 2 型灭活疫苗(WH 株)

45.猪圆环病毒 2 型灭活疫苗(YZ 株)

46.猪圆环病毒 2 型灭活疫苗(SH 株)

47.猪圆环病毒 2 型灭活疫苗(SH 株,Ⅱ)

48.猪圆环病毒 2 型杆状病毒载体灭活疫苗(CP08 株)

49.猪圆环病毒 2 型、猪肺炎支原体二联灭活疫苗(SH 株+HN0613 株)

50.猪圆环病毒 2 型、猪肺炎支原体二联灭活疫苗(重组杆状病毒 DBN01 株+DJ-166 株)

51.圆环病毒 2 型、副猪嗜血杆菌二联灭活疫苗(SH 株+4 型 JS 株+5 型 ZJ 株)

52.猪圆环病毒 2 型基因工程亚单位疫苗

53.猪圆环病毒 2 型基因工程亚单位疫苗(大肠杆菌源)

54.猪圆环病毒 2 型、猪肺炎支原体二联灭活疫苗(重组杆状病毒 CP08 株+JM 株)

55.猪圆环病毒 2 型、猪肺炎支原体二联灭活疫苗(Cap 蛋白+SY 株)

56.猪圆环病毒 2 型合成肽疫苗(多肽 0803+0806)

57.猪口蹄疫(O 型)灭活疫苗

58.猪口蹄疫(O 型)灭活疫苗(O/MYA98/BY/2010 株)

59.猪口蹄疫(O 型)灭活疫苗(OZK/93 株)

60.猪口蹄疫(O 型)灭活疫苗(OZK/93 株+OR/80 株或 OS/99 株)

61.猪口蹄疫 O 型、A 型二价灭活疫苗(OHM/02 株+AKT-Ⅲ株)

62.猪口蹄疫 O 型、A 型二价灭活疫苗(Re-O/MYA98/JSCZ/2013 株+ Re-A/WH/09 株)

63.猪口蹄疫 O 型、A 型二价灭活疫苗(Re-O/MYA98/JSCZ/2013 株+ Re-A/WH/10 株)

64.猪口蹄疫 O 型、A 型二价灭活疫苗(Re-O/MYA98/JSCZ/2013 株+ Re-A/WH/11 株)

65.猪口蹄疫 O 型、A 型二价灭活疫苗(O/MYA98/BY/2010 株+ O/PanAsia/TZ/2011 株+ Re-A/WH/09 株)

66.猪口蹄疫 O 型灭活疫苗(O/MYA98/XJ/2010 株+O/GX/09-7 株)

67.猪口蹄疫 O 型灭活疫苗(O/MYA98/XJ/2010 株+O/GX/09-8 株)

68.猪口蹄疫 O 型灭活疫苗(O/MYA98/XJ/2010 株+O/GX/09-9 株)

69.猪口蹄疫 O 型合成肽疫苗(多肽 98+93)

70.猪口蹄疫 O 型、A 型二价合成肽疫苗(多肽 PO98+PA13)

71.猪口蹄疫 O 型合成肽疫苗(多肽 TC98+7309+TC07)

72.猪口蹄疫 O 型合成肽疫苗(多肽 2600+2700+2800)

73.猪口蹄疫 O 型、A 型二价合成肽疫苗(多肽 2700+2800+MM13)

74.口蹄疫 O 型、A 型二价 3B 蛋白表位缺失灭活疫苗(O/rV-1 株+A/rV-2 株)

75.猪乙型脑炎活疫苗

76.猪乙型脑炎活疫苗(SA14-14-2 株)

77.猪乙型脑炎活疫苗(传代细胞源,SA14-14-2 株)

78.猪乙型脑炎灭活疫苗

79.猪细小病毒病灭活疫苗(CG-05 株)

80.猪细小病毒病灭活疫苗(SC1 株)

81.猪细小病毒病灭活疫苗(YBF01 株)

82. 猪细小病毒病灭活疫苗(BJ-2 株)

83. 猪细小病毒病灭活疫苗(CP- 99 株)

84. 猪细小病毒病灭活疫苗(S-1 株)

85. 猪细小病毒病灭活疫苗(NJ 株)

86. 猪细小病毒病灭活疫苗(L 株)

87. 猪细小病毒病灭活疫苗(WH-1 株)

88. 猪流行性腹泻灭活疫苗(XJ-DB2 株)

89. 猪传染性胃肠炎、猪流行性腹泻二联灭活疫苗(WH-1 株+AJ1102 株)

90. 猪传染性胃肠炎、猪流行性腹泻二联活疫苗(WH-1R 株 + AJ1102-R 株)

91. 猪传染性胃肠炎、猪流行性腹泻、猪轮状病毒(G5 型)三联活疫苗(弱毒华毒株+弱毒 CV777 株+NX 株

92. 猪传染性胃肠炎、猪流行性腹泻二联灭活疫苗

93. 猪传染性胃肠炎、猪流行性腹泻二联活疫苗(SCJY-1 株+SCSZ-1 株)

94. 猪传染性胃肠炎、猪流行性腹泻二联活疫苗(HB08 株 +ZJ08 株)

95. 猪传染性胃肠炎、猪流行性腹泻二联活疫苗(SD/L 株+LW/L 株)

96. 猪流感病毒 H1N1 亚型灭活疫苗(TJ 株)

97. 猪流感二价灭活疫苗(H1N1 LN 株+H3N2 HLJ 株)

98. 猪流感二价灭活疫苗(H1N1 DBN-HB2 株+H3N2 DBN-HN3 株)

99. 副猪嗜血杆菌病二价灭活疫苗(4 型 JS 株+5ZJ 型)

100. 副猪嗜血杆菌病二价灭活疫苗(1 型 LC 株+5 型 LZ 株)

101. 副猪嗜血杆菌病三价灭活疫苗(4 型 BJ02 株+5 型 GS04 株+13 型 HN02 株)

102. 副猪嗜血杆菌病三价灭活疫苗(4 型 H4L1 株+5 型 H3L3 株+13 型 H12L13 株)

103. 猪嗜血杆菌病三价灭活疫苗(4 型 H25 株+5 型 H45 株+12 型 H31 株)

104. 副猪嗜血杆菌病三价灭活疫苗(4 型 SH 株+5 型 GD 株+12 型 JS 株)

105. 副猪嗜血杆菌病四价蜂胶灭活疫苗(4 型 SD02 株+ 5 型 HN02 株+ 12 型 GZ01 株+ 13 型 JX03 株)

106. 副猪嗜血杆菌病三价灭活疫苗(4 型 H4L1 株+5 型 H5L3 株+12 型 H12L3 株)

107. 副猪嗜血杆菌病灭活疫苗

108. 猪链球菌病、副猪嗜血杆菌病二联亚单位疫苗

109. 猪圆环病毒 2 型、副猪嗜血杆菌二联灭活疫苗(SH 株+4 型 JS 株+5 型 ZJ 株)

110. 猪链球菌病、副猪嗜血杆菌病二联灭活疫苗（LT 株＋MD0322 株＋SH0165 株）

111. 仔猪大肠埃希氏菌病三价灭活疫苗

112. 仔猪大肠杆菌病（K88＋K99＋987P）、产气荚膜梭菌病（C 型）二联灭活疫苗

113. 仔猪大肠杆菌病基因工程灭活疫苗（GE-3 株）

114. 仔猪水肿病三价蜂胶灭活疫苗（O138 型 SD04 株＋O139 型 HN03 株＋O141 型 JS01 株）

115. 仔猪副伤寒活疫苗

116. 猪传染性胸膜肺炎二价蜂胶灭活疫苗（1 型 CD 株＋7 型 BZ 株）

117. 猪传染性胸膜肺炎二价灭活疫苗（1 型 GZ 株＋7 型 ZQ 株）

118. 猪传染性胸膜肺炎二价蜂胶灭活疫苗

119. 猪传染性胸膜肺炎三价灭活疫苗

120. 猪丹毒活疫苗（GC42 株）

121. 猪丹毒活疫苗（G4T10 株）

122. 猪丹毒灭活疫苗

123. 猪丹毒、多杀性巴氏杆菌病二联灭活疫苗

124. 猪多杀性巴氏杆菌病灭活疫苗

125. 猪巴氏杆菌病（CA 株）活疫苗

126. 猪多杀性巴氏杆菌病活疫苗（679-230 株）

127. 猪多杀性巴氏杆菌病活疫苗（EO630 株）

128. 猪败血性链球菌病活疫苗（ST171 株）

129. 猪链球菌病活疫苗（SS2-RD 株）

130. 猪链球菌病灭活疫苗（马链球菌兽疫亚种＋猪链球菌 2 型）

131. 猪链球菌病蜂胶灭活疫苗（马链球菌兽疫亚种＋猪链球菌 2 型）

132. 猪链球菌病灭活疫苗（马链球菌兽疫亚种＋猪链球菌 2 型＋猪链球菌 7 型）

133. 猪链球菌病、副猪嗜血杆菌病二联亚单位疫苗

134. 猪链球菌病、副猪嗜血杆菌病二联灭活疫苗（LT 株＋MD0322 株＋SH0165 株）

135. 猪链球菌病灭活疫苗（2 型，HA9801 株）

136. 猪链球菌病、传染性胸膜肺炎二联灭活疫苗（2 型 ZY-2 株＋1 型 SC 株）

137. 猪萎缩性鼻炎灭活疫苗（波氏杆菌 JB5 株）

138. 猪萎缩性鼻炎灭活疫苗（HN8 株＋ rPM-N 蛋白＋ rPMT-C 蛋白）

139. 猪萎缩性鼻炎灭活疫苗(TK-MB6 株＋TK-MD8 株)
140. 猪支原体肺炎灭活疫苗
141. 猪支原体肺炎灭活疫苗(HN0613 株)
142. 猪支原体肺炎灭活疫苗(DJ-166 株)
143. 猪支原体肺炎灭活疫苗(P-5722-3 株)
144. 猪支原体肺炎灭活疫苗(SY 株)
145. 猪支原体肺炎灭活疫苗(NJ 株)
146. 猪支原体肺炎灭活疫苗(CJ 株)
147. 猪支原体肺炎活疫苗(168 株)
148. 猪支原体肺炎活疫苗(RM48 株)
149. 猪支原体肺炎活疫苗
150. 仔猪红痢灭活疫苗

二、进口猪用疫苗

151. 猪圆环病毒 1～2 型嵌合体、支原体肺炎二联灭活疫苗
152. 猪圆环病毒 2 型灭活疫苗(1010 株)
153. 猪圆环病毒 1～2 型嵌合体灭活疫苗
154. 猪圆环病毒 2 型杆状病毒载体灭活疫苗
155. 猪伪狂犬病活疫苗(K-61 株)
156. 猪繁殖与呼吸综合征活疫苗
157. 猪细小病毒病、猪丹毒二联灭活疫苗(NADL-2 株＋2 型 R32E11 株)
158. 猪萎缩性鼻炎灭活疫苗
159. 猪萎缩性鼻炎灭活疫苗(支气管败血波氏杆菌 833CER 株＋D 型多杀性巴氏杆菌毒素)
160. 猪回肠炎活疫苗
161. 猪副猪嗜血杆菌病灭活疫苗
162. 猪支原体肺炎灭活疫苗(J 株)
163. 猪支原体肺炎灭活疫苗(P 株)
164. 猪支原体肺炎灭活疫苗(P-5722-3 株，Ⅰ)
165. 猪支原体肺炎灭活疫苗(P-5722-3 株，Ⅱ)
166. 猪支原体肺炎复合佐剂灭活疫苗(P 株)

资料来源：《中华人民共和国兽药典》第三部(2020 年版)、中国兽药信息网、国家兽药基础数据库(2021 年 9 月)。

(韩庆安　芮　萍　整理)

附录2 兽用生物制品经营管理办法

（中华人民共和国农业农村部令 2021 年 第 2 号）

第一条 为了加强兽用生物制品经营管理，保证兽用生物制品质量，根据《兽药管理条例》，制定本办法。

第二条 在中华人民共和国境内从事兽用生物制品的分发、经营和监督管理，应当遵守本办法。

第三条 本办法所称兽用生物制品，是指以天然或者人工改造的微生物、寄生虫、生物毒素或者生物组织及代谢产物等为材料，采用生物学、分子生物学或者生物化学、生物工程等相应技术制成的，用于预防、治疗、诊断动物疫病或者有目的地调节动物生理机能的兽药，主要包括血清制品、疫苗、诊断制品和微生态制品等。

第四条 兽用生物制品分为国家强制免疫计划所需兽用生物制品（以下简称国家强制免疫用生物制品）和非国家强制免疫计划所需兽用生物制品（以下简称非国家强制免疫用生物制品）。

国家强制免疫用生物制品品种名录由农业农村部确定并公布。非国家强制免疫用生物制品是指农业农村部确定的强制免疫用生物制品以外的兽用生物制品。

第五条 农业农村部负责全国兽用生物制品的监督管理工作。县级以上地方人民政府畜牧兽医主管部门负责本行政区域内兽用生物制品的监督管理工作。

第六条 兽用生物制品生产企业可以将本企业生产的兽用生物制品销售给各级人民政府畜牧兽医主管部门或养殖场（户）、动物诊疗机构等使用者，也可以委托经销商销售。

发生重大动物疫情、灾情或者其他突发事件时，根据工作需要，国家强制免疫用生物制品由农业农村部统一调用，生产企业不得自行销售。

第七条 从事兽用生物制品经营的企业，应当依法取得《兽药经营许可证》。《兽药经营许可证》的经营范围应当具体载明国家强制免疫用生物制品、非国家强制免疫用生物制品等产品类别和委托的兽用生物制品生产企业名称。经营范围发生变化的，应当办理变更手续。

第八条 兽用生物制品生产企业可自主确定、调整经销商，并与经销商签订销售代理合同，明确代理范围等事项。

经销商只能经营所代理兽用生物制品生产企业生产的兽用生物制品，不得经营未经委托的其他企业生产的兽用生物制品。经销商可以将所代理的产品销售给使用者和获得生产企业委托的其他经销商。

第九条 省级人民政府畜牧兽医主管部门对国家强制免疫用生物制品可以依法组织实行政府采购、分发。

承担国家强制免疫用生物制品政府采购、分发任务的单位，应当建立国家强制免疫用生物制品贮存、运输、分发等管理制度，建立真实、完整的分发和冷链运输记录，记录应当保存至制品有效期满2年后。

第十条 向国家强制免疫用生物制品生产企业或其委托的经销商采购自用的国家强制免疫用生物制品的养殖场(户)，在申请强制免疫补助经费时，应当按要求将采购的品种、数量、生产企业及经销商等信息提供给所在地县级地方人民政府畜牧兽医主管部门。

养殖场(户)应当建立真实、完整的采购、贮存、使用记录，并保存至制品有效期满2年后。

第十一条 兽用生物制品生产、经营企业应当遵守兽药生产质量管理规范和兽药经营质量管理规范各项规定，建立真实、完整的贮存、销售、冷链运输记录，经营企业还应当建立真实、完整的采购记录。贮存记录应当每日记录贮存设施设备温度；销售记录和采购记录应当载明产品名称、产品批号、产品规格、产品数量、生产日期、有效期、供货单位或收货单位和地址、发货日期等内容；冷链运输记录应当记录起运和到达时的温度。

第十二条 兽用生物制品生产、经营企业自行配送兽用生物制品的，应当具备相应的冷链贮存、运输条件，也可以委托具备相应冷链贮存、运输条件的配送单位配送，并对委托配送的产品质量负责。冷链贮存、运输全过程应当处于规定的贮藏温度环境下。

第十三条 兽用生物制品生产、经营企业以及承担国家强制免疫用生物制品政府采购、分发任务的单位，应当按照兽药产品追溯要求及时、准确、完整地上传制品入库、出库追溯数据至国家兽药追溯系统。

第十四条 县级以上地方人民政府畜牧兽医主管部门应当依法加强对兽用生物制品生产、经营企业和使用者监督检查，发现有违反《兽药管理条例》和本办法规定情形的，应当依法做出处理决定或者报告上级畜牧兽医主管部门。

第十五条 各级畜牧兽医主管部门、兽药检验机构、动物卫生监督机构、动物疫病预防控制机构及其工作人员，不得参与兽用生物制品生产、经营活动，不得以其名义推荐或者监制、监销兽用生物制品和进行广告宣传。

第十六条 养殖场(户)、动物诊疗机构等使用者采购的或者经政府分发获得的兽用生物制品只限自用,不得转手销售。

养殖场(户)、动物诊疗机构等使用者转手销售兽用生物制品的,或者兽用生物制品经营企业超出《兽药经营许可证》载明的经营范围经营兽用生物制品的,属于无证经营,按照《兽药管理条例》第五十六条的规定处罚;属于国家强制免疫用生物制品的,依法从重处罚。

第十七条　兽用生物制品生产、经营企业未按照要求实施兽药产品追溯,以及未按照要求建立真实、完整的贮存、销售、冷链运输记录或未实施冷链贮存、运输的,按照《兽药管理条例》第五十九条的规定处罚。

第十八条　进口兽用生物制品的经营管理,还应当适用《兽药进口管理办法》。

第十九条　本办法自2021年5月15日起施行。农业部2007年3月29日发布的《兽用生物制品经营管理办法》(农业部令第3号)同时废止。

(韩庆安　芮　萍　整理)